沈黙のWebライティング

―Webマーケッター ボーンの激闘―

松尾 茂起（株式会社ウェブライダー）著／上野 高史 作画

エムディエヌコーポレーション

［本書の初出について］

本書は、株式会社 KDDI ウェブコミュニケーションズのホスティング専門ブランド「CPI」と株式会社ウェブライダーが制作・提供している Web コンテンツ『沈黙の Web ライティング －Web マーケッター ボーンの激闘－』（http://www.cpi.ad.jp/bourne-writing/）を書籍化したものです。ストーリー部分のエピローグと解説記事に関しては、本書の書き下ろしとなります。

© 2016 Shigeoki Matsuo, Takashi Ueno. All rights reserved.

本書は著作権法上の保護を受けています。著作権者、株式会社エムディエヌコーポレーションとの書面による同意なしに、本書の一部或いは全部を無断で複写・複製、転記・転載することは禁止されています。

本書は 2016 年 9 月現在の情報を元に執筆されたものです。これ以降の仕様等の変更によっては、記載された内容と事実が異なる場合があります。本書をご利用の結果生じた不都合や損害について、著作権者及び出版社はいかなる責任も負いません。

はじめに

誰もが言葉を紡ぐ時代になりました。

メールやブログ、SNS（ソーシャル・ネットワーキング・サービス）をはじめ、私たちは誰かとコミュニケーションをとる際、必ず言葉を使います。
また、検索エンジンで何かを検索する際も言葉を使います。
さらには、何かの商品をクチコミする際は、言葉を使ってクチコミを広げます。

言葉はまさにコミュニケーションツール。
その言葉の先にいる誰かのことを考え、その誰かに何を伝えるのか？ ということを考えながら使う必要があります。

そして、ビジネスシーンにおいても言葉は大切です。
言葉をうまく使うことで、商品やサービスの魅力が、それを必要としている人たちの心に届くからです。
とくにWebにおいては、言葉をうまく使えるかどうかが集客にも影響してきます。
その最たる例は検索エンジン経由の集客です。

本書は「Webライティング」というテーマを扱い、Webにおける言葉の使い方を振り返るものです。

実は、私はライティングを専門にやってきた人間ではありませんでした。
どこかの編集プロダクションに所属していたわけではありませんし、ライティングの師匠もいません。
しかし、Webの仕事に触れれば触れるほど、言葉の大切さを知るようになりました。
そんな中で私がおこなってきたことは、自分の心に響いた文章に触れたとき、「なぜ？ この文章は自分の心に響いたのか？」ということを徹底的に考えることでした。

「なぜ？」「なぜ？」「なぜ？」

その論理的思考は、やがて私の中のたくさんの疑問を言語化することにつながります。
そして、その言語化は私なりのライティングノウハウを生み出してくれました。
今、ウェブライダーではそのノウハウを全スタッフと共有し、たくさんのライティング案件を進めています。

本書はそのライティングノウハウを、ストーリー形式でまとめた一冊です。
ストーリーには記憶に定着しやすい効果があります。
ストーリー形式を採用することで、私の思考の「プロセス」が伝わればと思っています。

今回、ページ数がとても多くなってしまいました。
願わくは、一本の映画のように、気が付いたら読み終えていたという一冊になれば幸いです。

2016年10月
本質が集う街　京都より愛を込めて
松尾 茂起（株式会社ウェブライダー）

目次

前作のあらすじ …… 6
本書の購入者専用特設ページについて …… 9
登場人物相関図 …… 10

episode 01
12 SEOライティングの鼓動
ヴェロニカ先生の特別講義
SEOを意識したコンテンツを作るカギ … 86

episode 02
97 解き放たれたUSP
ヴェロニカ先生の特別講義
「USP」を最大限に活かすコンテンツ … 160

episode 03
169 リライトと推敲の狭間に
ヴェロニカ先生の特別講義
わかりやすい文章を書くためのポイント … 236

episode 04
273 愛と論理のオウンドメディア
ヴェロニカ先生の特別講義
論理的思考をSEOに結び付ける … 331

episode 05
342 秩序なき引用、失われたオマージュ

ヴェロニカ先生の特別講義
オウンドメディアに必要なSEO思考 … 424

episode 06
440 嵐を呼ぶインタビュー

ヴェロニカ先生の特別講義
SEOに強いライターの育成法 … 510

episode 07
519 今、すべてを沈黙させる…！！

ヴェロニカ先生の特別講義
バズにつながるコンテンツ作成のコツ … 608

epilogue
621 沈黙のその先に

シリーズ第1作！ 世界最強のWebマーケッター「ボーン片桐」が活躍する

沈黙のWebマーケティング
―Webマーケッター ボーンの逆襲―

あらすじ

松岡めぐみの父親・英俊が経営するオーダー家具の販売会社「マツオカ」。
ある日、マツオカのWebサイトは検索エンジンからのアクセスが激減する。
経営危機に瀕したマツオカのWeb集客改善を任されためぐみ。
そんなめぐみの前に、謎のWebマーケッター「ボーン・片桐」が現れる。

―― サイトが悲鳴をあげしとき、その男は現れる
白い豹の咆哮とともに
彼の名は"パーフェクト・リボーン"

窮地に陥る「マツオカ」

Webサイトの検索表示順位が著しく下がり、売り上げが激減したことにより、めぐみの父・英俊は心労で倒れてしまう。そんな中、サイトの運営を引き継いだめぐみだったが……。

謎の男「ボーン・片桐」が現れる!

マツオカに突然現れた謎のWebマーケッター「ボーン・片桐」とパートナーのヴェロニカ。ボーンはめぐみに言う「・・・残念ながら、お前のサイトはもう死んでいる」

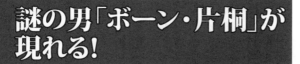

戦いの始まり

ボーンがアタッシュケースから取り出したのは重量40kgのノートPC。OSの起動音とともにノートPCの画面が白い光を放ち、マツオカのWebサイトを救うための施策が始まる!

立ち塞がる敵

マツオカのWebサイトを窮地に追い込んだのは、世界的IT企業「ガイルマーケティング」の遠藤と井上。ボーンとガイルマーケティング社には、ある因縁があった。

回り出す運命の歯車

マツオカのサイト運営を任されためぐみとWebデザイナーの高橋のもとに、シリコンバレーから帰国した吉田が参加する。ボーンとヴェロニカの助けを借りながら、3人は着実に成長していく。

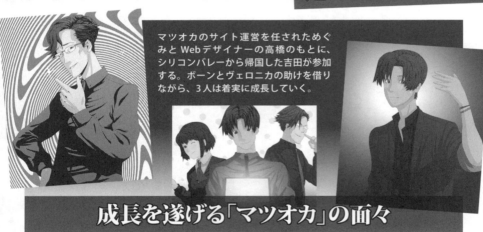

成長を遂げる「マツオカ」の面々

比較サイトの脅威を逆手にとり、ピンチをチャンスに変えたボーンたち。遠藤はマツオカのサイトを叩き潰すべく、ソーシャルメディアで圧倒的な人気を誇る「バズボンバー」にコンテンツ制作を依頼する。

国内屈指のコンテンツ制作集団との対決

マツオカのWeb集客を軌道に乗せためぐみたちに対し、遠藤はついに奥の手を使う。ボーンはマツオカを、そして、めぐみを救えるのか……！？

この結末は……

Webマーケティングの真髄に迫る第1作！
沈黙のWebマーケティング
—Webマーケッター ボーンの逆襲—
ディレクターズ・エディション

松尾茂起（株式会社ウェブライダー）著／上野高史 作画
ISBN978-4-8443-6474-0／定価（本体2,200円＋税）

大好評発売中

Web連載はコチラ → http://www.cpi.ad.jp/bourne/

◆ 本書の購入者専用特設ページについて ◆

本書で紹介しているマインドマップのダウンロードリンクや、各種ツールへのリンクを、下記の特設ページに掲載しています。なお、本特設ページは本書を購入した方だけがアクセスできるページです。下記のURL情報、ユーザーID、パスワードを外部に公開することを固く禁止いたします。

特設ページURL

http://www.web-rider.jp/tokuten/bourne-writing/

ユーザーID： bourne　　パスワード： tokuten

※ 特設ページからダウンロードできるマインドマップデータは、本書の解説内容をご理解いただくために、ご自身でのみ使用できる学習用データです。その他の用途での使用や配布などは一切できませんので、あらかじめご了承ください。
※ 特設ページからダウンロードできるマインドマップデータ、紹介している各種ツールの権利等は、それぞれの制作者に帰属します。
※ 特設ページからダウンロードできるマインドマップデータ、及び紹介している各種ツールを実行した結果につきましては、著者および株式会社エムディエヌコーポレーションは一切の責任を負いかねます。お客様の責任においてご利用ください。

復讐

バイソン社 CEO
遠藤

バイソン社 営業
井上

バイソンマーケティング社

協力

Webディレクター
高橋裕太

コンテンツ制作集団
バズボンバー

発注

タオパイ社

求婚

営業
妨害

タオパイ社 CEO
ヤン・タオ

追憶の中に紡がれた言葉たち。
モノトーンの風景を照らすヘッドライトのような口跡。

それらは現実を呼び起こすのか、陽炎を見せるのか。

Webという名の漆黒の闇は
眠らぬ者をあざ笑うかの如く、言の葉を鎖につなぐ。

　　──さあ、行こうか。
　　　新たな戦いの地へ。

SEOライティングの鼓動

お父さん！！　お母さん！！
目を開けてよ・・・！！

残念ながらおふたりはもう・・・。

親父・・・！　お袋・・・！

私・・・　まだまだ、お父さんたちに教えてほしい
ことがたくさんあるのに・・・！！
なんで、私たちを置いて逝っちゃうの・・・！！！

ねえ・・・　なんで・・・！！

episode
01

SEOライティングの鼓動

episode
01

SEOライティングの鼓動

・・・かみ ・・・若女将・・・？

・・・あっ！

どうしたんだ？
今、ボーッとしてたよ。

も、申し訳ありません・・・！

いやいや、大丈夫かい？ 疲れているんじゃないか？
むふぅ〜、いやはや、しかし、この"みやび屋"の料理は
いつ食べても美味いな。

ありがとうございます・・・！
お気に召していただき、大変恐縮です。

あっ、こちら、よろしければ、
当館からのサービスでございます。

episode
01

SEOライティングの鼓動

おっ！ こりゃあ、須原の地酒「喝采」じゃないか！
ほおぉぉ、こりゃあうれしいね。

・・・しかし、サツキちゃん。本当に大変だったな。
まさか、大旦那と女将があんなことに
なってしまうとはな・・・。あの事故からもう半年か・・・。

・・・はい・・・。

おっと、すまねえ。
つい酒が回ってしまって、ツライことを
思い出させてしまった。
この旅館はな、オレにとって、思い出の旅館なんだ。

須原の中で3つの指に入る温泉旅館「みやび屋」。

サツキちゃんも知ってのとおり、オレはこの旅館に毎年必ず一回は宿泊している。

というのも、この旅館はオレにとっての思い出の旅館なのさ。

最初に訪れたのは、嫁さんとの新婚旅行だった。

あの頃、オレたち夫婦は貧乏で、海外へ旅行なんてとてもじゃないけど行けなかった。

そこで、国内で旅行先を探し、ガイドブックで知ったこの須原を訪れることにしたんだ。

「新婚旅行で来た」と言ったオレたちのために、ここの旦那はとびきりのご馳走を用意し、心から歓迎してくれたんだぜ。

そんな旦那の懐の深さに惚れたオレは、それ以来、毎年この時期になると、この宿を訪れることにしているのさ。

そうでしたか・・・。今年も当館へお泊まりいただき、
本当にありがとうございます。

ま、今年は旦那がいねえのが寂しいがな。

サツキちゃん、旅館の経営は大変だと思うが、
なんとか、この旅館を守っていってくれよ。頼んだぞ。

はいっ・・・！

お父さんとお母さんが亡くなってから、もう半年か・・・。
私、ちゃんと女将を務められているかな・・・。

あ、いけない、今日のホームページからの予約を
確認していなかったわ。

episode
01

SEOライティングの鼓動

えーと・・・。
今日のホームページからの予約は・・・。
1件か・・・。はぁぁぁ・・・。

・・・。
あ、そうだ！
今夜はたしかムツミが帰ってくる日だったわ。

episode 01
SEOライティングの鼓動

ただいま帰りましたよ～っと！

この声は・・・。

アネキ～、どこにいるんだい？

ムツミ！

アネキ～！

episode
01

SEOライティングの鼓動

もうっ、帰ってくる時間くらい教えてくれれば、駅まで迎えに行ったのに。

へへへ、重い荷物は前もって送ってるし、オレなんかのために大切な送迎車を使っちゃったら、お客さんが困るだろ？

お客さんっていっても、今日は2組のお客様しか宿泊されていないの。

2組・・・。

さあさ、早く上がって、荷物を部屋に置いてきなさい。
お茶でも入れるから。

ういっす！

それにしてもビックリしたわよ。
夢だったプロミュージシャンになる道をあきらめて、
突然、ここへ戻ってくるって聞いたときは・・・。

ヘヘヘ・・・。
まあ、親父の反対を押し切って威勢よく上京したものの、
オレのサウンドを理解してくれるプロデューサーに巡り会
えなくてさ。
最近は都会の空気にも飽きてきたし、そろそろ帰ろうかと
思ってたんだ。

そうなのね。

それにしても、親父とお袋が死んでから、もう半年か・・・。
親父たちには随分心配をかけたな・・・。

ムツミ・・・。

親父には結局、最後まで反対されたままだったけど、
親父を説得してくれたのはアネキだった。
本来、この旅館を継ぐのは長男であるオレの役割だった
のに、「私がこの旅館を継ぐから」と言ってくれた。
本当に感謝してるぜ。

ううん、私ってさ、ほら、とくに取り柄がないから。
ムツミには音楽の才能があったわけだし。

あっ、そうそう！
お父さんとお母さん、実はね、ムツミが上京してから、
ムツミの音楽活動をこっそり追ってたのよ。
毎日ムツミのホームページとか覗いちゃったりして。

えっ！？　そうだったのか！？
なんだよ、親父たち・・・。

・・・アネキ。
ここに来る前にメールしていたように、
オレはここで働くぜ。
これまでオレは好き勝手させてもらったんだ。
アネキにはこれ以上苦労させるわけにはいかねえ。

だから、私は大丈夫だって言ってるじゃない。

episode 01

SEOライティングの鼓動

それよりムツミ、あなた、ミュージシャンの夢・・・本当にあきらめちゃうの？

ああ。もうキレイさっぱり未練はないさ！

・・・。　あれだけ音楽が好きだったムツミが、ミュージシャンを辞めちゃうなんて、信じられないけど・・・。

あのね、何度も言うとおり、
うちの旅館のことは心配しなくても大丈夫なの。
最近、ようやく経営も軌道に乗ってきたところだし。

・・・。
・・・アネキ、今日は **"2組しか宿泊していない"** って言ってたよな。

今日は土曜だぜ。土曜にこんなに宿泊客が少なくて、本当に大丈夫なのかよ？

そ、それは・・・。

うちのWebサイトからの予約はどんな感じなんだ？

え、えと・・・。
今日は1件・・・だったかな・・・。

い、1件・・・！？

・・・まあ、安心しろよ。

実はオレ**「Webマーケティング」**ってやつに詳しいんだぜ。みやび屋のサイトからもっと予約が入るようにしてやるよ！

Webマーケティング・・・？

ああ、うちのサイトを今よりも多くの人に見てもらうようにするってことさ。

オレさあ、バンド活動をしていた頃、バンドのサイト担当だったんだ。ファンを増やすために、サイトへの集客もがんばってたんだぜ。

そうだったのね。

まあ、詳しいことはオレに任せて、
アネキは大船に乗った気でいてくれよな！

・・・わかったわ。

さて・・・と。じゃあ、早速、うちのサイトの状態でもチェックするかな。そこのパソコン借りるぜ。

アネキ、たしか、うちの旅館は「旅休トラベル」への掲載は止めたんだったよな。

episode 01

SEOライティングの鼓動

うん・・・。
月額費用や予約手数料が年々高くなってきていたから、契約更新しなかったの・・・。

なるほど・・・。
じゃあ、今のところ、Webからの集客はうちの旅館のサイトからのみってわけか。

あ、うちのサイトには**「アクセス解析」**は入ってるか？

アクセス解析？
あ、ホームページにどれくらいの人が来ているかを見る画面のこと？

え・・・と、たしか、うちのホームページを作ってくれた業者さんが設定してくれていたはずよ。

あ、これだわ。
はい、これがIDとパスワード。

サンキュ。
なるほど、**Google Analytics**を入れてんだな。
よっしゃ、ログインしたぜ。

> **説明しよう！**
>
> 「Google Analytics（グーグルアナリティクス）」とは、**Google が提供している無料のアクセス解析サービス**のことである。
>
> このサービスを使えば、サイトにどれだけの人が訪れたか？ また、その人はどういったメディアを経由して訪れたか？ といったデータを確認することができる。
>
> ▶ Google Analytics 　　https://www.google.com/intl/ja_JP/analytics/

episode
01

SEOライティングの鼓動

なんだこりゃ！？
1日に20人くらいしかアクセスしてねーじゃねーか！

えっ？ それって少ないの？

当たり前さ・・・。1日に20人しかアクセスがないってことは、ほとんど予約が入らない計算になるぜ・・・。

episode
01

SEOライティングの鼓動

なんかの本で読んだことがあるんだけど、サイトからの成約率ってのは、大体１％前後、多くて５％くらいらしい。だから、１日に２０人ってことは、１日に１件予約が入ればいいほうだと思う・・・。

えっ・・・！

だから、近頃、ホームページからの予約が入らなくなってたんだ・・・。

うーん、うちのサイト、こうやって分析してみると、問題がいっぱいありそうだな・・・。

そ、そうなの・・・？

ま、いいや。とりあえずはオレに任せてくれよな。
じゃあ、オレ、ちょっくら頭をリフレッシュさせるために、ひとっ風呂浴びてくるわ。

えっ！？ ちょ、ちょっと、ムツミ、
今はまだお客様に野天風呂をご利用いただく時間よ。

まあまあ。今日は２組しか泊まっていないんだろ？
今の時間だったら、多分、誰も入ってこないさ。
つーわけで、ひとっ風呂浴びてきま～っす。

んもう・・・。

episode 01

SEOライティングの鼓動

さてとっ！
ひっさびさの我が家の温泉だぜ。
やっぱ自分ちに温泉があるってのは贅沢だよな〜。

フン♪　フン♪　フ〜ン♪　っと。

ガラガラガラ

ん？
んんんん！！！？

・・・！！！！！！！

episode
01

SEOライティングの鼓動

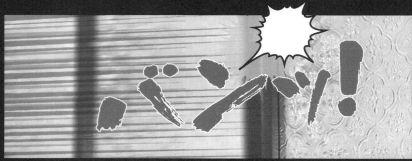

な、なななななななな、
なんで、女の人が入ってるんだ！？

・・・！
もしかして、今の時間帯、この風呂、女湯になってんのか・・・。脱衣所にほかの人の服があるかちゃんと確認すりゃよかった・・・。

・・・別の風呂に入りにいこう・・・。
しかし・・・キレイな姉ちゃんだったなあ・・・。

episode
01

SEOライティングの鼓動

さっきは本当にビビったぜ・・・。さーてと、気を取り直して、うちのサイトのアクセス解析でも見るか。

ふーん、なるほどね。
ここからのアクセスが少ないってわけか・・・。

よし！　まずは検索経由の集客の改善だな。
SEO（検索エンジン最適化）を軸にコンテンツを改修していくとすっか！

29

> **説明しよう！**
>
> 「**SEO**」とは、「Search Engine Optimization（検索エンジン最適化）」の略称であり、Webサイトが**検索結果でより多く露出（上位表示）するために行う一連の施策**を指す。

実はオレ、ここに来る前に、栃木の温泉旅館のサイトをいくつかチェックしてきたんだよね。

SEOに力を入れているサイトはそれほど多くなさそうだったし、SEOさえなんとかすれば、うちのサイトはもっと人が来るようになるはずだぜ。

お父さん、お母さん。
ムツミがね、帰ってきてくれたんだよ。
うちのホームページをなんとかしてくれるんだって。

でもね、うちの旅館、もうダメかもしれない・・・。
ムツミには言わなかったけれど、私が女将になってから、うちの旅館のお客様は明らかに減ってるの・・・。

---

episode 01 — SEOライティングの鼓動

やっぱり、私じゃ
力不足なのかな・・・。
お父さんたちが大事にしてきた
旅館なのに・・・！

episode
01

SEOライティングの鼓動

その頃、ムツミが温泉で
見た女性は、誰かと電話で
話をしていた。

ボーン、やっぱり、
例の信号はこの旅館の一帯から
出ているみたい。

・・・OK、ヴェロニカ。 オレもそちらへ向かう。

── 次の日の朝

episode
01

SEOライティングの鼓動

アネキ、おっはよー！

あら、ムツミ、早いのね。

早いもなにも、今日からはオレもこの旅館の一員として働くんだからな。女将の弟だからといって、初日から重役出勤っていうわけにはいかないぜ。

ふふふ。

それはそうと、アネキ、オレ、うちのサイトを早速テコ入れしてみたんだ。

テコ入れ？

ああ。近いうちに、**「栃木　温泉」**というキーワードで検索したら、うちのサイトが上位に表示されるはずだぜ。

「栃木 温泉」で検索すると上位に表示？
そ、そんなこと可能なの？

へへへ～。それが可能なのさ。
「SEO（検索エンジン最適化）」を施したからな。

SEO？

ああ、検索エンジンで何かのキーワードを検索したとき、
そのキーワードで自分のサイトが上位表示されるように、
サイトの中の文章なんかを書き換える作業のことさ。

へええ、文章を変えるだけでいいんだ・・・！
じゃあ、うちのホームページを、そのSEOの効果が出る
ようにテコ入れしてくれたってことなのね。

ああ。
テコ入れ後のサイトを見てみるかい？

episode 01

SEOライティングの鼓動

え・・・と。

「栃木の温泉旅館みやび屋は栃木県須原にある温泉旅館でございます。創業から90年経った今も、栃木の温泉旅館の変わらぬ湯風景を守り続けております。」

・・・。
なんだか、文章が不自然な感じがするんだけど・・・・。

大丈夫さ。
オレが読んだ本によると、SEOを成功させるためには、上位表示したいキーワードを文章の中に詰め込むことが大事らしい。
今回は「栃木　温泉」というキーワードで上位表示したいから、「栃木　温泉」というキーワードを多めに入れてみたわけさ。

ちなみに、キーワードを入れる場合は、文章に対して5％くらいの割合を意識するといいらしい。

5％・・・！　そんな明確な数字があるのね。

まあ、本に書いてあったことの受け売りだけどな。
キーワードが増えたことで、文章の見栄えがちょっとくらい悪くなっても、検索エンジンからのアクセスが増えたほうがうれしいだろ？

そ、それはそうかもしれないけれど・・・。

女将はいるか。

！？

episode 01

SEOライティングの鼓動

な、なななななな、なんだこの人・・・！！？

あ、も、もしかして・・・片桐様でしょうか？
ヴェロニカ様のお連れの方ですよね。

ああ。

episode
01

SEOライティングの鼓動

このオッサンの横にいる女の人、
昨日、風呂で見かけた姉ちゃんじゃねーか。
このオッサンとどういう関係なんだ・・・？

朝早くからごめんなさいね。

いえいえ、大丈夫です。ちょうどフロント業務を
始めようとしていたところですから。

それでは、片桐様のチェックインの
お手続きをさせていただきますね。

え・・・と、ボーン・片桐様、
ヴェロニカ様と同じお部屋で13泊ということですね。

ええ。

ヴェロニカ・・・？　外国の人なのか・・・？
たしかに顔はハーフっぽいけどな・・・。

片桐様、こちらがお部屋の鍵でございます。
お部屋の設備に関しましては・・・。

あ、部屋の説明は私から彼に話しておくわ。

恐れ入ります。

あらためまして、この度は当館にご宿泊いただき、
本当にありがとうございます。
当館の女将を務める　宮本 皐月（サツキ）と申します。

女将、昨日、こちらの温泉に入ったけど、
すごく気持ちよかったわ。

ヴェロニカはそう言いながら、ムツミに目配せをした。

・・・！　げ・・・風呂を覗いたこと、
バレちゃってる・・・！？　い・・・いやいやいやいや、
あれは不可抗力ってやつで・・・。

ありがとうございます！
そう言っていただけて、とってもうれしいです！

そのとき、女将の言葉を遮るかのように、ボーンが言葉を発した。

この旅館のサイトを管理しているのは誰だ？

episode 01 SEOライティングの鼓動

え・・・あ、うちのホームページのことでしょうか？
以前は外部の会社に管理してもらっていたのですが、
今はそこにいる、私の弟が更新を担当しています。

あら、そちらの方は女将の弟さんだったのね。

ムツミ、ご挨拶しなさい。

お、おう。　え、えと・・・。
みやび屋の**宮本 睦美（ムツミ）**と申します。
姉のサツキといっしょにこの旅館を切り盛りしています。

睦美に皐月・・・。和風月名を表しているのかしら。
四季を感じる素敵な名前ね。

ありがとうございます・・・。
実はうちの父と母は、自分たちの子供の名前には、
この旅館「みやび屋」の名にちなんだ雅（みやび）な名前を
付けようと決めていたみたいで。

へええ～。そうだったのか！

ちょっと、ムツミ・・・。あなた知らなかったの？

ふふふ。そうだったのね。

それにしても、あなたたち、経営者にしては
とても若いわよね。先代の旦那さんや女将さんは、
今はどちらにいらっしゃるの？

あ、先代は・・・　私たちの父と母は・・・。
半年前に事故で亡くなったんです・・・。

えっ・・・！？

・・・。

なので、今は私たちがこの旅館を引き継いでいます。

そうだったのね・・・。
ごめんなさいね、変なことを聞いてしまって。

いえいえ！　大丈夫です。むしろ、こんな若いふたりなので、頼りないとお感じになるのは当然です・・・。

もし、当館のご宿泊中に何かお気付きの点などございましたら、何なりとお申し付けください。

・・・では、早速言わせてもらおう。

この旅館のサイトは危ういぞ。

episode
01

SEOライティングの鼓動

えっ・・・！？　サ、サイト・・・ですか・・・？

ちょ、ちょっと、あんた！　な、なんだよ、いきなり・・・！

ムツミ！　この方はお客様よ。

実はね、さっき、ボーンといっしょにこの旅館のサイトを見ていたの。そのときに感じたことなんだけど、この旅館のサイトの文章、すごく読みづらかったわ。

サイトのいたるところに「栃木　温泉」という言葉が不自然に詰め込まれていたけれど、あれには何か理由があるの？

あ、あれは・・・。
SEOを意識してて・・・。

SEO。
お前はこの旅館のサイトを「栃木　温泉」という
キーワードで上位表示させたいのか？

あ、ああ。そのとおりさ。

なんだ、このオッサン、SEOに詳しいのか？

このサイトは、そのキーワードでは上位表示できん。

・・・！？

えっ・・・！？

な、なぜだよ！？
なぜ、そんなことが言えるんだよ！？
ていうか、あんた、そもそも何者なんだ・・・？

こ、こらっ！　ムツミ・・・！

ふふふ。
彼の名は、**「ボーン・片桐」**。Webマーケッターよ。

Webマーケッター・・・！？

・・・ねえ、ボーン。
この旅館、料理も美味しいし、温泉も素敵なのよ。

これからしばらくお世話になることだし、
少しだけサイト改善のアドバイスをしてあげてくれない？

・・・。

episode
01

SEOライティングの鼓動

い、いや、アドバイスって言われても・・・。
とくに必要ねーし・・・。

坊や、ボーンの正規のコンサルティング料は
1時間5万ドルなのよ。
私が言うのもなんだけど、もし、ボーンがアドバイスを
くれるのなら、聞いてみるだけでも損はないわよ。

ご、5万ドル・・・？

はあぁぁぁぁ！？　日本円で、ご、500万円かよ！！
怪しいオッサンだな・・・。

今日から世話になる宿だ。
いいだろう。チップ代わりに、なぜ、この旅館の
サイトが上位表示できないのかを教えてやろう。

・・・。

・・・デスクはあるか？

ボーンがサツキに尋ねた。

あっ・・・　え、えっと・・・。

ボーンのノートPCを開くために、
デスクかテーブルをお借りできるかしら？

ノートPC・・・？
は、はい！　事務室のデスクでよろしければ・・・。

問題ない。

サツキはボーンとヴェロニカを事務室へ案内するため、歩き始めた。

あ、ムツミ！
片桐様のお荷物をお持ちして！

あ、ああ。
オッサン　・・・じゃなかった、片桐様。
このアタッシュケース、お運びしますよ。

！！！？？？

な、なんだ、このケース・・・！？
むちゃくちゃ重てえ・・・！　一体何が入ってるんだ・・・！？

episode 01
SEOライティングの鼓動

大丈夫？
重いでしょ、そのケース。運べるかしら？

ぐ・・・　ぐぎぎぎぎぎ
だ、大丈夫ですよ・・・！

くれぐれも足の上には落とさないようにね。
そのケース、50kg近くあるから。

ご・・・50kg！！？

このケースの中には何が入ってんだ・・・？

運ぶのが大変なら、オレが自分で持つが。

い、いやいや、なんのこれしき・・・！
ぐ・・・　ぐぎぎぎぎ・・・。

サツキはボーンとヴェロニカを
旅館奥にある事務室へ案内した。
ボーンたちが入室した後、ムツミも
ボーンのアタッシュケースを持って
入ってきた。

ここが事務室ね。

散らかっていてすみません・・・！
普段お客様をお通しすることのない部屋なので、
お恥ずかしい限りです。

あ、よろしければ、
こちらのデスクをお使いください。

・・・わかった。

オ・・・ オッサン・・・ じゃなかった、片桐様、
ア、アタッシュケース、こ、ここに置きますよ・・・！

episode
01

SEOライティングの鼓動

はあっ、はあっ・・・。

ほんと、何が入ってるんだよ、このケース・・・。

45

・・・始めるぞ。

ボーンはそう言うと、アタッシュケースをデスクの上に置き、そのケースを開いた。

中から現れたのは、真っ黒なノートPCだった。

episode
01

SEOライティングの鼓動

えっ・・・！？
あのケースの中にはノートPCしか入っていない・・・！？

！？

てことは、あのケースがめちゃくちゃ重いってことなのか？　で、でも、今、ノートPCを置いたときにズシンって音がしたぞ・・・。

ふたりとも、ボーンのノートPCが気になる？

え、えっと・・・。

ボーンのノートPCはね。39.9kgあるの。

さ・・・　39.9kg！！？

そ・・・そんなノートPC、アキバでも見たことねえ・・・！
ど、どこに売ってんだよ・・・！？

ふふふ。ボーンのノートPCは特注なの。
あるメーカーが、彼だけのために作っているのよ。

特注のノートパソコン・・・！

episode
01

SEOライティングの鼓動

突飛な質問をするけれど、もし、あなたたちがノートPCを使っているとして、そのノートPCのセキュリティを守るために考えられる**"最も安全な対策"**って何かわかる？

セキュリティを守るための対策・・・？

そう。

ウイルス対策ソフトを入れる・・・ってのは普通の回答か・・・。

そうね。ウイルス対策ソフトを入れるだけでは安全とは言えないわね。ノートPCが盗まれるケースもあるでしょ？

たしかに、ノートPCが盗まれたらどうしようもねーな・・・。
・・・って、まさか・・・！？

そう、最強のセキュリティ対策とは、ノートPCを"物理的に重くすること"よ。

！！！！！

彼のノートPCの表面は鉛でコーティングされている。
でも、それはカモフラージュ。
あのノートPCの筐体は"金"でできているわ。

重金属である金の密度は19.32。
そこから算出した重量は39.9kgだ。

！！！

40kgのノートパソコン・・・。
私、生まれて初めて見ました・・・。

・・・40kgではない。
「39.9kg」だ。

なんで0.1kgの差にこだわってんだ・・・？

やがて、OSの起動音とともに、ボーンのノートPCの画面に
白い光が点った。

お前はおそらく、SEOを成功させるにはキーワード
を詰め込むことが重要だと考えているのだろう。

あ、ああ・・・。キーワードを詰め込む際は、文章に対し
て5％くらい詰め込むといいって聞いたぜ。

そんな化石のような知識は忘れろ。

か、化石・・・！？

episode
01

SEOライティングの鼓動

今から見せる画面を脳に焼き付けろ。
その画面には、なぜ、この旅館のサイトが「栃木 温泉」で上位表示できないかの理由が隠されている。

えっ・・・！？

はあああああああ・・・！！！

episode 01
SEOライティングの鼓動

みんな！
爆風に備えてっ！！

ば、爆風・・・！？

ボーンがエンターキーを叩いた瞬間、周囲に激しい風が巻き起こった。

きゃあっ！！

くっ・・・！　な、なんだ、この風は・・・！

心配しないで。
彼のキータッチによる風圧だから。

ふ、風圧・・・！？

この画面を見てみろ。

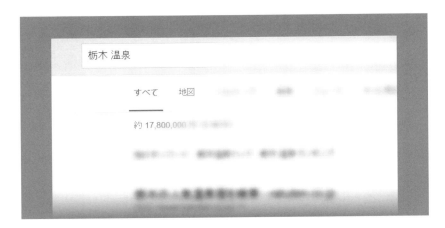

こ、これは・・・！？

episode
01

SEOライティングの鼓動

ただの検索結果じゃねーか？
この画面がどうしたっていうんだよ？

検索結果をよく見てみろ。

・・・！？

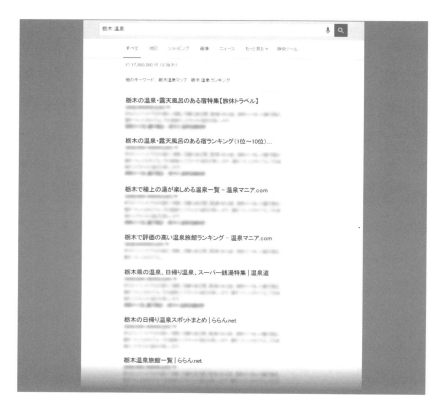

「旅休トラベル」や「温泉マニア.com」、「ららん.net」・・・。

・・・何か気付くことはないか？

！！
これらのページ、栃木にある旅館をまとめて紹介しているページばかりだわ・・・！

えっ・・・！？
ほ・・・ ほんとだ・・・。

なんでだよ！？
なんで、こんな検索結果になってんだ！？

ははあ・・・。あんたのブラウザ、パーソナライズされた検索結果が返ってんだな？**「シークレットモード」**にして、もう一回検索してみてくれよ。

説明しよう！

「シークレットモード」とは、検索した際に**"パーソナライズされた検索結果"**を表示しないためのモードである。

パーソナライズされた検索結果とは、たとえば、Google のアカウントにログインしている際、個人の行動履歴などに応じて調整された検索結果のことである。

このパーソナライズによっては、検索結果の情報がユーザーごとに変わってしまう。

もし、パーソナライズされた検索結果を表示させたくない場合には、Chrome などのブラウザに用意されている**「プライベートブラウジング（シークレットモード）」**を使うとよい。

▶ シークレットモードでプライベートブラウジングを行う（Chrome ヘルプ）
https://support.google.com/chrome/answer/95464

よく見て。
ボーンのブラウザはシークレットモードになってるわ。

episode 01

SEOライティングの鼓動

えっ・・・！？

じゃ、じゃあ、なんでだよ・・・！
なんでこんな検索結果になってんだよ！？

「検索意図」の影響だ。

検索・・・！？

意図・・・？

・・・ヴェロニカ、説明してやってくれ。

OK、ボーン。

検索意図と検索結果の関係について

今の検索エンジンはね、検索エンジンを使う人たちが、どういう「意図」をもって検索しているかという**「検索意図」**を推測して検索結果を返しているの。

たとえば、「栃木　温泉」というキーワードで検索する人たちの多くは、栃木にある特定の温泉の情報を探そうとしているわけではなく、**"栃木にはどんな温泉や旅館があるのか？"** という情報を知りたがっているケースが多い。

だから、「栃木　温泉」というキーワードの検索結果は、栃木にある温泉や旅館の情報が **"網羅的にまとめられている"** ページが上位表示されやすいの。

な・・・　なるほど・・・。

ちなみに、今、ヴェロニカは"検索エンジン"と言ったが、オレたちが言う検索エンジンとはGoogleのことだと考えろ。

日本の検索エンジンはYahoo!とGoogleがシェアを分かち合っているが、今、Yahoo!はGoogleの検索エンジンの仕組みを採用している。

つまり、日本で"検索エンジン"という言葉を思い浮かべる際は、Googleのことを思い浮かべればいい。

Googleってすごいんですね・・・。

あ、あのさあ。
さっき、あんたたちは、"検索結果はユーザーの検索意図に合わせたものになっている"って言ったけど、それってなんか根拠あんのか？
あんたたちの推測でしかないんじゃねーのか？

どうやら、お前たちは「Googleが掲げる10の事実」というページを見たことがないようだな。

Googleが掲げる・・・。

10の事実・・・！？

episode 01

SEOライティングの鼓動

ヴェロニカ、ページを見せてやれ。

OK、ボーン。
ふたりとも、このページを見てみて。

これは・・・！

Googleの会社情報のページ・・・！？

episode 01

SEOライティングの鼓動

このページのひとつ目の文章を読んでみろ。

え・・と。"ユーザーに焦点を絞れば、他のものはみな後からついてくる"。・・・！？

> ## 1. ユーザーに焦点を絞れば、他のものはみな後からついてくる
>
> Googleは、当初からユーザーの利便性を第一に考えています。新しいウェブブラウザを開発するときも、トップページの外観に手を加えるときも、Google内部の目標や収益ではなく、ユーザーを最も重視してきました。
> Googleのトップページはインターフェースが明快で、ページは瞬時に読み込まれます。
> 金銭と引き換えに検索結果の順位を操作することは一切ありません。
> 広告は、広告であることを明記したうえで、関連性の高い情報を邪魔にならない形で提示します。
> 新しいツールやアプリケーションを開発するときも、もっと違う作りならよかったのに、という思いをユーザーに抱かせない、完成度の高いデザインを目指しています。
>
> 引用元：Googleが掲げる10の事実 ーGoogle会社情報
> https://www.google.com/intl/ja/about/company/philosophy/

この文章のとおりだ。
Googleは、ユーザーにとってもっとも利便性の高い検索結果を返そうとしている。

ちょ、ちょっと待てよ！
たしかに、この文章を読むかぎり、あんたの言ってることはわかる。
でもさ、実際のところ、Googleがこの文章のとおりに設計されてるなんてわからねーじゃねえか。

いや、わかるさ。
なぜなら、Googleも"一企業"だからだ。

えっ・・・！？

Googleという検索エンジンを提供し続けるには、
当然のことながら運用費がかかる。

そして、その運用費はGoogleという企業の売り上げで
まかなわれている。

では、その売り上げはどこから上がっているのか？

・・・？

「広告」だ。

たとえば、検索結果に表示されている広告。
あの広告がクリックされることにより、
Googleは広告収益、すなわち売り上げを得ているのだ。

"検索連動型広告"ってやつか・・・。

では、その広告収益を増やすためには
どうすればいい？

あっ！
わ、わかりました！！

アネキ・・・？

広告がたくさん表示されればいいんです！
つまり・・・　Googleを使う人がたくさん増えれば
いいんです！

そうだ。

・・・！
そ、そうか・・・！

Googleを使う人を増やすためには、Googleがほかの
検索エンジンよりも使いやすくなればいい。
だから、Googleはユーザーの利便性を第一に考えている
んだ・・・！

ふふふ。
話がつながったようね。

つまり、SEOを成功させたいのなら、

**検索エンジンを使うユーザーの「意図」を
満足させるコンテンツが必要だ。**

"検索エンジンを使うユーザーの「意図」を
満足させるコンテンツ"・・・！！

episode
01

SEOライティングの鼓動

つ、つまり、うちのサイトが「栃木　温泉」で上位表示されるためには、**「栃木　温泉」で検索するユーザーが満足するコンテンツ**が必要ってことか・・・。

それってどんなコンテンツなのかしら・・・。

うーん・・・。

episode
01

SEOライティングの鼓動

上位表示するコンテンツのヒントは、すべて"検索結果"に隠されている。

検索結果に・・・。

隠されている・・・！？

**・・・今日から世話になる宿だ。
特別にヒントを教えてやろう。**

ボーン、もしかして、ここであの技を・・・！？

・・・！
ふたりとも、ボーンから離れたほうがいいわよ！

へ！？

はあああああああ・・・！！！

episode 01

SEOライティングの鼓動

episode 01

SEOライティングの鼓動

くっ・・・！！
またしても風圧が・・・！！

か、片桐様は今、何をしているの・・・！？

ボーンは今、ブラウザに表示した検索結果を
高速で切り替えながら、その検索結果に表示された
コンテンツ情報をマインドマップにまとめているの・・・！

マインドマップ・・・！？

情報や思考を一枚の地図（マップ）のように
まとめたものよ・・・！

はああああああああ！！！

episode
01

SEOライティングの鼓動

episode 01

SEOライティングの鼓動

ま、まぶしい・・・！！

この光は・・・！！？

ボーンのタイピングスピードがあまりにも早すぎて、PCのグラフィックボードの描画スピードが追いついていないのよ・・・！

な、なんであんなにタイピングが早いんだ・・・！？

Webの仕事は基本的には座り仕事。
彼は、日々なまっていく身体を鍛えるために、光速のタイピングによって腕力をトレーニングする術を身につけたの。
彼が39.9kgのノートPCを自在に操れるのは、日々のタイピングの賜（たまもの）なのよ！

ふたりとも、目を瞑って！！
光で目がやられるわよ！！

くっ！！！

・・・！！！

・・・マインドマッピング、コンプリート。

・・・お　・・・終わったのか・・・？

さ、さっきの風圧、うちの旅館、大丈夫かな・・・。

女将。

は、はい・・・！！

このUSBメモリの中に、今オレが作ったマインドマップのPDFを保存してある。プリントアウトしてくれ。

わ、わかりました・・・！！

片桐様、印刷しました！

よし、ふたりともそのマインドマップに目を通せ。

こ、これは・・・。

**「栃木　温泉」で上位表示するための
コンテンツのヒントをまとめてある。**

えーと、なになに・・・。

"栃木県内の温泉を探しているユーザーに対して、
栃木にある温泉や旅館の情報を、プロの視点で
たくさん紹介したコンテンツ"

・・・。な、なんで、
そんなコンテンツで上位表示できるってわかるんだ？

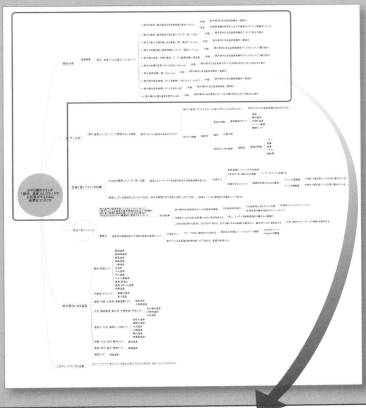

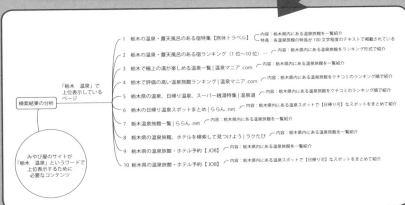

DOWNLOAD

このマインドマップの PDF は特設ページからダウンロードできるぞ！（P9 参照）
http://www.web-rider.jp/tokuten/bourne-writing/

episode 01

SEOライティングの鼓動

67

検索結果で実際に上位表示されているコンテンツを分析した結果だ。

検索結果で上位表示されているコンテンツ・・・？

今のGoogleは検索エンジンを使うユーザーの意図を満足させるコンテンツを上位表示させる傾向にある。

であれば、実際に上位表示されているコンテンツがどんなものかを分析すればいいだけだ。

！！！
そ、そうか・・・！！！

た、たしかに、このマインドマップには、検索結果で上位表示されているコンテンツの情報がまとめられているわ・・・！

・・・よし！
わかってきたぜ・・・！

特定のキーワードで上位表示させるためには、そのキーワードで上位表示している他社のコンテンツの真似をすればいいってことだな。

あら。"参考"にするのはいいけれど、"真似"をするのはダメよ。

万が一、著作権違反なんかしちゃったら、モラルがない旅館だと思われてしまうわ。

む、むむむ・・・。わ、わかってるさ！
あくまでも"参考"にするだけさ。

"参考"にすること自体は問題ではないが、誰が見ても他社
と似たようなコンテンツを作ることだけは気を付けろ。
上位表示が厳しくなるケースがあるぞ。

えっ・・・？

お前がひとりのユーザーとして検索エンジンを使うときの
ことを考えてみろ。同じようなコンテンツばかりが上位表
示されていたらどう思う？
利便性がいいとはけっして思わないだろう。

た・・・　たしかに・・・。

よって、上位のコンテンツを参考にしつつも、他社の
コンテンツにはない"オリジナリティ"を意識するんだ。

オリジナリティ・・・！？

・・・おもしろい文章とか、ユニークな画像とかって
ことか・・・。

・・・それがお前の考えるオリジナリティか？
想像力のないやつだな。

episode
01

SEOライティングの鼓動

ム、ムカッ

な、なんだよ！！ オリジナリティが重要だと言ったのは、あんたじゃねーか！

オリジナリティと聞いて、その程度の想像力しかないということは、お前はまだSEOの本質を理解していないようだな。

SEOの本質・・・？

検索エンジンを使って何かを検索するユーザーの多くは、おもしろい文章を求めているわけでも、感動する文章を求めているわけでもない。

"情報" を求めているんだ。

情報・・・！

自分だったら、どんな情報がほしいかを掘りさげて考えてみることだな。

"どんな情報がほしいか"・・・。

じゃあ、そろそろ私たちは部屋に戻るわね。

あっ、はい！ あ、ありがとうございます・・・！
こんなに長い時間、いろいろ教えていただいて・・・。

ううん、いいのよ。私が言い出したことだから。
じゃあ、ボーン、部屋へ行きましょう。

ああ。

・・・。

坊主。
もうひとつヒントをやろう。

コンテンツを考える際は、さっきのマインドマップの下部に書かれている"3つの要素"も意識してみろ。

episode 01

SEOライティングの鼓動

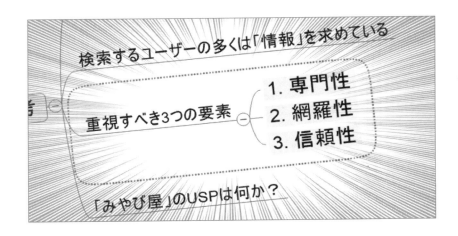

"3つの要素"・・・！？

そうだ。"3つの要素"を満たしたコンテンツであれば、この旅館のドメインなら、2週間くらいで上位表示されるかもしれんぞ。

に、2週間！？
そんなに早く上位表示されるのか！？

・・・ヴェロニカ、行くぞ。

OK、ボーン。
坊や、またね。

・・・！

ぼ、坊主に坊や、って・・・。
子供扱いしやがって・・・。

ちょっと！　ムツミ！
片桐様たちはお客様なのよ。口を慎みなさい。

へいへい。

マインドマップに書かれた"３つの要素"・・・。
これか・・・。えーと・・・。
「専門性」「網羅性」「信頼性」・・・？

これらを満たしたコンテンツ・・・。
ちょっと考えてみっか・・・。

episode 01

SEOライティングの鼓動

── そして2週間後

 ムツミ、おはよう。

 ・・・。

 どうしたの? ムツミ?

 ア、アネキ、この検索結果を見てみろよ・・・。

 えっ? あっ、ああっ・・・!!

episode
01

SEOライティングの鼓動

これって、ムツミが作ったコンテンツよね・・・？
すごいじゃない！！ 10位に表示されてるわ！！

あ、ああ・・・。

ムツミ、どうやってこのコンテンツを作ったの？

・・・カンタンさ。あのオッサンの言うとおり、**「専門性」**
「網羅性」「信頼性」を満たしたコンテンツを作ったのさ。

「専門性」「網羅性」「信頼性」・・・？

あのオッサンはこう言っていた。
"栃木県内の温泉を探しているユーザーに対して、栃木にある温泉や旅館の情報を、プロの視点でたくさん紹介したコンテンツを作れ"、と。

あのコンテンツこそが、まさに「専門性」「網羅性」「信頼性」を満たしたコンテンツだったのさ。

えっ・・・？
どういうこと？

シンプルに説明するぜ。

まず、「栃木　温泉」というキーワードで検索する人は、とにかく、栃木県内にどんな温泉や旅館があるかを知りたい。だから、栃木県内の温泉や旅館に関する情報がたくさん掲載されたコンテンツを求めてる。

ただし、彼らは間違った情報は知りたくない。
だから、ある程度、"信用できる人"が作ったコンテンツを見たいと考える。

じゃあ、"信用できる人"とは誰なのか？
信用できる人とは、たとえば、オレたちのような旅館のプロや、全国の温泉に詳しい温泉愛好家だろう。

つまり、今回のコンテンツが「みやび屋」というサイトの中で公開されてるってことは、コンテンツが信頼されるひとつの要因になるんだ。

ま、オレはほかの旅館の情報については
まだあんまり詳しくないんだけど・・・。

なるほどね・・・！

そして、もうひとつ考えたことがあるんだ。

もうひとつ・・・？

それはな、検索エンジンを使う人の利便性を考えたとき、
"そもそも、みんな本当に検索したいのか？"ってことさ。

"そもそも、みんな本当に検索したいのか？"・・・！？

極論かもしんねーけど、多分みんな、
本当は検索なんてしたいわけじゃないんだ。
自分が知りたい情報を手に入れるための手段として、仕方
なしに検索エンジンを使ってるだけじゃねーのかなって。

仕方なしに検索エンジンを使う・・・！？

ああ、そうさ。
言い方は悪いかもしれねーけどな。
だってさ、栃木の温泉に関する情報なんて、
手元にガイドブックがあれば、まずはそっちを見るだろ？

おそらく、検索エンジンを使って情報を探す人は、手元に情報がないから、仕方なしに検索エンジンを使ってるんじゃないか、って。

なるほど・・・。

実際のところ、今の若い人たちは本を読まずに検索エンジンで調べちゃいそうだけど、ムツミの意見は一理あるわ。

そう考えると、作るべきコンテンツが見えてきたのさ。
それは、検索エンジンで情報を探す人の
"手間を省いてあげられるコンテンツ" だ。

検索エンジンで情報を探す人の
"手間を省いてあげられるコンテンツ"・・・！

ムツミ、すごいわ・・・！
たしかに、あなたの言うことは理にかなってる・・・！

へっへ～。あのオッサンたちに坊主や坊やなんて言われてバカにされたからな。オレがただのガキじゃないってことを見せつけてやったまでよ。

ふふふ。

・・・ただ・・・。

"ただ"?

今回のコンテンツ、たしかに「栃木　温泉」で検索する人にとっては便利だと思うけれど、このコンテンツ経由でうちへお客さんが来てくださるのかしら・・・？

え・・・！？

episode
01

SEOライティングの鼓動

・・・なんだ、このコンテンツは？
みやび屋・・・　だと・・・！？

栃木の温泉旅館の選び方

栃木には須原をはじめ、鬼怒川温泉、那須温泉、塩原温泉など、数々の名湯があります。
この記事では、栃木で温泉や温泉旅館をお探しの方のために、須原の地で温泉旅館を営む私たちが、栃木県内の温泉と温泉旅館を一挙にご紹介します。

◆目次◆

須原エリア
鬼怒川・川治・湯西川・川俣エリア
塩原・矢板・大田原・西那須野エリア
那須・板室エリア
日光・霧降高原・奥日光・中禅寺湖・今市エリア
宇都宮・さくらエリア
佐野・小山・足利・真沼エリア
烏鎌・茂木・益子・真岡エリア

須原エリア

須原温泉郷は栃木県の中心部にある温泉で、温泉が湧き出る場所によって泉質が異なることが特徴で、エリアごとに変化のある温泉を楽しむことができます。
たとえば、塩分と鉄分を多く含む、褐色の「含鉄塩化物泉」、炭酸を多く含む「炭酸水素塩泉」などがあります。「含鉄塩化物泉」は空気に触れて着色するため、「金泉（きんせん）」と呼ばれることがあります。
須原エリアには13の旅館があり、旅館の中には「日帰り温泉」が人気の宿もあり、日帰り温泉目当てで県外からやってくるお客様はたくさんおられます。

須原エリアにある温泉旅館一覧

竹中旅館

竹中旅館は須原の地でも、3番目に古い老舗旅館です。源泉掛け流しの温泉で身体を癒やしながら、四季折々の料理を堪能することができます。部屋のタイプは5タイプあり、女性客に人気の和洋室では、須原の地で生産されているスキンケア用品といった女性向けのアメニティが充実し、女性の方に極上の癒やしをお届けしています。

▶竹中旅館の公式サイトへ

おい、エンドウ、これはどういうことアルか？

・・・！ こ、これは・・・！？

お、おい、井上、どうなっているんだ！？
我らのメディアはSEOに強いんじゃなかったのか！？

しょ、少々お待ちください！
む、むむむ。これは一体・・・。

・・・ワタシはお前たちに検索結果から
みやび屋を締め出せと言っておいたはずアル。

も、申し訳ございません！！
至急原因を調査いたします・・・！！
こ、こら、井上！

は、はは一っ！！

・・・お前たちの会社に、ワタシが何のために
発注しているか忘れたわけではないアルな？

は、はい！！　も、もちろんでございます・・・！

みやび屋のコンテンツが上位表示された理由を
早急に調べたのち、ワタシに報告するアル。

は、はい！！　承知いたしました！！

episode 01
SEOライティングの鼓動

・・・サツキ。
どうしても、ワタシに反抗するつもりアルか・・・。

フフフ・・・。
おもしろいアルね・・・。

episode
01

SEOライティングの鼓動

82

episode 01

SEOライティングの鼓動

ボーン、ダメだわ。
この一帯から信号が発信されているはずなのに、
"アレ"がどこにあるか、まったくわからないわ・・・。

・・・そうか。

ただ、17日前に、都内からこの旅館の付近に"アレ"が
動いたことは確かなの。
でも、"アレ"はわずか100gの小さな物体。
見つけるのには苦労しそうね。

・・・そうだな。

まさか、オレのマシンに
あんなものが隠されていたとはな・・・。

episode 01
SEOライティングの鼓動

ヴェロニカ、どうやら"チップ"の捜索は長引きそうだな。宿泊を延長しておいてくれ。

OK、ボーン。

episode 01 SEOライティングの鼓動

次回予告

須原の温泉旅館「みやび屋」に現れた、
謎のWebマーケッター「ボーン・片桐」と「ヴェロニカ」。

彼らはなぜ、みやび屋を訪れたのか？
そして、彼らが探す"チップ"とは何なのか？

今、みやび屋を巡る壮大な物語が、静かに、そして残酷に幕を開ける。

episode 02 次回、沈黙のWebライティング第2話。
「解き放たれたUSP」
今夜も俺のタイピングが加速するッ・・・！！

ヴェロニカ先生の特別講義

ヴェロニカ先生

私の名はヴェロニカ。
世界最強のWebマーケッター
「ボーン・片桐」のパートナーよ。

ボーンからの指示で、このコーナーを
担当することになったから、最後までよろしく。

ちなみに、このコーナーではヴェロニカさんではなく、
「ヴェロニカ先生」と呼ぶこと。いいわね？

私もできるだけわかりやすい言葉で解説していくから、
しっかりついて来て。

episode 01　SEOライティングの鼓動

SEOを意識したコンテンツを作るカギ

さて、第1話では**SEO（検索エンジン最適化）**を意識した**ライティングの重要性**が取り上げられていたわね。
どんなによいコンテンツも露出しなければ意味がない。
だから、コンテンツを作る際はSEOを意識しておくことが大事よ。

■ なぜ、SEOを意識したWebライティングが必要なのか？

　この解説では、SEOに強いライティングを行うためのコツを取り上げていきます。SEOは「検索エンジン最適化（Search Engine Optimization）」の略語で、検索エンジンに評価されやすいように、Webサイトの構造やWebコンテンツの内容をチューニングすることを指します。このSEOが成功することで、検索結果における順位が上がり、Webサイトへのアクセス数は増えます。

　アクセス数を伸ばすだけであれば、TwitterやFacebookなどのソーシャルメディアで、あなたのサイトについて言及してもらえばいいと考えるかもしれません。ただ、それらソーシャルメディア経由のアクセスよりも検索エンジン経由のアクセスのほうが優れている点があるのです。それは以下の2点です。

①「そのコンテンツ（情報）」を求めている人を集客しやすい

　検索エンジンを使うユーザーの多くは、自分の悩みや質問に対する「答え」を求めて検索を行います。たとえば【ダイエット　成功】というキーワードであれ

86

ば、「ダイエットを成功させるための方法」を知りたいと考えていますし、【カップル　温泉　オススメ】というキーワードであれば、カップルで楽しめるオススメの温泉旅館を知りたいと考えているのです。

そのため、自分の興味のあるコンテンツが検索結果に表示された際には積極的にアクセスするなど、そのアクションも能動的なものになります。このように、ユーザーに能動的にアクセスさせることを、**「プル型」のアクセス**と呼びます。

一方、TwitterやFacebookなどで一方的に情報を発信し、その情報を見つけた人にアクセスしてもらうことを**「プッシュ型」のアクセス**と呼びます。この「プッシュ型」のアクセスは「プル型」のアクセスと比べ、その情報を求めていないユーザーの目にも触れますので、集まるアクセスは「プル型」ほど濃いものにはなりません。

② 継続して露出することができる

検索エンジンであなたのサイトが上位表示されれば、検索順位が下がらない限りは、検索ユーザーからの継続的なアクセスを期待することができます。

他方、TwitterやFacebookといったソーシャルメディアでは、基本的には情報が時系列で並ぶため、古い情報は新しい情報よりも露出しにくくなります。その点、検索エンジンでの露出は、情報の新しさだけが評価されるのではなく、**検索ユーザーがそのコンテンツ（情報）を求めているかどうか**という視点で評価されます。たとえ1年前に公開されたコンテンツであっても上位表示され続けることがあるのです 図1 。

図1　長期に渡り上位表示されているコンテンツの例

【会社設立】というキーワードで、半年以上、検索結果の上位を獲得している

知らないと損をする会社設立の話
https://www.firstep.jp/kaikei/会社設立成功マニュアル

【503】というキーワードで、1年以上、検索結果の1位を獲得している

知らないと損をするサーバーの話
http://www.cpi.ad.jp/column/column01/

ヴェロニカ先生の特別講義――SEOを意識したコンテンツを作るカギ

■ Googleから評価されるWebコンテンツの作り方

　現在Yahoo!はGoogleの検索エンジンを採用しており（2016年9月時点）、検索エンジン市場におけるGoogleのシェアは90％を超えていると言われています。そのため、SEOを成功させるためには、Googleから評価されるにはどうすればいいか？を考える必要があります。

　GoogleでのSEOを成功させるためには、Googleが提供している「ウェブマスター向けガイドライン」を参考にすることが近道です。そのガイドラインには、Googleから評価されやすいコンテンツを作る上での基本方針が書かれています。

品質に関するガイドライン ― 基本方針

1 検索エンジンではなく、ユーザーの利便性を最優先に考慮してページを作成する。

2 ユーザーをだますようなことをしない。

3 検索エンジンでの掲載位置を上げるための不正行為をしない。ランクを競っているサイトやGoogle社員に対して自分が行った対策を説明するときに、やましい点がないかどうかが判断の目安です。その他にも、ユーザーにとって役立つかどうか、検索エンジンがなくても同じことをするかどうか、などのポイントを確認してみてください。

4 どうすれば自分のウェブサイトが独自性や、価値、魅力のあるサイトといえるようになるかを考えてみる。同分野の他のサイトとの差別化を図ります。

Google「ウェブマスター向けガイドライン（品質に関するガイドライン）」より
https://support.google.com/webmasters/answer/35769

　この4つの基本方針を見れば、Googleがいかにユーザーのことを大切に考えているかがわかるでしょう。つまり、Googleで上位表示されるためには、**Googleを使うユーザーのことを徹底的に考え抜く**必要があるのです。そのことはGoogleの経営理念である「Googleが掲げる10の事実」を知ることでも理解できます。

1. ユーザーに焦点を絞れば、他のものはみな後からついてくる

　Googleは、当初からユーザーの利便性を第一に考えています。新しいウェブブラウザを開発するときも、トップページの外観に手を加えるときも、Google内部の目標や収益ではなく、ユーザーを最も重視してきました。

> Googleのトップページはインターフェースが明快で、ページは瞬時に読み込まれます。金銭と引き換えに検索結果の順位を操作することは一切ありません。広告は、広告であることを明記したうえで、関連性の高い情報を邪魔にならない形で提示します。新しいツールやアプリケーションを開発するときも、もっと違う作りならよかったのに、という思いをユーザーに抱かせない、完成度の高いデザインを目指しています。
>
> Google「Googleが掲げる10の事実」より　https://www.google.co.jp/about/company/philosophy/

　たとえば、Googleのトップページには広告がありません。大きなロゴの下に検索窓があるだけです 図2 。このインターフェースは、ユーザーの使いやすさを重視したデザインになっています。

　また、Googleの検索結果にはいくつか広告が表示されますが、広告には「広告」という文言がついており、ユーザーは広告と通常の検索結果とを区別することができます 図3 。一般的にWeb広告というものは、いかにしてクリックしてもらうかが重視されるため、広告に「広告」という文言を明示すると広告を敬遠する人からのクリックが期待できなくなり、Googleの広告収益が減りそうな印象があります。

　にもかかわらず、なぜGoogleはユーザーのことを大切にするでしょうか？その根底には、Googleがその規模を拡大するにあたって大切にしてきたビジネスモデルがありました。

図2　Googleのトップページ
広告などは表示されず非常にシンプル。ロゴのデザインが変わるのは、Googleの遊び心によるもの

図3　Googleの検索結果画面
Googleの検索結果に表示される広告には「広告」という文言が付けられているため、どの情報が広告かがひと目でわかる

Googleがユーザーの利便性を最優先に考える理由

先ほど、Googleはユーザーの利便性を最優先に考えているとお伝えしました。実はユーザーの利便性を高めることは、Googleにとっても以下のようなメリットがあります。

```
Googleが便利になればなるほど、
Googleを使うユーザーが増える
        ↓
Googleの検索結果に表示される広告が、
より多くのユーザーの目に触れる
        ↓
広告をクリックする人も増える
        ↓
Googleの広告収益が増える
```

このようにGoogleがユーザーの利便性を追求すればするほど、Googleの広告収益は増えるのです。だからこそ、Googleはユーザーが満足する検索結果を返そうと、検索エンジンのアルゴリズムを調整し続けています。

つまり、GoogleでのSEOを成功させるためには、検索ユーザーが満足するような、利便性の高いコンテンツを作るのがよいことがわかります。では、利便性の高いコンテンツとはどのようなコンテンツを指すのでしょうか？

検索ユーザーにとっての利便性が高いコンテンツとは？

検索ユーザーにとって利便性が高いコンテンツを考える上で、念頭に置いておくべき考え方があります。それは、**「検索ユーザーは検索したいわけではなく、自分の悩みや質問に関する答えがほしい」**というものです。

たとえば、この本を読んでいるあなたのすぐそばに、SEOにとても詳しい人がいるとしましょう。もし、あなたがSEOについてわからないことがあったとして、詳しい人がそばにいるにもかかわらず、検索をするでしょうか？　おそらくしないはずです。なぜなら、あなたのすぐそばにはSEOに詳しい人がいるわけですから、その人に質問をすればいいからです。

ですが、そのような状況は現実にはなかなか起こりえません。自分のあらゆる悩みに対して、迅速かつ的確に答えてくれる人が周りにいるような環境を作

るのは難しいのです。だからこそ、人々は検索エンジンを使って答えを求めます。言い方は悪いですが、「仕方なしに検索エンジンを使う」というユーザーも多いということを知っておいてください。

　ただ、そう考えると、どういうコンテンツを作れば、検索ユーザーに喜んでもらえるかがわかってきます。たとえば、以下のようなコンテンツならば喜んでもらえるはずです。

① 検索ユーザーが今まさに抱えている「悩み」や「質問」に対して、「的確な答え」を返しているコンテンツ

② 検索ユーザーが抱えると思われる「悩み」や「質問」を網羅的に取り上げ、「先回り」して答えを返しているコンテンツ

③ ほかのサイトと同じ情報を扱っていても、どこよりも素早く答えがわかるコンテンツ

④ ほかのサイトと同じ情報を扱っていても、どこよりも見やすい、わかりやすいコンテンツ

⑤ ほかのサイトと同じ情報を扱っていても、どこよりも信頼できるコンテンツ

⑥ どこよりも情報が新しいコンテンツ

　これらのコンテンツは、まさに、検索ユーザーにとって利便性の高いコンテンツです。実際にGoogleで適当なキーワードで検索し、上位表示されるコンテンツを見てみると、先ほど挙げた条件に合致していることを理解していただけるはずです。

　そして、そうしたコンテンツは、検索ユーザーが「なぜ検索するか？」という**「検索意図」**に合ったコンテンツと言い換えることもできます。つまり、検索ユーザーが満足するコンテンツとは、**検索ユーザーの検索意図に合ったコンテンツ**だといえるのです。

　では、検索ユーザーの検索意図は、どのようにして推測すればよいのでしょうか？

■ 検索意図を推測する方法

　あるキーワードの「検索意図」を推測するためには、次のような4つの方法があります。

ヴェロニカ先生の特別講義 —— SEOを意識したコンテンツを作るカギ

91

① 「Googleキーワードプランナー」を使い、関連キーワードをチェックする
② 「Yahoo!知恵袋」や「OKWAVE」などのQ＆Aサイトで、該当キーワードに関するQ＆Aをチェックする
③ 「NAVERまとめ」などのキューレーションサイトで、閲覧数の多い「まとめ」をチェックする
④ Googleでキーワード検索をし、検索結果上位10位までのページを分析する

それぞれの方法について詳しく説明していきます。

❶「Google Adwords キーワードプランナー」で関連ワードを確認

「Google Adwords キーワードプランナー」とは、キーワードごとの月間検索回数を教えてくれるGoogle提供のツールです（P303参照）。このツールを使えば、該当のキーワードだけでなく、そのキーワードに関連したキーワードの月間検索回数も知ることができます 図4。

図4 Google Adwords キーワードプランナー
利用するにはGoogle Adwordsの出稿が必要になる
https://adwords.google.com/ko/KeywordPlanner/

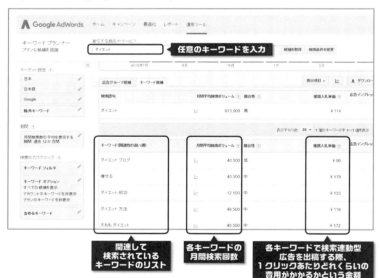

図4で使用している【ダイエット】というキーワードの場合、【ダイエット 成功】や【ダイエット 方法】といった関連ワードも多く検索されていることがわかります。それを踏まえると、たとえば「ダイエットと検索する人の中には、ダ

イエットを成功させるための方法を探している人が多いかもしれない」と推測することができます。

実は検索ユーザーの中には、検索に慣れていないユーザーも一定数います。そういったユーザーは、**自分が知りたい情報をうまく言葉に変換できないまま検索している**ケースがあるため、関連ワードを意識しておくことは、**潜在的な検索意図**を考える上で非常に大切です。

❷ Q&Aサイトで、該当キーワードに関するQ&Aをチェック

Q&Aサイトと呼ばれる「Yahoo!知恵袋」や「OKWAVE」内でキーワード検索すると、そのキーワードに関連した「悩み」や「質問」を知ることができます 図5 図6 。この2つのQ&Aサイトでは、悩みや質問を投稿した側が、寄せられた回答の中から「ベストアンサー」を選べる仕組みになっています。どのような回答がベストアンサーに選ばれているかを知れば、各質問に対するベストな回答パターンの傾向を知ることができ、SEO向けコンテンツの参考になります。

また、両サービスとも「閲覧数」の多い順に並べ替えることができますので、多くの人が興味をもつ悩みや質問を知ることもできます。

図5 「Yahoo!知恵袋」内で【ダイエット】と検索した画面
Yahoo!知恵袋：
http://chiebukuro.yahoo.co.jp/

図6 「OKWAVE」内で【ダイエット】と検索した画面
OKWAVE：
http://okwave.jp/

たとえば、Yahoo!知恵袋内で【ダイエット】と検索し、もっとも閲覧数の多い投稿を読んでみましょう。投稿主は「ダイエットの情熱が続かない」という悩みを投稿しており、2016年9月現在で430万を超える閲覧数を記録しています 図7 。

この事実を知ると、【ダイエット】というキーワードで検索するユーザーの中には、「ダイエットを継続させるコツ」を知りたいユーザーが多いと推測できます。

図7 「Yahoo!知恵袋」で閲覧数の多い投稿例
【ダイエット】というキーワードで検索した際、もっとも閲覧数の多い投稿 (2016年9月現在)

❸ キュレーションサイトで、閲覧数の多い「まとめ」をチェック

キュレーションサイトと呼ばれる「NAVERまとめ」のようなWebサイトでキーワード検索を行い、閲覧数の多い「まとめ」をチェックすることもオススメです。閲覧数の多い「まとめ」は、それだけ多くのユーザーの潜在的な興味を惹きつけているといえ、検索意図の推測にも役立ちます 図8 。

図8 「NAVERまとめ」内で【ダイエット】で検索した結果
「NAVERまとめ」では、閲覧数順での並べ替えができないので注意が必要

❹ Googleの検索結果で上位10位までのページを分析

ユーザーの検索意図を推測する方法として、もっともシンプルでわかりやすいのが、**Googleで実際にキーワード検索してみる**ことです。

今のGoogleは検索ユーザーの検索意図に応える形で、検索結果に表示する

ページを選んでいます。それは、Googleの検索結果を見れば、検索ユーザーがどんな情報(コンテンツ)をほしがっているかがわかることを意味します 図9 。

通常、Googleの検索結果はGoogleのアルゴリズムによって自動的に形成されるため、アルゴリズムの精度によって、表示される情報の質は変わってきます。ただ、現在のGoogleの検索エンジンは数年前と比べて、非常に賢くなっています。検索結果に上位表示されているコンテンツを分析することがSEOを成功させる近道になるのです。

図9 Googleで【ダイエット】と検索した画面

まずは検索意図に合った情報を集めることが大事

検索ユーザーにとって利便性が高いコンテンツを考えるためには、コンテンツの見やすさやわかりやすさ以上に、ユーザーの「検索意図」に合った情報を集めることが大切です。なぜなら、どれだけ魅力的なコンテンツであっても、上位表示を狙うキーワードの検索意図からズレているのであれば、検索結果で上位表示されにくくなるからです。

本書の第1話で、ボーンは「栃木　温泉」というキーワードで検索するユーザーの検索意図を1枚のマインドマップにまとめました 図10 。

あなたがコンテンツを作る際には、ボーンと同じように、検索するユーザーの検索意図を分析し、まずはその**検索意図をカバーする情報を徹底的に集める**ようにしましょう。その後、集めた情報を整理し、ページに掲載すべき情報とそうでない情報とに区別します。

情報の取捨選択は非常に大事です。なぜなら、取り扱う情報が増えれば増えるほど、ページの文章量は増え、読み手の負担が高まるからです。**情報の取捨選択を行うことが、検索ユーザーの利便性にもつながる**ケースがあることを知っておいてください。

それらの準備ができたら、いよいよ、ライティングに取りかかることができます。**SEOに強いコンテンツを作る上では、検索意図の分析という上流工程が必要**になることを憶えておきましょう。

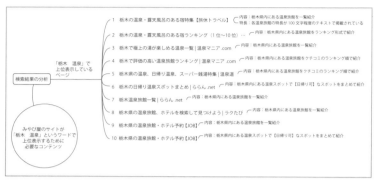

図10 ボーンの作成したマインドマップ（一部抜粋）

ボーンは「栃木　温泉」で上位表示しているページに書かれている情報を分析し、「栃木　温泉」で上位表示するために必要な情報が何かをマインドマップにまとめた（P66参照）。本書の特設ページでダウンロード可能（http://www.web-rider.jp/tokuten/bourne-writing/）

ヴェロニカ先生のまとめ

1. SEOを意識したコンテンツは「そのコンテンツ（情報）を求めている人を集客しやすい」「継続して露出することができる」という2つの利点がある。

2. GoogleでのSEOを成功させるためには、Googleが提供している「ウェブマスター向けガイドライン」を参考にすることが近道。

3. Googleはユーザーの利便性を最優先に考えて、検索結果のアルゴリズムを調整している。

4. 上位表示を狙うキーワードの「検索意図」を推測するためには、実際にGoogleでキーワード検索を行い、検索結果上位10位までのページを分析するとよい。

5. ライティングを行うより先に、キーワードの検索意図を推測し、その検索意図をカバーする情報を集めておく。

[前回までのあらすじ]

栃木の須原にある温泉旅館の老舗「みやび屋」。

そのみやび屋は、先代の旦那と女将がこの世を去った後、
かつてない経営の危機を迎えていた。

後継者である「宮本皐月（サツキ）」とその弟「睦美（ムツミ）」は、
みやび屋を立て直すべく、Web 集客の改善に乗り出す。

そんなとき、みやび屋にある客が訪れる。
その客の名は「ボーン・片桐」。
Web マーケティングのコンサルティングを生業としている男だった。

サツキとムツミは、ボーンのパートナー「ヴェロニカ」の機転のもと、
ボーンから Web サイト改善のアドバイスを得ることに成功する。
そして、そのアドバイスのもとで制作した Web コンテンツは、
大幅な検索順位アップを果たすのだった。

その結果を見て喜ぶサツキ。
しかし、その小さな成功は、これから始まる壮絶な闘いの序曲に過ぎなかった・・・。

episode 02

解き放たれた USP

episode
02
解き放たれたUSP

ジェイク、オレだ、ボーンだ。

・・・ボーンか。
・・・どうだ？ "チップ"は見つかったか！？

いや、まだだ。
あのチップはまだ見つかっていない。

・・・そうか。

しかし、おめーがオレの作ったノートPCを本当に爆破させたと聞いたときは、正直ビビったぜ。

・・・すまん。
あれは不可抗力だった。

episode
02

解き放たれたUSP

説明しよう！

ボーンは1年前、都内にある某家具店のWebコンサルティングを行っていた。
しかし、その家具店はある"悪の組織"に狙われており、ボーンもその組織と闘うこととなる。

人質を捕らえられ組織に監禁されてしまったボーンだったが、所有していたノートPCのCPUを放熱させることで大爆発を起こし、監禁から脱出することに成功する。
ノートPCは粉々になってしまったが、ボーンは窮地を脱し、人質を救うことに成功したのだった。

詳しくは、前作『沈黙のWebマーケティング』で確認してほしい（6ページ参照）。

以前のお前のノートPCに施していた仕様は、
あのチップが奪われそうになったときの最終手段だった。

・・・まさか、オレのPCにあんなチップが隠されていた
とはな。

ま、大事なモノを隠すのなら、肌身離さず持っているモノ
の中に隠すのが定石さ。
なにはともあれ、あのチップの存在を秘密にしていたこと
は謝る。

・・・フッ。もういいさ。あのチップのおかげで、
オレは今日もこうして生きているとも言えるからな。

・・・とにかくだ。
あのチップを必ず回収してくれ。

あのチップはちょっとやそっとで砕ける代物じゃねえ。
だから、あんな爆発程度で燃え尽きたとは考えにくい。
その証拠に、最近、あのチップからの信号をGPS経由で
確認したわけだからな。

ああ。
今、オレとヴェロニカはそのGPSが指し示す場所にいる。

・・・ただ、あのチップからの信号は日ごとに弱くなって
いる。おそらくは内蔵電池が消耗しているんだろう。

チップとの信号のやりとりができなくなるまで、
おそらく、あと60日。
信号が微弱になった分、場所の特定には時間がかかると
思うが、なんとかあのチップを探し出してくれ。

・・・わかった。

ボーン。
お前の親父が隠し続けたあのチップの存在が世界にバレれば、この世のあらゆる法則が変わってしまう。
それは憶えておいてくれよ。

・・・ああ。

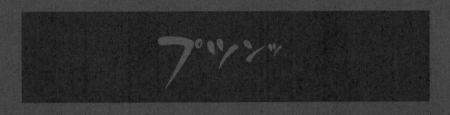
プツンッ

episode
02

解き放たれたUSP

親父・・・。
あんたが本当に守りたかったのは・・・。

―― その頃

episode
02

解き放たれたUSP

うーん・・・。

アネキ、どうしたんだ？

1週間前、ムツミが作ってくれたコンテンツだけど、やっぱり、あのコンテンツ経由での予約が発生していないようなの・・・。

えっ・・・。

前も言ったとおり、あのコンテンツを読んだ人が、うちを予約してくださるイメージがつかないのよ。

だって、あのコンテンツでは栃木にある50もの温泉旅館を一気に紹介しているわけだから、どう考えても、あの中からうちだけを選んでもらえる気がしなくて・・・。

むむむ・・・。
そうだよな・・・。

上位表示するだけじゃ予約に結びつかないってわけか・・・。
どうすりゃいいんだ・・・。

どうしたの？　ふたりとも。

episode
02

解き放たれたUSP

あっ！ ヴェロニカさん！

 女将、ほんと、ここの温泉は気持ちいいわね。

 そう言っていただけてうれしいです！

 ポカーン

 ちょっと、ムツミ、どうしたの？

 えっ・・・！？

 あ、ああっ、え、えと・・・。

や、やべえ、見とれちまってた・・・。

 あ、あの、ヴェロニカさん、ちょっと質問があるんですが、よろしいでしょうか・・・？

 いいわよ。

ありがとうございます・・・！
ほら、ムツミ、さっきの質問・・・・。

あ、え、えと、先日片桐さんからアイデアをもらって作ったコンテンツなんですが、検索順位は上がったものの、サイトからの予約数が伸びてないんです。
で、なんでかな・・・　と思っていて。

・・・。

あ・・・、さすがにずうずうしい質問だったかな・・・。

ボーンからもらったマインドマップには
きちんと目を通した？

は、はい・・・。
マインドマップには何度も目を通しました。

本当かしら？　だったら、「USP」って言葉が書かれていたことにも気付いているはずよね。

「USP」・・・？

USP・・・　USP・・・、USPって何なんだ・・・？

episode
02

解き放たれたUSP

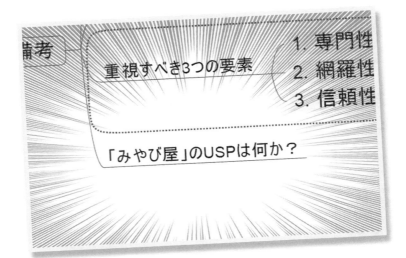

ま、いいわ。
あなたが作ったコンテンツを見せてくれる？

あっ、は、はい！

この記事ね。

栃木の温泉情報を取り上げている記事としては、
とくに大きな問題はなさそうね。

| みやび屋について | 温泉 | 客室 | 料理 | 館内地図 | 周辺観光 | 交通アクセス |

みやび屋は栃木県須原にある温泉旅館でございます。創業から90年経った今も、変わらぬ湯泉を守り続けております。

栃木の温泉旅館の選び方

栃木には須原をはじめ、鬼怒川温泉、那須温泉、塩原温泉など、数々の名湯があります。
この記事では、栃木で温泉や温泉旅館をお探しの方のために、須原の地で温泉旅館を営む私たちが、栃木県内の温泉と温泉旅館を一挙にご紹介します。

◆目次◆

須原エリア
鬼怒川・川治・湯西川・川俣エリア
塩原・矢板・大田原・西那須野エリア
那須・板室エリア
日光・鶴陰高原・奥日光・中禅寺湖・寺所エリア
宇都宮・さくらエリア
佐野・小山・足利・鹿沼エリア
黒磯・茂木・益子・真岡エリア

須原エリア

須原温泉郷は栃木県の中心部にある温泉で、温泉が湧き出る場所によって泉質が異なることが特徴で、エリアごとに変化のある温泉を楽しむことができます。
たとえば、塩分と鉄分を多く含む、褐色の「含鉄塩化物泉」、炭酸を多く含む「炭酸水素塩泉」などがあります。「含鉄塩化物泉」は空気に触れて着色するため、「金泉(きんせん)」と呼ばれることがあります。
須原エリアには13の旅館があり、旅館の中には「日帰り温泉」が人気の宿もあり、日帰り温泉目当てで県外からやってくるお客様はたくさんおられます。

須原エリアにある温泉旅館一覧

竹中旅館

竹中旅館は須原の地でも、3番目に古い老舗旅館です。源泉掛け流しの温泉で身体を癒しながら、四季折々の料理を堪能することができます。部屋のタイプは25タイプあり、女性客に人気の和洋室では、須原の地で生産されているスキンケア用品といった女性向けのアメニティが充実し、女性の方に極上の癒やしをお届けしています。

▶竹中旅館の公式サイトへ

みやび屋

みやび屋は大正15年創業の老舗旅館です。
須原の地で三指に入る名湯である「美人の湯」と呼ばれる野天風呂は、四季の移ろいに合わせ、多彩な表情を見せます。
そんなみやび屋の温泉はアルカリ性単純温泉。
刺激が弱くお肌にも優しいため、お子様やお年寄りの方などにもオススメです。
また、古い角質を溶かし、肌の新陳代謝を促す美肌効果もあります。
まるで隠れ家のようなプライベート空間は、和室・和洋室のふたつのお部屋が選べます。
総料理長こだわりの季節の懐石料理に舌鼓を打ちつつ、窓から眺める須原の山々の景色とともに、極上の時間を過ごせるでしょう。
歴史と伝統を守り続けるみやび屋は全国にファンも多く、リピーターの方が足繁く通う須原を代表するお宿です。

▶みやび屋の各種プランはこちら

episode
02

解き放たれたUSP

・・・で、ここがみやび屋を紹介している箇所・・・と。

みやび屋

みやび屋は大正15年創業の老舗旅館です。
須原の地で三指に入る名湯である「美人の湯」と呼ばれる野天風呂は、四季の移ろいに合わせ、多彩な表情を見せます。
そんなみやび屋の温泉はアルカリ性単純温泉。
刺激が弱くお肌にも優しいため、お子様やお年寄りの方などにもオススメです。
また、古い角質を溶かし、肌の新陳代謝を促す美肌効果もあります。
まるで隠れ家のようなプライベート空間は、和室・和洋室のふたつのお部屋が選べます。
総料理長こだわりの季節の懐石料理に舌鼓を打ちつつ、窓から眺める須原の山々の絶景とともに、極上の時間を過ごせるでしょう。
歴史と伝統を守り続けるみやび屋は全国にファンも多く、リピーターの方が足繁く通う、須原を代表するお宿です。

▶みやび屋の各種プランはこちら

なるほどね・・・。

"なるほど"・・・って。
も、もしかして、ヴェロニカさん、このコンテンツのよくない部分に気付かれたんですか？

うーん、どうかしら。
ボーンなら、何か気付けるかも。

き、気になる・・・。

あ、あの・・・、ヴェロニカさん。もし可能なら、片桐さんから追加でアドバイスをいただくことはできますか・・・？

えっ?

!?
ちょ、ちょっとアネキ・・・!?

す、すいません!! うちのお客様なのに、
こんなずうずうしいお願いをしちゃって・・・。

ひと言でいいんです・・・!
もし、ひと言でも何かアドバイスをいただけるなら・・・!

・・・。

・・・あ、あの・・・。
実は私、今、このみやび屋に新しい風が吹き始めた気が
しているんです。

新しい風?

はい・・・。

お恥ずかしい話なんですが、私、この旅館を経営する自信
をなくしていたんです。
お客様の予約が日に日に減る中、どうやってこの旅館を
立て直せばいいか、毎日眠れないほど悩んでいたんです。

アネキ・・・。

そんなに悩んでいたのかよ・・・。

そんな中、ムツミが東京から帰ってきてくれました。
そして、ヴェロニカさんと片桐さんにアドバイスをいただいて作ったコンテンツも上位に表示されました。

なんというか、今、この旅館に追い風が吹き始めた気がしていて、これを逃してしまうと、せっかくのチャンスが両手からこぼれ落ちてしまう気がしているんです・・・！

ヴェロニカを見つめるサツキ。その瞳は力強かった。

・・・だから。
今回のコンテンツをムダにしたくないという気持ちが
強くなっていて・・・。

あっ！　す、すいません！！
お客様の前なのに、つい熱くなっちゃって・・・。
本当に申し訳ございません・・・。

いいのよ。
・・・そうね、そこまで強い思いがあるのなら、
ボーンに聞いてみてあげてもいいけれど・・・。

えっ・・・！
あ、ありがとうございます・・・！

ただ・・・　片桐さんのコンサルティングって、
お高いんですよね・・・？

そうなのよ。
前回は私からボーンにアドバイスをねだっちゃったけれど、ボーンがもう一度、ビジネス外でアドバイスをくれるかどうかはわからないわね・・・。

あ、もちろん、タダでということは考えていません・・・！
たとえば、うちの旅館にお泊まりいただいた代金を当館でもつことも考えています・・・！

えっ・・・？

うちの旅館の宿泊費程度では、片桐さんのコンサルティング料には遠く及ばないのは重々承知しています・・・！
でも、なんとか片桐さんからアドバイスをいただきたいんです・・・！

す、すいません、
私、本当にずうずうしいことをお願いし・・・

女将はいるアルか。

episode 02

解き放たれたUSP

?
どなたでしょうか？

・・・あっ　・・・！！

?
アネキ、どうしたんだ・・・？

・・・ヤンさん。

ヤン・・・？
この人、中国の人なのか？

女将、あの話は考えてくれたアルか？

い、いえ・・・。あ、あの・・・。
私、何度もお伝えしているとおり、あなたの申し出を
受け入れることはできません・・・。
本当にごめんなさい・・・。

・・・。

何が気に食わないアルか？

episode
02

解き放たれたUSP

私と結婚すれば、アナタは巨万の富を手に入れられる、そして、アナタの旅館も安泰。
こんないい条件に、何か気に食わないことでもあるアルか？

・・・。

さっさと大人しくワタシの奥さんになるといいアルよ。こんなちっぽけな旅館の女将なんて辞めて、我がタオ・パイグループの社長夫人として、悠々自適な生活を送ればいいアル。

こ、"こんなちっぽけな旅館"って・・・！？
な、なんだこいつ・・・！！

ムツミ！　ダメ！

・・・おや？
そこの威勢がいいのは誰アルか？

こ、この子は・・・　私の弟のムツミです。

ほほう。
じゃあ、将来の私の義弟になる男アルね。

ケッ！
誰がお前なんかの義弟になるかよ！

・・・フフフ。
女将に似て、強情そうアルね。
まあ、強がるのも今のうちアル。今に、ワタシに楯突いたことを後悔するようになるアルよ。

・・・。

おっと、そうそう、今日はこれを伝えにきたアル。
最近、この旅館の近くに建ったホテルを知っているアルか？

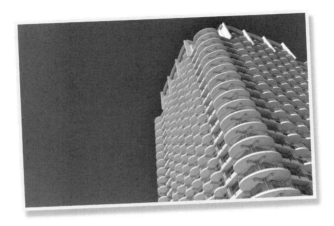

ホテル・・・？　あ、そういや、
「タパホテル」ってのがうちの近所にできてたな・・・。

タパホテル・・・。
も、もしかして・・・！？

そうアル。
あれは我がタオ・パイグループ系列のホテルアルよ。
この須原の地が気に入ってしまって、なんとなく建ててしまったアル。
お互い経営者同士、私情は抜きにして、この須原を盛り上げていきたいアルね。

なっ・・・！？

episode
02

解き放たれたUSP

フフフ・・・。じゃあ、また来るアルよ。ワタシとの結婚の話、前向きに考えておいてほしいアルね。

・・・。

episode 02
解き放たれたUSP

な、なんだよ、あいつ！！？

・・・中国最大手のデベロッパー、タオ・パイ社の社長「ヤン・タオ」さんよ。

ヤン・タオ・・・。
なんで、そんなやつとアネキが知り合いに・・・！？

実は1年ほど前、ヤンさんがこの須原を訪れた際、うちの旅館に宿泊されたの・・・。
そのときになぜか私、気に入られたみたいで・・・。

はぁぁぁ？　じゃあ、あいつはアネキに一目惚れをして求婚してきてるってわけか？

そうみたい・・・。

・・・ふーん・・・。
ま、オレがいうのもなんだけど、アネキはなかなかいい線いってるもんな。

・・・ってそれはともかく、オレ、あいつ、気にくわねーぜ！
うちのことを**"こんなちっぽけな旅館"**とか言いやがって、何様だって感じ！

・・・タオ・パイ社。
中国だけでなく、世界の市場を相手に、飛ぶ鳥を落とす勢いで成長しているデベロッパーね。
デベロッパーとしての顔だけでなく、IT企業としての顔ももち、観光や旅行に関するWebサービスやメディアなども展開しているわ。日本でいえば**「旅休トラベル」**という旅館予約サイトが有名ね。

episode
02

解き放たれたUSP

旅休トラベル・・・！？
あ、あそこ、タオ・パイ社の運営だったのか！？

アネキ・・・。もしかして、うちが「旅休トラベル」との契約を更新しなかった理由って、さっきのあいつが絡んでたりもするのか・・・？

う・・・ん、ちょっとね。
ただ、「旅休トラベル」は契約料が値上がりしてたし、どちらにしても、契約更新は止めようかと思っていたの。

episode 02
解き放たれたUSP

オレがいない間に、なんだかややこしいことに巻き込まれてたんだな・・・。

アネキ、安心しろよ！　オレが守ってやるからな！

ムツミ・・・。

それにしても、あのヤン社長・・・。
さっき、気になることを言ってたわね。
"みやび屋の近くにホテルを建てた"って。

はい・・・。
最近、須原にできた「タパホテル」が、まさか、ヤンさんのホテルとは知りませんでした・・・。

ただ、私が言うのもなんですが、この須原は東京から離れていますし、東京オリンピックによる観光誘致の恩恵は受けにくい立地です。なぜ、この場所にあんな立派なホテルを建てたのでしょうか・・・。

もしかしたら、このみやび屋の経営を邪魔して、あなたを女将の座から引きずり下ろそうとしているのかもね。

えっ・・・！？
それだけのためにホテルを建設・・・！？

まあ、さすがに考えすぎかもしれないけれど。

ただ、ヤン・タオという男は、目的達成のためなら手段を選ばないと聞いたわ。ひとつの可能性として考えておいてもいいんじゃないかしら。

く、くそ・・・！！　そう考えたら、ますます、あのキツネ目の野郎からアネキを守りたくなってきたぜ・・・！

ムツミ・・・。

・・・。

ア、アネキ、泣いてるのか？

だって・・・　私・・・　今までひとりぼっちだったから、ムツミの言葉がなんだかうれしくて・・・。

ゴメンね・・・。ゴメンね・・・。

アネキ・・・。

episode
02

解き放たれたUSP

あ、先代は・・・　私たちの父と母は・・・。
半年前に事故で亡くなったんです・・・。

アネキ、安心しろよ！
オレが守ってやるからな！

姉弟・・・　か・・・。

・・・。

よっしゃ！
あんなキツネ目野郎のホテルなんかに負けないよう、このみやび屋をガンガン盛り上げていこうぜ！

千里の道も一歩から！てなわけで、まずはWeb集客の改善をがんばらなくちゃな！

・・・でも、そのためには、今上位表示しているコンテンツからの予約者数を増やしたいところよね・・・。

・・・そっか。
その悩みが解決していないんだった・・・。

episode
02

うーん・・・。

解き放たれたUSP

・・・もっと"比較"のしやすいコンテンツにしろ。

！？

か、片桐さん！？

ボーン！

121

・・・。

ボーン、いいの？
アドバイスをしちゃって。

・・・。オレのアドバイスを中途半端に解釈され、その結果「アドバイスの効果がなかった」と言われでもしたら、オレの名に傷が付くからな。

ふふふ。

もっと"比較のしやすいコンテンツ"にする・・・？

どういうことかしら・・・。

・・・おまえたちの作ったコンテンツの弱点は
大きく分けてふたつある。

ふたつ・・・！？

まず、ひとつ目だ。
このコンテンツ内でのみやび屋の紹介は
「USP」を伝え切れていない。

ユー・エス・ピー・・・？

さっき、ヴェロニカさんが言っていた言葉だ・・・！

USPっていうのはね、「Unique Selling Proposition」という言葉の略で、**"他社にはない独自の強み"** のことよ。

episode
02

解き放たれたUSP

温泉が心地いい、料理が美味い、ゆったりとした時間を過ごせる・・・。
そういったことは、どの旅館にもいえることだ。
あらためて、このコンテンツ内のみやび屋の解説を見てみろ。このコンテンツからは、みやび屋の具体的なUSPが伝わってこない。
これではみやび屋が選ばれる理由がない。

・・・！！

そして何より、お前はあまりにも安直に、このコンテンツ内でみやび屋を目立たせようとしている。

安直・・・！？

あらためてコンテンツを見てみろ。

お前が紹介している「竹中旅館」と「みやび屋」では、なぜ、こんなに文章量が違うんだ？

■竹中旅館の紹介文
竹中旅館は須原の地でも、3番目に古い老舗旅館です。
源泉掛け流しの温泉で身体を癒やしながら、四季折々の料理を堪能することができます。
部屋のタイプは5タイプあり、女性客に人気の和洋室では、須原の地で生産されているスキンケア用品といった女性向けのアメニティが充実し、女性の方に極上の癒やしをお届けしています。

■みやび屋の紹介文
みやび屋は大正15年創業の老舗旅館です。
須原の地で三指に入る名湯である**「美人の湯」**と呼ばれる野天風呂は、四季の移ろいに合わせ、多彩な表情を見せます。
そんなみやび屋の温泉はアルカリ性単純温泉。
刺激が弱くお肌にも優しいため、お子様やお年寄りの方などにもオススメです。
また、古い角質を溶かし、肌の新陳代謝を促す美肌効果もあります。
まるで**隠れ家のようなプライベート空間**は、和室・和洋室のふたつのお部屋が選べます。

総料理長こだわりの季節の懐石料理に舌鼓を打ちつつ、窓から眺める須原の山々の絶景とともに、極上の時間を過ごせるでしょう。
歴史と伝統を守り続けるみやび屋は全国にファンも多く、リピーターの方が足繁く通う、**須原を代表するお宿**です。

えっ・・・。
だってさ、このコンテンツはあくまでも、うちのサイトにあるコンテンツだろ？
だったら、うちの旅館の説明を目立たせるのは、当たり前じゃねーか？

・・・浅い。浅すぎるな。

浅い・・・！？ な、何がだよ！！

Webマーケティングの視点が浅いと言っているんだ。

こんなふうに自分たちの商品やサービスを他社よりも特別扱いしていると、不自然な文章にしか見えないぞ。

た、たしかに・・・。

このコンテンツを見るユーザーは、このコンテンツが「みやび屋」のサイトの中にあることを知った上で見るわけだからな。

episode
02

解き放たれたUSP

こんなやり方では"客観的な信頼性"が損なわれているとしかいえん。

客観的な・・・。

信頼性・・・！

こういった"まとめ記事"は、まずは"ユーティリティ要素"を意識した"中立的な立場"を意識しておくものだ。

episode 02

解き放たれたUSP

ユーティリティ要素？

ユーティリティ、すなわち、**"機能的"**なコンテンツにしなさい、ってことよ。
あなたが旅館を探す際、特定の旅館だけをプッシュしているコンテンツを見つけたら、「何か裏があるんじゃないか？」と疑心暗鬼になるでしょ？

そうなってしまったら、そのコンテンツは旅館選びの参考書としては使いづらくなるわ。

た、たしかに・・・。

見方によっては、特定の旅館を"ゴリ押し"しているとも捉えられかねない。

ゴリ押し・・・！

人は、誰かに一方的に商品をオススメされるより、
"自分で納得して選んだ感"がほしいものだ。

自分で
納得して・・・。

選んだ感・・・！！

Webマーケティングとは心理戦だ。
相手の人間心理を理解した上で、行動につなげることが
大切だ。

ちょ、ちょっと待ってくれよ・・・！！
"ユーティリティ要素"ってやつを意識するには、"中立的
な立場"が必要ってことはわかったけど、じゃあさ、いわ
ゆるクチコミサイトとか、ランキングサイトとかどうなる
んだよ！？ 点数とか順位が付けられちまってるじゃねー
か！！

クチコミサイトやランキングサイトはとくに問題ない。

なぜなら、それらのサイトと、今回お前たちが作った
コンテンツとは、そもそも求められているユーティリ
ティが違うからだ。

えっ・・・！？

クチコミサイトやランキングサイトなどは、
"評価の高い商品を教えること"がユーティリティだ。

episode 02 解き放たれたUSP

今回、お前たちのコンテンツに求められているユーティリティは、栃木にある旅館を評価順に並べることではない。

何かの商品を探す人にとって、クチコミやランキングというのは、とても参考になる情報だ。

だから、商品名で検索した際、クチコミサイトやランキングサイトは上位表示しやすくなっている。

しかし、商品を探す人の中には、そういったクチコミやランキングによる評価ではなく、自分の目で商品を判断したいと感じる人もいる。

そういう人にとっては、**他人のクチコミや数値化されたランキングは邪魔になる場合があるのだ。**

なるほど・・・。
だから、中立な立場で情報を取り扱っているコンテンツが必要になるんですね・・・！

そうだ。
そもそも、お前たちがほかの旅館を表だって批判などしてみろ。ビジネスモラルに欠けた行動として見られてしまうだろう。

もし、そういった行動で短期的な売上を得られたとしても、ほかの旅館を公然と批判する旅館など、どこかネガティブな印象を残してしまいかねない。

そうすれば、長期的なブランディングに影響してしまう。

むむむ・・・。

じゃ、じゃあさ、今回のコンテンツでいろいろな旅館を中立的に紹介するとするぜ？
そのあと、どうすれば、うちの旅館が選ばれるってんだよ！？

カンタンだ。
お前たちの旅館の「USP」をわかりやすく伝えて、選ばれやすくすればいい。

「USP」をわかりやすく伝えて・・・。

選ばれやすくする・・・！？

そう、あなたたちの旅館ならではの強み。
たとえば、お料理が独創的だったり、著名な料理長がいたり、温泉の効能がほかの温泉と比べて独特だったり、施設が由緒ある建物だったり・・・。
このみやび屋にはそういった"独自の強み"はあるの？

独自の強み・・・。

あ！　"大正時代から続く老舗"ってのを
強く推すのはどうだい？

ダメだわ・・・。うちは老舗といえば老舗なんだけど、須原にはうちよりも古い旅館があるわけだし・・・。

episode
02

解き放たれたUSP

じゃ、じゃあさ、うちの野天風呂があるじゃん！
須原の名湯三選にも選ばれた野天風呂！

それも弱いように感じるわ・・・。"三選"という言葉を考えると、ほかにもふたつ名湯があるわけだし・・・。

うーん・・・。

**じゃあ、逆に聞くぞ。
この旅館の"弱み"はなんだ？**

弱み・・・！？
よ、弱みなんて聞いてどーすんだ！？

弱み・・・ ですか・・・。
多分、たくさんあります・・・。

たとえば、半年前に先代が死去して、若い私たちが経営を継いだことだったり、「旅休トラベル」のような旅館予約サイトに掲載されていないことだったり・・・。

・・・よし。

なら、その弱みを"強み"に変えてみろ。

「弱みを・・・！？」 「"強み"に変える・・・！？」

「えっ、それってどういうことなんだ・・・！？」

**ここまでがオレからのヒントだ。
あのコンテンツからの予約数を伸ばしたいのなら、
まずは、みやび屋の「USP」を必死で考えてみるんだな。**

「は、はい・・・。」

「「USP」になるわけだから、ほかの旅館が
カンタンには真似できない強みを見つけ出してね。」

「そ、そんなの見つかるのかよ・・・。」

「あ、もし、どうしても答えが出ない場合はね、
"コンセプト"から考えてみることをオススメするわ。」

「コンセプト・・・？」

「アイデアというものは、制約の多い状態でこそ
出やすいものよ。がんばってね。」

「は、はい・・・。」

episode 02

解き放たれたUSP

・・・

——その夜

episode
02

解き放たれたUSP

USP・・・。USP・・・。

うーん、アネキ、うちの旅館にしかないUSPって何なんだろうな？

そうね・・・。
うちの温泉は気持ちいいし、料理も美味しいと思う。

でも、ヴェロニカさんがおっしゃるように、「温泉が気持ちいい」なんて、ほかの旅館も同じことを言うだろうし、料理に関しても、どの宿も「うちが一番」って言う気がするわ・・・。

そうだよな・・・。ほかの旅館と差別化ができないとUSPにはならないよな・・・。

うーん・・・。

あと、ボーンさんのおっしゃっていた**"弱みを強みに変える"**ということ。
あれってどういうことなのかしら・・・。
弱みなんて、どうしようもなさそうなのに・・・。

そういや、ヴェロニカさん、
気になることを言ってたな・・・。
「悩んだときは"コンセプト"から考えてみるといい」
って。

コンセプトから考える・・・？

episode 02

解き放たれたUSP

コンセプト・・・か・・・。

ははは、あえて、旅館ではなく、スーパー銭湯として再出発するのもいいかもな。

ま、スーパー銭湯にするには、湯船が小さすぎっか。ははは・・・。

もうっ・・・！
そんな無茶な企画、実現できるわけないでしょ・・・。

そうだよな。
そんな無茶な企画・・・。

・・・ん？
企画・・・プラン・・・。

・・・ああっ！？

？
ムツミ、どうしたの！？

そうだよ！
プランだ！ プラン！

うちにしかない**「宿泊プラン」**があれば、オンリーワンのUSPを作れるんじゃないか！？

うちにしかない宿泊プラン・・・。
あっ・・・！！

そっか・・・！！
そうだったんだ！

そうと決まれば、話は早いぜ。
アネキ、これまでにうちに宿泊したお客さんのリストと、
宿泊者アンケートを見せてくれないか？

そこに、うちの新しい宿泊プランを考えるヒントが
ありそうな気がする。

了解！

episode
02

解き放たれたUSP

――― そして、3日後

片桐さん、私たち、USPを考えました。

・・・聞かせてもらおうか。

片桐さんに教えていただいた、"弱みを強みに変える"ということ。
そこに私たちのUSPのヒントがあったんです。

私たちの弱みであり、強み・・・。

それは、みやび屋が **若いふたりが切り盛りしている旅館** だっていうこと。

そうさ。
オレたちみやび屋は、若いふたりが経営しているぶん、ベテランの旦那や女将がいる旅館に比べると、どうしても頼りなく見られてしまう。

でも、それを逆手にとって、次のようなコンセプトを打ち立ててみたのさ。

「若者が親孝行をするための宿」 ってな。

若者が親孝行をするための宿・・・？

ああ、オレとアネキは両親を亡くしてるだろ？
オレたちは両親を亡くして、あらためて親のありがたみを強く感じたんだ。そして、親孝行したいときには、親はもういないってことも・・・。

ムツミさん・・・。

たしか、ことわざに**「孝行のしたい時分に親はなし」**ってのがあるだろ。
オレ、今になって、もっとその言葉を早く知っておけばよかったって後悔してるんだ。

多くの大人は社会人になると、仕事が忙しくなり、親の顔を1年に数回見るかどうか、ということになる。
実家から離れて暮らしてる人の中には、1年に2回くらいしか親に会っていないっていう人も多い。

1年に2回しか会えないのだとしたら、10年間で20回しか会えないってわけだろ？　それってすごく切ないじゃん。
でも、そういうことって、言われて初めて気付くことだと思うんだ。

そういうことって、親御さんは自分から言いづらいし、若い人たちもなかなか気付きにくいんです。
だから、私たちが若者の視点で、親御さんに感謝の気持ちを伝えるお手伝いができればと思ったんです。

そして、今回、みやび屋の新しいキャッチコピーも考えました。

キャッチコピー？

それはこれです！
「みやび屋に親孝行させてください」

"みやび屋に親孝行させてください"・・・？

episode
02

解き放たれたUSP

そうさ。
旅館がこんなキャッチコピーを出していれば、たとえば、親に旅行を贈りたい人たちも、自分の気持ちをストレートに伝えられるようになるだろ？

あと、もし、子供がいない人であっても、うちに宿泊してもらえれば、まるで、自分の息子や娘がいるかのように温かい時間を過ごしてもらえるんじゃないか、って。

そしてもちろん、コンセプトだけでなく、親孝行向けのプランをたくさん用意します。
たとえば次のようなプランです。

- 普段は照れくさくて、親になかなか感謝の気持ちを伝えられない方向けに、私たちが代わりにメッセージを伝えるプラン
- 親にゆっくりと疲れを癒やしてもらうために、連泊の際は実質お食事代だけで宿泊してもらえるようなお得プラン
- 結婚25年目の「銀婚式」や50年目の「金婚式」向けのプラン

素敵ね・・・！

オレたち、今回のコンセプトを考えるにあたって、過去の宿泊客のデータを調べてみたんだ。
すると、50代以上の人が多く泊まっていたのさ。
そのデータを見て、うちの旅館はおそらく、中高年の人にとって泊まりやすい旅館なんだろうな、と思った。

よくよく考えてみたら、亡くなった親父は、うちの施設のバリアフリー化に力を入れようとしていたみたいだし、うちの料理はヘルシー志向を意識してるし、何より、窓から眺める須原の山々の景色が、疲れた心身を癒やしてくれるからな。

だから、「親孝行プラン」はうちにピッタリだと思ったんだ。

なるほど。

この「親孝行プラン」、もしかしたら、よそも真似をしようと思えばできるかもしれない。
でもさ、オレたちの「親孝行プラン」には、多分、よそにはなかなか真似できないUSPが隠れてるんだ。

真似できないUSP・・・？

それは・・・。
・・・オレたちが実際に両親を事故で亡くし、今まさに心から自分たちの親に親孝行したいと思っているってことさ。

オレは親父やお袋に会えなくなって、はじめて、家族と過ごす時間の大切さを知った。
・・・それと同時に、失った時間は二度と取り戻せないってことも・・・。だから、世の中の若いやつらに、自分の親を大切にしろよってことをしっかり伝えたいんだ。
・・・この気持ちはUSPにつながるだろ？

ああ。

episode
02

解き放たれたUSP

ムツミさん・・・。サツキさん・・・。
すごいわ・・・！ふたりとも・・・！

episode
02

解き放たれたUSP

や、やった・・・！ ヴェロニカさんに褒められたぜっ！

USPが決まれば、あのコンテンツに掲載されている「みやび屋」の紹介文も変わってくるはずだ。

その紹介文でお前たちのUSPを訴求できれば、「みやび屋」が選ばれる理由が生まれる。

じゃあ・・・　予約が増えるかもしれねーってことだな！

やったわ！！

喜ぶのはまだ早い。
USPを訴求できたからといって、おまえたちの旅館の紹介文が読まれるとは限らないからだ。

えっ・・・！？

紹介文が読まれるとは限らない・・・？

あのコンテンツでは、50ほどの旅館情報が掲載されていた。お前たちが「みやび屋」の紹介文をテコ入れしたとして、その文章を読んでもらわなければ意味がない。

そ、それはとくに問題ないんじゃねーのか？

だって、あのコンテンツでは、みやび屋を2番目に紹介してるんだぜ。

まあ、さすがに1番目に紹介するのはあざといと思ったから、2番目にしたんだけどな。

あの見せ方だけでは不十分だ。
ページを勢いよくスクロールされてしまっては、見落とされる可能性が高い。

勢いよくスクロール・・・。

たしかに、私もiPhoneで何かのページを見ているとき、すぐにスクロールして読み飛ばしてしまうクセがあるわ・・・。

せっかくの紹介文だ。
見落とされないよう、"情報の見せ方"を工夫しろ。

情報の見せ方を・・・。

工夫する・・・！？

もう一度、あのコンテンツを見てみるぞ。

episode
02

解き放たれたUSP

このコンテンツは、ユーティリティの面ではそれほど悪くはない。

栃木県内のエリアごとに旅館情報が整理されており、ページ内リンクもあり、ある程度は使いやすい。

・・・。

しかし、情報量が多いぶん、
「選択のパラドックス」に陥る危険があるな。

選択のパラドックス・・・！？

そ、それってどういう意味でしょうか？

episode
02

解き放たれたUSP

ヴェロニカ、説明してやってくれ。

OK、ボーン。

選択のパラドックスについて

「選択のパラドックス」という言葉はね。

人は選択肢を多く見せられるほどトクした気分になるが、それと同時に、**選択を困難に感じ、結果的に満足度が低くなる**という現象を指す言葉なの。

この「選択のパラドックス」は、コロンビア大学ビジネススクールの教授「シーナ・アイエンガー(Sheena Iyengar)」教授が自身の書籍『選択の科学』で説いた言葉よ。

アイエンガー教授はある実験を行った。

それは、6種類のジャムを並べたテーブルと、24種類のジャムを並べたテーブルのふたつを用意し、それぞれのテーブルでジャムの試食と販売を行うとどうなるか？　というもの。

　どちらのテーブルも、試食をした人の人数は変わらなかった。
　むしろ、24種類のジャムのテーブルのほうが、試食をしていた人たちは楽しそうに見えた。

けれど、最終的にジャムを購入した人の割合を見ると、6種類のジャムを並べたテーブルでは30％の人がジャムを購入し、24種類のジャムを並べたテーブルでは3％の人しかジャムを購入しなかったの。
なんと10倍もの差が生まれたのよ。

еええ！？
なんで、そんな結果になっちまうんだ！？

私なら、24種類のジャムのあるテーブルのほうが、ジャムを衝動買いしちゃいそうだけど・・・。

ふふふ、そう思うわよね。
でもね、人間って不思議な生き物なの。

「情報はできるだけたくさんほしい」と思いながらも、多すぎる情報は脳の負担となって、選択行動の妨げとなるのよ。

人間の行動は不合理だからな。

！？

人間の行動は・・・　不合理・・・？

このあたりの話は、今度機会があったらしてやる。

話を戻すぞ。

複数ある選択肢の中から、特定のものを選んでもらう場合は、"選択のパラドックスを回避させること"が大事だ。

選択のパラドックスを回避させる・・・？

今回のサイトがクチコミサイトやランキングサイトなら、選択のパラドックスを回避させることは難しくない。

しかし、今回はあくまでも中立の立場を意識したコンテンツだ。

よって、今から言う方法を使え。

今ある50の旅館情報はそのままに、
その上に「独自の宿泊プランを展開している旅館」
というゾーンを設けろ。

```
┌─────────────────────────────┐
│          冒頭文              │
├─────────────────────────────┤
│ 独自の宿泊プランを展開している旅館 │
│  （以下の50の旅館の中から厳選）  │
├─────────────────────────────┤
│                             │
│      50の旅館情報まとめ       │
│    （場所別に整理されている）   │
│                             │
└─────────────────────────────┘
```

そして、そのゾーンでは、その下で取り上げている50の旅館の中から、オリジナリティのある宿泊プランを展開している旅館を厳選して紹介するんだ。
もちろん、その中にはみやび屋も含めてな。

ちょ、ちょっと待ってくれよ！
一部の旅館を厳選して掲載するってことは、特定の旅館に肩入れすることにならないのか？
さっき、うちは中立的な立場をとれって・・・。

ああ、あくまでも、中立的な立場は大事だ。
しかし、比較の軸が明確であれば、情報を絞って見せることは問題ない。

比較の軸が明確であれば・・・。

情報を絞って見せることは問題ない・・・！？

そもそも、今回追加するゾーンでは、みやび屋をナンバーワンの旅館として紹介するのではなく、"オンリーワン"の旅館として紹介する形になる。

オンリーワンなのだから、ほかの旅館と比較して目立ってしまうのは当然だろう。

オンリーワン・・・！？

episode
02

解き放たれたUSP

自社の商品を紹介した際に、「自慢」のようなイヤらしさを感じさせてしまうのは、「他社の商品と比較して自社の商品が優れていること」を誇示するからよ。

でも、**"他社と比べて優れている"** という見せ方ではなく、**"この商品はうちにしかない"** という見せ方であれば、客観的に見ても不自然には見えないはずよ。

な、なるほど・・・。

そして、そこで重要になるのが、
何度も言っている「USP」なの。

USPがハッキリしていれば、他の旅館とは違う視点で取り上げることができるというわけですね・・・！

そうだ。
USPがハッキリしていれば、極端な話、たくさんの旅館の中から「みやび屋」だけをピックアップしても、それほど違和感はない。

・・・！！

今日のアドバイスはここで終わりだ。
オレのアドバイスを元に、コンテンツをブラッシュアップしてみるんだな。

今日のアドバイス・・・？ もしかして、片桐さん、明日もアドバイスしてくださるつもりかしら・・・？
だったら、すごくうれしいんだけど・・・。

── 次の朝

ボーンのオッサン・・・。
コンテンツのブラッシュアップができたぜ・・・。

あら！ 早いわね。

episode 02

解き放たれたUSP

episode **02**

解き放たれたUSP

みやび屋は栃木県須原にある温泉旅館でございます。創業から90年経った今も、変わらぬ湯風景を守り続けております。

栃木の温泉旅館の選び方

栃木県内には200ほどの温泉旅館があるといわれています。
このページでは、みやび屋を営む私たちが、独自の視点で選んだ温泉旅館を50ほどご紹介します。
栃木で温泉旅館をお探しの際の参考になれば幸いです。

◆目次◆
1、独自の宿泊プランを展開している旅館
2、エリア別の旅館紹介
　1、須原エリア
　2、鬼怒川・川治・湯西川・川俣エリア
　3、塩原・矢板・大田原・西那須野エリア
　4、那須・板室エリア
　5、日光・霧降高原・奥日光・中禅寺湖・今市エリア
　6、宇都宮・さくらエリア
　7、佐野・小山・足利・鹿沼エリア
　8、馬頭・茂木・益子・真岡エリア

1、独自の宿泊プランを展開している旅館

まずは、独自の宿泊プランを展開している旅館をご紹介します。

湯守田中屋 (塩原温泉)

1,000年以上の歴史をもつ塩原温泉。
塩原にある「湯守田中屋」さんには、日本三大渓流露天風呂のひとつとして有名な野天風呂があります。
目の前に広がる大自然の風景を眺めつつ、温泉のそばを流れる渓流のせせらぎと森の音に耳を澄ませば、この上ないリラックスすることができるでしょう。
そんな贅沢な空間をあえてひとりきりで味わえるのが、田中屋さんの『お一人様限定プラン』。
ひとりだからこそ、何の気兼ねもなく、優雅な時間をゆっくり過ごせます。
最近忙しくて、なかなか自分の時間をもてない方にオススメのプランです。

　　　　　　　　　　　> 湯守田中屋の公式サイトへ

みやび屋 (須原温泉)

山々に囲まれた静かな温泉郷、須原。
その須原にある「みやび屋」では、『親孝行プラン』というプランをメインに据え、両親への日頃の感謝の気持ちを伝える方向けのサービスに力を入れています。
バリアフリーを意識した館内、素材を活かしたヘルシーな食事、肌に優しい温泉など、高齢者の方も安心して宿泊できる環境。
「自分たちは親孝行できなかったからこそ、多くの方の親孝行をお手伝いしたい」、その思いで、若き20代の姉弟が営むみやび屋では、若者ならではの視点で、宿泊される方の希望にあった親孝行の形を提案しています。

　　　　　　　　　　　> みやび屋の各種プランはこちら

150

・・・。

ボーンは次の日もサツキやムツミたちにアドバイスをしようとしていた。
時給500万円のコンサルティングフィーを受け取るほどの男が、
仕事以外でアドバイスを続けることは異例なことだった。

ボーン、何だかんだ言って、この子たちのアドバイスを
続けてくれているわ。
・・・もしかして、この姉弟に、
自分と"めぐみさん"を重ねているのかしら・・・。

へっへ〜。
どうだい？　この文章？
実はオレ、バンド時代は、毎日のように作詞してたから、
文章を書くのは得意っぽいんだよな〜。

あら、ムツミさん、バンドマンだったのね。

はい！　ボーカルやってました〜！　こう見えても、それ
なりにファンのいるバンドのボーカルをやってたんすよ。

そうなのね。

片桐さんがおっしゃるように、コンテンツの中に**「独自の
宿泊プランを展開している旅館」**というエリアが入った
ことで、「みやび屋」の存在がグッと目立ちました！

episode
02

解き放たれたUSP

episode 02 解き放たれたUSP

へへへ〜。
これで、予約数も増えっかな。

・・・。

・・・？
どうかしたの？ボーン？

・・・たしかにコンテンツは変わった。
しかし、まだまだ甘いな。

えっ・・・！？

こんな文章では、せっかくの「親孝行プラン」とやらも、
その魅力が伝わらないままだぞ。

えっ・・・。

・・・！？

この文章はユーティリティを意識しすぎたことで、
エモーショナルな要素、すなわち"感情"が伝わらなく
なっている。

感情・・・！？

Webマーケティングの醍醐味は、人の心を動かすことだ。
こんな文章では、人の心は動かせん。

ム、ムカッ・・・。"ユーティリティを意識しろ"って
言ったのは、あんたじゃねーか・・・

じゃ、じゃあ、どうすればいいんだよ・・・！！

カンタンだ。
人の心を動かす、**"エモーショナルな文章"** を意識しろ。

エモーショナルな文章・・・！？

お前は元ミュージシャンだったとのことだな。

あ、ああ。

お前が書いたこの文章を、声に出して読んでみろ。

へっ？　声に出して読む・・・？

ああ。声に出せば、なぜこの文章が物足りないかがわかるはずだ。

な、なんだかよくわかんねーけど、・・・お望み通り、声に出して読んでみてやるよ。

episode
02

解き放たれたUSP

山々に囲まれた静かな温泉郷、須原。

その須原にある「みやび屋」では、『親孝行プラン』というプランをメインに据え、両親への日頃の感謝の気持ちを伝えたい方向けのサービスに力を入れています。

バリアフリーを意識した館内、素材を活かしたヘルシーな食事、肌に優しい温泉など、高齢者の方も安心して宿泊できる環境。

「自分たちは親孝行できなかったからこそ、多くの方の親孝行をお手伝いしたい」、その思いで、若き20代の姉弟が営むみやび屋では、若者ならではの視点で、宿泊される方の希望にあった親孝行の形を提案しています。

episode 02

解き放たれたUSP

どうだ！
アネキ！　何か感じたか？

え、えと・・・。
とくに問題はないように感じるわ。

"とくに問題はない"・・・　それこそが問題だ。

えっ！？

こいつの語りを聞いていて、気分は高揚したか？

き、気分の高揚・・・　ですか？

ど、どういうことだよ！？

155

そのとき、ボーンたちの背後に、彼らを覗く謎の男の視線があった。

episode
02

解き放たれたUSP

ボ、ボーン・・・！
そうか・・・！ みやび屋のコンテンツが急に変化した
のは、こいつがアドバイスをしていたというわけか・・・！

お、おのれ、ボーン・・・。
遠藤様に至急知らせねば・・・！

> **説明しよう！**
>
> 今、ボーンたちを覗いているこの人物の名は**「井上」**。
> 元ガイルマーケティング社にて、遠藤とともに、ボーンと死闘を繰り広げた男である。
> 彼は今、遠藤が立ち上げたバイソンマーケティング社で働き、タオ・パイ社のコンテンツマーケティング案件を担当している。
>
> 彼に関する詳細を知りたければ、前作『沈黙のWebマーケティング』を読むがよい（6ページ参照）。

episode **02**
解き放たれたUSP

お前たちはまだ、文章における「エモーション（感情）」の重要性について理解できていないようだな。

・・・いいだろう。実例を見せてやろう。

！？

パソコンを借りるぞ。

あ、ああ・・・。

お前の文章を今、オレがリライトしてやろう。

リライト？

文章を書き直すってことよ。

すぅぅぅぅぅ・・・。

ボーンさんが深呼吸をしている・・！？

**人を動かしたいのなら、
相手の感情に響く文章も必要だ。**

"相手の感情に響く文章"・・・？

ラララ～♪　ルルル～♪　ラララ～♪　ルルル～♪

こ、このオッサン、急に鼻歌を歌い始めて、
気でもおかしくなったのか・・・！？

ピタッ

出るわよ・・・！
ボーンの大技が・・・！！

エモーショナル ライティング!!

episode 02
解き放たれたUSP

な、なんだこれは・・・！！？

次回予告

ボーンのリライトが始まった・・・！
彼が紡ぐ言葉は一体何を語るのか・・・！？

そんなボーンの姿を陰から捉えた謎の男。
その男の正体は、かつてボーンと死闘を演じた
ガイルマーケティング社の「井上」だった。

ボーンへの憎悪を静かに燃えたぎらせる井上、そして、サツキを狙うヤン・タオ。

今、あらゆるエモーション（感情）が渦巻き、風雲急を告げる・・・！

episode 03 次回、沈黙のWebライティング第3話。
「リライトと推敲の狭間に」
今夜も俺のタイピングが加速するッ・・・！！

ヴェロニカ先生の特別講義

「USP」を最大限に活かすコンテンツ

「選択のパラドックス」——それは選択肢が多ければ多いほど、ひとつに決めきれないという人間の性質。
モノがあふれかえっている昨今「なぜ、それを選ぶべきなのか?」という**理由付けを必要とする**人は増えているわ。
逆に考えると、選ぶべき理由さえ提示できれば、どんな商品も売りやすくなったともいえる。
このコーナーでは、Webマーケティングにおいて重要な「**商品を選んでもらうためのライティング**」のコツについて話すわね。

episode
02

解き放たれたUSP

■ 商品を選んでもらうためには「USP」が必要

　USPとは「Unique Selling Proposition」という言葉の略で、"ほかにはない独自の強み"のことを指します。あなたが何かの商品を売りたいとき、その商品のUSPを伝えることができるかどうかは大切です。なぜなら、**USPを伝えるということは他社商品との比較ポイントを伝えること**になるからです。

　ユーザーは商品を選ぶ際、多くのケースで比較を行います。そのため、他社商品との比較ポイントがはっきりしたUSPを打ち出すことが大事なのです。旅館を例にして、USPになりそうな要素を考えてみましょう 図1 。

図1　旅館のUSPになりえる要素

ハード面	ソフト面
温泉の種類と質	料理の種類と質
施設(建物全体の雰囲気)	接客の質
部屋の品質、広さ	主人や女将の個性
場所	歴史(年数)
景観	宿泊などのプラン

　旅館の場合、これらの要素をもとにUSPを考えていくことになりますが、注意すべき点があります。それは、どの旅館も打ち出せるような強みをUSPにしてしまっては、結局ほかの旅館との比較ポイントがわからなくなるということです。

たとえば、老舗旅館の場合、「うちは老舗である」ということを売りにしがちですが、老舗旅館は全国にたくさんあります。よって、「老舗」という面だけをUSPにすると、「ほかの老舗旅館とどう違うのか？」といった疑問が残ってしまいます。

もし、老舗旅館であることをUSPにするのであれば、「明治時代の文豪○○が執筆のために何度も宿泊した」といった、老舗ならではのエピソードを訴求する必要があるでしょう。

ただ、それも、ほかの旅館が「いやいや、うちは昭和の名俳優の△△さんが宿泊したよ」「うちなんかは政治家の××さんに愛されていたよ」などと言い始めると、USPになりません。

また、別の例で言えば、どれだけ料理の美味しい旅館であっても、「うちの料理は美味しい」というだけではUSPになりません。なぜなら、どの旅館も自分たちの料理が美味しいことを訴求しているからです。

そのため、料理をUSPにするのであれば、単なる美味しさだけを訴求してはいけません。その旅館でしか食べられないオリジナルな料理があったり、その旅館でしか出会えない個性的な料理長がいないと、USPにはつながりにくいのです。

つまり、USPを決める際は、以下のふたつのポイントを軸に考えるとよいでしょう。

❶ 競合に真似されにくいこと

❷ 競合と同じステージで闘わずに済むこと

たとえば、第2話でサツキたちは「親孝行プラン」という独自のプランを打ち出し、「みやび屋」のUSPにしました。これは、若いふたりが両親を早くに亡くし、親孝行したくてもできなかったという思い（エピソード）があるからこそ成立したUSPでした。競合が真似したくても、容易には真似できません。

また、もし競合が、カップル向けや子供向けプランを積極的に展開しているのであれば、親に特化した「親孝行プラン」は競合と闘うことなく差別化ができます。場合によっては、競合とコラボレーションし、双方のプランを紹介することもできるでしょう。まさに、闘わずして売り上げを伸ばすことができるのです。

「USP」が決まれば、マーケティングは成功しやすくなる

「USP」が決まれば、以下のようなメリットが生まれます。

> ❶ 他社商品との比較ポイントが明確になり、顧客がその商品を選びやすくなる
>
> ❷ いろいろなWebサイトやブログで紹介されやすくなる
>
> ❸ Webサイトのデザインの方向性や、コンテンツの方向性がブレなくなる

　ニュースメディアなどは、記事のPV（ページビュー）を増やすことで広告収益を得ています。そのため、PVが高まるような話題を好む傾向があります。読者は同じようなニュースばかりだと飽きてしまいますので、メディアは過去に取り上げたことのないような話題を優先的に選びます。たとえば「ほかでは見たことのない商品やサービスが登場！」といった話題は好まれます。
　よって、**USPがハッキリしている企業はいろいろなメディアで取り上げられやすい**のです。

　また、「NAVERまとめ」などのキュレーションサイトでも、USPのハッキリしている企業や商品は紹介されやすくなります。なぜなら、キュレーションサイトの目的も、各まとめ記事のPVを増やすことだからです。同じような情報ばかりが集められたまとめ記事よりも、バリエーションに富んだ情報が集まったまとめ記事のほうがユーザーに好まれやすいことは言うまでもありません。
　USPがハッキリするということは、**顧客から選んでもらいやすくなるだけでなく、紹介もされやすくなる**ということを憶えておいてください。

「USP」の訴求は、比較やまとめ系コンテンツで活きてくる

　商品のUSPが決まれば、次はそのUSPをどのようにして伝えるかを考える必要があります。そこで重要となるのがコンテンツの作り方です。コンテンツを作る際は、**その商品が他社とどう違うのか？の比較を入れる**ようにしましょう。
　USPというのは、ほかにはない独自の強みのことです。**ほかとの比較がなされているほうが、その強みはより伝わります。**
　たとえば、本編でサツキたちが50もの温泉旅館を取り上げたコンテンツを作り、その中でみやび屋の紹介をしたのも、みやび屋を除いた49の旅館との違いを明確に伝えることで、みやび屋のUSPを知ってもらうためでした 図2 。

図2 サツキとムツミが第2話で作成したコンテンツ（150ページ参照）

■ ユーティリティやツールとして機能しているか

　ネットで何かを購入しようとして検索するユーザーがコンテンツに求めているのは、「どのようにして商品を選んだらよいか？」という情報でありノウハウです。極端な話、コンテンツという形でなくても、「あなたの場合、この商品を買うといいですよ」ということを教えてくれる仕組みがあれば、それで事足りるのです。

　たとえば、ECサイトの多くにはユーザーの購入履歴をもとに商品をレコメンド（推奨）する仕組みがあります。ただ、その仕組みは、あくまでもそのECサイトで商品を購入したことのある人に向けて提供されるものであり、すべてのユーザーがその恩恵を受けられるわけではありません。また、レコメンドの精度が低ければ、その仕組みは使いものになりません。

　よって、ユーザーは、商品選びをアシストしてくれるさまざまな情報やノウハウを活用し、自分が買うべき商品を決めようとします。言い換えれば、それらの情報やノウハウとは、ユーザーの買い物を手助けしてくれる「ユーティリティ（機能）」であり、「ツール」だといえるでしょう。

　つまり、あなたが比較系コンテンツを作成する際には、**その記事がユーザーにとっての便利な「ユーティリティ」であり「ツール」になっているか**を考える必要があります。

　そこで、ユーティリティとして機能するために、比較系コンテンツに必要な要素を挙げてみます。その要素とは、実は第1話でお伝えした「検索ユーザーにとって利便性の高いコンテンツ」ともつながるのです。

❶ どのサイトよりも、ユーザーが知りたい情報を的確に返している
（例：ほかのページで情報収集する必要がないくらい、スペックが詳細に書かれている）

❷ どのサイトよりも、ユーザーが抱えると思われる「疑問」や「悩み」に関して、「先回り」して答えを返している
（例：商品比較を行う中で発生するであろう「疑問」や「悩み」に関して、先回りして回答している）

❸ どのサイトよりも、ユーザーが知りたい情報に素早くアクセスできる（利便性がよい）
（例：情報が整理された上で配置されており、どこにどんな情報が書かれているかがすぐにわかる。また、ページ内の移動がしやすいように、「ページ内リンク」などもうまく張り巡らされている。場合によっては、複数にまたがるページをあえて1ページにまとめることで利便性を高めることも多い）

❹ どのサイトよりも、見やすく、わかりやすく情報を発信している
（例：ユーザーの脳に負担がかかるような難解な表現を使わず、誰にでもわかるようなカンタンな表現を多く使っている。また、文字のフォントや文章の行間などにも配慮している）

❺ どのサイトよりも、信頼できる
（例：誰がこのコンテンツを作っているのか、「話者」の存在を明らかにした上で、「なぜ、この記事に書かれていることがいえるのか？」といった理由をハッキリとわかりやすく伝えている）

❻ どのサイトよりも情報が新しいコンテンツ
（例：商品情報が更新されたときには、どのサイトよりも早く情報を更新し、そのサイトへ行けば最新情報が得られる、というお墨付きをもらう）

■ 比較系コンテンツの成功事例

　比較系コンテンツは話者がどんなポリシー（理念）で情報発信をするかによって内容が変わります。言い方を変えると、ある種の「ポジショントーク」といえるのかもしれません。ポジショントークという言葉はイメージが悪いかもしれませんが、相手の意志決定を左右するような情報を発信する人たちは、みんな強いポリシー（理念）をもって独自の立場で情報発信しているのです。ぼんやりとしたポリシーで商品やサービスを勧めても、勧められたほうが混乱してしまいます。

　よって、何かを勧めたり、比較する際には、あなたのポリシー（理念）が相手に伝わるかどうかを意識しましょう。

一番やってはいけないことは、**本当はその商品のことを気に入っていないのに勧めたり、お金のためだけに商品を勧めたりする**ことです。そういったことを繰り返していると、あなたの信用は地に落ちてしまい、以後何を勧めても誰の心にも届かなくなるので注意してください。

　たとえば、「知らないと損をするサーバーの話」というコンテンツでは、筆者がよいレンタルサーバーを選ぶためのノウハウと、よいホームページ制作会社を選ぶためのノウハウを解説しています 図3 。

図3　比較系コンテンツの例①

比較記事だけでは分からない！ 集客に強いレンタルサーバーの選び方
http://www.cpi.ad.jp/column/column02/

ビジネスの成功につながるホームページ制作会社（Web制作会社）の選び方
http://www.cpi.ad.jp/column/column06/

　それらのノウハウは、筆者が実際にたくさんのレンタルサーバーを試してきた経験と、多数のホームページ制作会社を見てきた経験から語られています。

　どちらの記事も、どのブランドのレンタルサーバーやホームページ制作会社がよいかといったことは明確に回答していませんが、レンタルサーバーやホームページ制作会社を選ぶ際のポイントについて学ぶことができ、ユーザーが比較する際のコストを削減することに成功しています。

　このほかにも、比較系コンテンツの例を挙げておきます 図4 。

図4　比較系コンテンツの例②

「ウェブライダーLab.」というオウンドメディアの中にある「スマホ決済サービス」の比較記事。独自の視点で、スマホ決済サービスを選ぶ際のポイントを伝えている
楽天スマートペイ、Squareなど、国内スマホ決済サービス 5社のメリットを比較してみた
http://www.web-rider.jp/blog/comparison-of-smartphone-payment/

■ 比較系コンテンツを作る際に注意すべき点

　続いて、比較系コンテンツを作る際の注意点を挙げておきます。

　先ほど、比較コンテンツを作ることはある種のポジショントークであるとお話ししましたが、比較を行う上では、**ある程度の客観性も必要**になります。たとえば、あなたが何かの商品を買うとして、目の前に1社の商品だけを執拗にプッシュしてくる営業マンが現れたら後ずさりしたくなりますよね。

　ユーザーは「自分で選んだ感」を求めるものです。人からそれが素晴らしい商品だと言われても、自分の頭の中で一度は冷静な判断をしてからでないと、商品を買いたいとは思わないのです。

　そこで、以下の点に注意するようにしてください。

---

❶ 情報の「客観性」を大切にし、ひとつの商品だけを不自然に勧めない
（いろいろな視点を用いて、「この視点の場合は、こちらの商品がオススメ」というように、物事を俯瞰（ふかん）しながら商品を勧める。他社商品の悪い点ばかりを見つけるのではなく、よい点を見つけ、そのよい点を隠さず発信する。そうすることで、「このコンテンツの話者は、"よいものはよい"ときちんと評価できる人だ」という評価を受け、あなたの話者としての信頼が高まる）

❷ なぜ、その商品がよいのか？という理由を、誰もが納得できる論理や根拠を元に展開する
（なぜ、その商品がよいのか？という理由を、相手が理解できる言葉で論理的に説明します。また、論理を支えるデータなどがあれば、それらも根拠として提示する）

■ 今、アフィリエイトサイトが強い理由

　「アフィリエイト」とは、自分のサイトやブログに商品の広告を設置し、その広告経由で商品が売れた際に報酬がもらえる仕組みを指します。昨今このアフィリエイトを導入しているサイトやブログが急増しており、たとえば「ダイエットサプリ」や「ウォーターサーバー」などのキーワードで検索すると、いくつかのアフィリエイトサイトを見つけることができます 図5 。これは、一部のアフィリエイトサイトが検索エンジンから評価されている、つまり、**検索ユーザーから評価されている**ことを裏付けています。

　アフィリエイトサイトの特長は、メーカーがいえないようなことを、第三者視点で発信できてしまうことです。たとえば、ウォーターサーバーを扱う5つの会社があったとします。その場合、普通に考えると、5社ともに競合のウォーターサーバーを批判することは難しいでしょう。なぜなら、他社商品を表立って批判することは、モラルがない会社だと非難されるからです。

ですが、アフィリエイトサイトであれば話は別。アフィリエイトサイトを運用しているのは前述の5社とは無関係の第三者だからです。そのため、どの会社の商品がよいかといった情報や、どの会社の商品がダメといった意見を**中立で客観的な立場から発信できます**。つまり、第三者であるアフィリエイトサイトの情報は、ユーザーの比較コストを減らせる、究極の比較コンテンツでもあるのです。

図5　検索結果の上位にアフィリエイトサイトがランクインしている

【ダイエットサプリ】というキーワードの検索結果

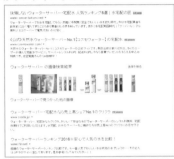

【ウォーターサーバー】というキーワードの検索結果

■ アフィリエイトサイトの強みは「比較広告」を行いやすいこと

　マーケティングの世界には「比較広告」と呼ばれる広告手法があります。これは、相手の会社の商品と自社の商品を比較することにより、自社の商品を選ぶべき理由を伝える手法です。

　有名なものでは、1980年代にペプシコーラがアメリカで行ったキャンペーンがあります。ペプシコーラはアメリカの各地でブラインド・テストによる公開試飲調査を行いました。そして、その際に得られた調査結果に基づき、「ペプシコーラがコカ・コーラよりも美味しいと回答した人は、半数を超えた」と宣伝したのです。ペプシコーラは、コーラを選ぶ人は「美味しさ」を基準に選んでいると考え、このような比較広告を展開したわけです。

　ただ、実際問題、こういった比較広告を日本で行うと、企業のモラルが問われます。そのため、これまで日本では比較広告をあまり見かけませんでした。

　しかし、そんな日本の状況を大きく変えたのがアフィリエイトサイトでした。アフィリエイトサイトにはある程度の自由があります。その自由の中で、独自のランキングを作って商品の順位付けを行ったり、特定の商品を批判しながら別の商品を訴求するアフィリエイトサイトが増えてきたのです。

もちろん、アフィリエイトサイトの中には、有益な情報を発信し、各商品のよい面をきちんと取り上げ、真摯な姿勢で運営されているものも多くあります。ですが、アフィリエイトサイトの目的は単純に対価（金銭）を得ることですから、一部には**商品を売るためだけに過激な行動に出ているところ**もあります。

　何度も言う通り、アフィリエイトサイトは、企業が運営するサイトよりも自由度が高く、社会的に負う責任も少なくて済みます。その反面、もし不自然な形で特定の商品を推しているアフィリエイトサイトを見つけたときは、注意したほうがよいでしょう。

　また、あなたの競合がアフィリエイター（アフィリエイトをする人たち）を用いたマーケティングに力を入れているのであれば、**それらのアフィリエイターが作るコンテンツとどう闘うか？**ということも考えておく必要があります。

　アフィリエイターの数は、アフィリエイトの参入障壁の低さから、年々増えています。そうした事実を知った上で、Webマーケティングの戦略を講じるようにしましょう。

ヴェロニカ先生のまとめ

1. 複数の選択肢の中から、その商品を選んでもらうためには「USP（Unique Selling Proposition）」が必要。
2. 「USP」をハッキリさせると、選ばれやすくなるだけでなく、いろいろなメディア（サイト）で紹介されるようになる。
3. 比較系コンテンツやまとめ系コンテンツが支持されるのは、ユーザーの「比較のコスト」を削減するユーティリティ（機能）を有しているから。
4. 比較系コンテンツを作る際は、「ユーティリティ要素（使いやすさ）」と「客観性」を大切にする。
5. アフィリエイトサイトはその性質上、今のGoogleにおいて高い評価が得られやすい（ただし、信用力のないアフィリエイトサイトは高い評価を得られることはありません）。

[前回までのあらすじ]

「みやび屋を"親孝行するための宿"にする！」

それが「みやび屋」の集客改善のためにサツキとムツミが作り出したUSP、
すなわち、"ほかの旅館にはない独自の強み"だった。

その USP のもと、ムツミはコンテンツを作り直す。
しかし、そのコンテンツを見たボーンの口から出たのは、
思いもよらぬ厳しい言葉だった。

「こんな文章では人の心は動かせん」

落胆するムツミに対して、ボーンはさらに言葉を投げかける。

「人の心を動かす"エモーショナルな文章"を意識しろ」

今、ボーンの「エモーショナルライティング」が
須原の地を吹き抜ける！

リライトと推敲の狭間に

episode
03

エモーショナル
ライティング!!

169

episode
03

リライトと推敲の狭間に

な、なんだこれは・・・！！？

エモーショナルライティング・・・！
ボーン、自身の中にあふれ出た感情を"言葉"として
紡ぐつもりね・・・！

なんだ、このタイピング音のリズムは・・・！？
軽やかでいて、そして情熱的な・・・。

episode
03

リライトと推敲の狭間に

片桐さんのタイピング音が、まるで音楽のように聞こえてきます・・・！

ふふふ。
そう聞こえるのはね、ボーンが今、ムツミさんが書いた文章を感情を込めてリライトしているからよ。

感情・・・！？

ええ。
人の心を動かすためには**「感情」**が必要だから。

・・・！！

episode
03

リライトと推敲の狭間に

！？

！？
な、なんだ今の音・・・！？

あっ！！！

・・・！

ム、ムツミのPCのキーボードが・・・！！

壊れた・・・。

エモーショナルライティングにおけるボーンのタイピングの強さは、楽器を**pp**（ピアニッシモ）で奏でるかのように優しかったはず・・・！
おそらくは、あのノートPCの筐体が薄すぎたのね・・・！

え・・・。

お・・・　俺のPCが・・・。
まだ11回もローンが残っているのに・・・。

はぁぁぁぁぁああぁぁぁぁぁ！！！

！！？　ボーン、何をするつもり・・・！？
そのPCのキーボードはもう・・・！

CPUはまだ死んではいない。

episode
03

リライトと推敲の狭間に

173

音声入力！！？

なるほど！
その手があったわね！！

ペラペラペラ・・・　今、国内の主な観光地には、海外から多くのお客様がお越しになることはご存じだと思います・・・ペラペラペラ

episode
03

リライトと推敲の狭間に

お、おっさん、急に何か話し始めたぜ・・・！？

どうされたのかしら・・・！？　も、もしかして、
ノートPCを壊してしまったショックでおかしく・・・。

ふふふ。
ボーンが持っているノートPCの画面を見てみなさい。

episode
03

リライトと推敲の狭間に

ペラペラペラ・・・　女性のお客様だけでなく　・・・

そのほか、このプラン限定の特別なアロマトリートメントもお受けいただけます。

このプランは次のような方にオススメです。

「日頃、親孝行がなかなかできていないので、自分の親に素敵な旅行をプレゼントしたい」
「心配りの行き届いた場所で、心おきなく羽を伸ばせる時間を自分の親に過ごしてほしい」

山々に囲まれた静かな温泉郷である須原にて、みやび屋は大正15年に創業しました。
みやび屋には、須原の地で三指に入る「美人の湯」と呼ばれる"お肌に優しい泉質"の温泉が
女性のお客様だけでなく、

ペラペラペラ　　　・・・愛されてきました。

そのほか、このプラン限定の特別なアロマトリートメントもお受けいただけます。

このプランは次のような方にオススメです。

「日頃、親孝行がなかなかできていないので、自分の親に素敵な旅行をプレゼントしたい」
「心配りの行き届いた場所で、心おきなく羽を伸ばせる時間を自分の親に過ごしてほしい」

山々に囲まれた静かな温泉郷である須原にて、みやび屋は大正15年に創業しました。
みやび屋には、須原の地で三指に入る「美人の湯」と呼ばれる"お肌に優しい泉質"の温泉が
女性のお客様だけでなく、お子様やお年寄りの方からも愛されてきました。

・・・！　す、すごい・・・！！　片桐さんが話すのと同時に、文字がどんどん入力されていきます・・・！！

音声入力ってあんな正確に文章が入力できたのか！！

シッ！　大きな声をあげると、
あなたたちの声も入力されてしまうわよ。

あっ・・・。
りょ、了解。

ペラペラペラ・・・**素敵な人生の1ページを当館でお過ごしいただけるとうれしいです**
・・・ペラペラペラ

音声入力コンプリート。

お・・・　終わったのか・・・！？

・・・。
ボーン、見事ね。

音声入力の場合、変換の精度を考え、どうしても平易な言葉を選ぶことにはなってしまうが、そこそこ読める文章にはなっているだろう。

・・・？

ふたりとも、ボーンが書いた文章を見てみて。

お、おう。

！！？

・・・す、すごい・・・！！　さっきの音声入力でこんな文章が入力されていたなんて・・・。

episode **03**

リライトと推敲の狭間に

栃木の温泉旅館の選び方

（※このページは 2016 年 9 月 20 日に更新されました）

「栃木にはどんな温泉があるのか知りたい」
「都会を離れ、心からリラックスできる温泉旅館を探している」

この記事はそんな方へ向けて書いています。

はじめまして。
私は栃木の須原にて「みやび屋」という旅館を営んでいる、若旦那の宮本ムツミと申します。

栃木に生まれ、幼い頃から、この地で旅館を営む両親の背中を見て育ちました。

栃木のいいところは、東京から"ほどよい距離"にあるということ。
都心からわずか2時間ほどで都会の喧騒を離れ、山川に広がる四季折々の豊かな自然を満喫できます。
川のせせらぎ、森の音に耳を澄ませば、心からリラックスできるでしょう。

また、何といっても、**栃木は関東最多の温泉を誇る県。**
那須塩原や鬼怒川、日光といった歴史ある名湯・秘湯が多く、全国からは湯巡りの楽しみを求める温泉ファンが集います。

そんな栃木には、**200を超える温泉旅館**があることをご存じでしょうか?

この記事では、栃木の温泉旅館の中から、いくつかの旅館をエリア別にご紹介します。
旅館を営むプロならではの視点で、ガイドブックには書かれていないようなこともお話ししようと思います。

あなたの素敵な旅行の一助となれば幸いです。
それではまいります。

■目次
1. 独自の宿泊プランを展開している旅館
2. エリア別の旅館紹介
    1. 須原エリア
    2. 鬼怒川・川治・湯西川・川俣エリア
    3. 塩原・矢板・大田原・西那須野エリア
    4. 那須・板室エリア
    5. 日光・霧降高原・奥日光・中禅寺湖・今市エリア
    6. 宇都宮・さくらエリア
    7. 佐野・小山・足利・鹿沼エリア
    8. 馬頭・茂木・益子・真岡エリア

1. 独自の宿泊プランを展開している旅館

先ほど、栃木には 200 を超える温泉旅館があるとお話ししました。
どの旅館もそれぞれの特徴があるため、あなたの希望に合った旅館がきっと見つかると思います。
ただ、**「数が多すぎて、どの旅館がいいか選びきれない」**という方のために、まずは独自の宿泊プランを展開している旅館をいくつかご紹介します。

① 湯守田中屋さんの『お一人様限定プラン』

最初にご紹介したいのは、塩原温泉にある旅館「湯守田中屋」さんが展開している『お一人様限定プラン』です。

このプランは次のような方にオススメです。

「日頃の忙しさから解放されて、たまにはひとりで優雅にのんびりしてみたい」
「大自然に囲まれた空間に身を置き、ひとりきりでじっくり考え事をしたい」

田中屋さんには、**日本三大渓流露天風呂**のひとつとして有名な野天風呂があり、その野天風呂から眺める景色はまさに絶景。

とくに「河原湯」は川まで手を伸ばせば触れる距離にあり、自然と一体になる気分を味わえます。

そして、その温泉体験をさらに忘れられないものにしてくれるのが、野天風呂へ向かうまでに下る 320 段の大階段。

大階段を一歩また一歩と降りるたびに、視界に広がる木々の風景ときらめく水面にちょっとした高揚感がかき立てられます。

そんな優雅な空間をあえてひとりきりで味わおうというのが、田中屋さんの『お一人様限定プラン』。

ひとりだからこそ、何の気兼ねもなく、贅沢な時間を味わえます。

日々の疲れを癒やすのもよし、仕事のアイデアを考えるのもよし、非日常の空間があなたに心地よい安らぎを与えてくれるでしょう。

ちなみに、田中屋さんの温泉は、その昔、「効き目非ずは返金す」がうたい文句だったとか。

それくらい温泉の効能には自信があるということで、温泉療養を目的とする方には **" 薬いらずの湯 "** として親しまれてきました。

4 つに分かれた野天風呂はすべて源泉かけ流し。

忙しい日常から離れ、名湯にゆったりと浸かるのはいかがでしょうか。

● 3 つの特長

----

1. 日本三大渓流露天風呂のひとつとして有名な野天風呂がある
2. 記憶に残ること間違いなしの 320 段の大階段
3. 選び抜かれた地元・栃木の食材を使った炉端料理

● 湯守田中屋さんの「お一人様限定プラン」に関する情報

客 室：和室（D タイプ客室）
料 金：平日お一人様 16,667 円〜（税別）
料 理：2 食付き

温　泉：天然温泉・掛け流し。野天、渓流露天、館内展望風呂バラエティ
　　　　豊かな源泉巡りOK
期　間：通年

● 湯守田中屋さんの所在地と連絡先

住所：〒329-2921 栃木県那須塩原市塩原6
TEL：0287-32-3232

※この情報は2016年9月20日時点での情報です。
詳細は公式サイトのチェック、もしくは旅館に問い合わせてご確認ください。

>> 湯守田中屋さんの公式サイトを見る
>> 湯守田中屋さんの『お一人様限定プラン』の詳細ページを見る

② みやび屋の『親孝行プラン』

そして、2つ目にご紹介するのは、須原の温泉旅館「みやび屋」が展開している『親孝行プラン』です。

episode
03

リライトと推敲の狭間に

181

私が営む旅館で恐縮ですが、ほかの旅館にはないちょっと変わったプランです。

この『親孝行プラン』では、50 歳以上のお客様の場合、通常のお食事やお部屋がランクアップするほか、当館からの特別なプレゼントを差し上げています。
そのほか、このプラン限定の特別なアロマトリートメントもお受けいただけます。

このプランは次のような方にオススメです。

「日頃、親孝行がなかなかできていないので、自分の親に素敵な旅行をプレゼントしたい」
「心配りの行き届いた場所で、心おきなく羽を伸ばせる時間を自分の親に過ごしてほしい」

山々に囲まれた静かな温泉郷である須原にて、みやび屋は大正 15 年に創業しました。
みやび屋には、須原の地で三指に入る **「美人の湯」** と呼ばれる **" お肌に優しい泉質 "** の温泉があり、女性のお客様だけでなく、お子様やお年寄りの方からも愛されてきました。

そんなみやび屋が『親孝行プラン』に力を入れ始めた理由、そこには、私と女将である姉の姉弟ふたりの **" ある思い "** がありました。

実は私たち姉弟には両親がおりません。
みやび屋を営んできた尊敬する両親は、半年前、この世を去りました。
私たち姉弟を、優しく、そして時に厳しく育ててくれた両親。
その両親へ「そろそろ恩返ししたいな・・・」、そう思っていた矢先の出来事でした。

「孝行のしたい時分に親はなし」ということわざがあります。
これは、人生で親孝行ができる時間は限られているという意味のことわざです。

「私たちは親孝行ができなかった。だからこそ、親孝行する気持ちでお客様を精一杯おもてなししたい」
その思いで始めた『親孝行プラン』。

素敵な人生の1ページを当館でお過ごしいただけるとうれしいです。

● 3つの特長

1. 「美人の湯」と呼ばれる、お肌に優しい泉質の温泉
2. 男性にもご利用いただける極上のアロマトリートメントで心も身体もリフレッシュ
3. 地元産のお野菜をふんだんに使った、ヘルシーで彩り鮮やかなお料理

● みやび屋の『親孝行プラン』に関する情報

客 室：和室、和洋室
料 金：平日お一人様 16,000円〜（税別）
料 理：2食付き
温 泉：天然温泉・掛け流し。露天風呂、高齢者のお肌にも優しいアルカリ
　　　　性単純温泉
期 間：通年

● みやび屋の所在地と連絡先

住所：〒 329-0001 栃木県須原市須原 3
TEL：0290-23-4567

※この情報は 2016 年 9 月 20 日時点での情報です。
　詳細は公式サイトのチェック、もしくは旅館に問い合わせてご確認ください。

>> みやび屋の公式サイトを見る
>> みやび屋の『親孝行プラン』の詳細ページを見る

〜以下、略〜

episode
03

リライトと推敲の狭間に

マジかよ・・・。音声入力していただけなのに、コーディングまでされちゃってるぜ・・・。

ふふふ。ボーンは音声入力を極めすぎて、音声入力でHTMLのタグ打ちまでできてしまうの。

音声入力でタグ打ち・・・！？　やはり時給500万のWebマーケッターは次元が違うのか・・・！

episode
03

リライトと推敲の狭間に

・・・・。この文章、スラスラ読めちゃいます・・・！まるで"生きている"みたい・・・。

生きている？

は、はい、心の中にスッと入ってくるというか、血が通っているというか・・・。

ふふふ、そう感じたのはね、ボーンが**"感情"**を注ぎ込んだからよ。どんなものも感情を宿せば、生命をもつわ。
それが、あなたがボーンの文章を"生きている"と表現した理由かもね。

感情を・・・　宿す・・・？

ボーンが先ほど書いた文章はね、次の3つのポイントを意識して書かれたものなの。

> ❶ 感情表現を入れ、自分事（じぶんごと）化による
>   "共感"を誘発する
> ❷ 伝えたいことがきちんと伝わるよう、
>   "見やすさ"や"わかりやすさ"にこだわる
> ❸ ファーストビュー（冒頭文）で、伝えたいことをまとめる

3つのポイント？

そうだ。
ひとつずつ説明してやろう。

ポイント❶
感情表現を入れ、自分事化による"共感"を誘発する

まずはポイント❶だ。
「感情表現を入れ、自分事化による"共感"を誘発する」。

お前たちに聞くぞ。
"共感"という言葉の意味はわかるか？

えっ？
共感・・・ですか？

共感・・・ 共感・・・。いろいんなところで聞く言葉だけど、いざ意味を考えると、パッと説明できないな・・・。

episode
03

リライトと推敲の狭間に

だろうな。なぜなら、"共感"という言葉ほど
わかりづらい言葉はないからだ。

  えっ・・・！！？

episode
03

リライトと推敲の狭間に

 共感とは
"相手の感情を自分事として感じること"だ。

186

相手の感情を・・・。

自分事として感じる・・・！？

そう。
たとえば、あなたたちが何かの文章を読んでいて、その文章に共感したとするわ。
その理由はね、おそらく、**その文章の中で紡がれていた感情を"自分事"として感じたからなの。**

ボーンがさっきリライトした文章を振り返ってみるわね。ボーンはあの文章の中で、いくつかの感情表現を入れていたの。

■ 感情表現に当たる箇所

「栃木にはどんな温泉があるのか知りたい」
「都会を離れ、心からリラックスできる温泉旅館を探している」

「数が多すぎて、どの旅館がいいか選びきれない」

「日頃の忙しさから解放されて、たまにはひとりで優雅にのんびりしてみたい」
「大自然に囲まれた空間に身を置き、ひとりきりでじっくり考え事をしたい」

「日頃、親孝行がなかなかできていないので、自分の親に素敵な旅行をプレゼントしたい」
「心配りの行き届いた場所で、心おきなく羽を伸ばせる時間を自分の親に過ごしてほしい」

「そろそろ恩返ししたいな・・・」

「私たちができなかった親孝行。みやび屋にご宿泊いただくお客様にその機会を贈りたい」

！！

これらの感情の中には、"話者"であるムツミさんの感情だけでなく、旅館に泊まる人たちの感情なども入っている。
いろいろな感情を入れることで、
読み手が「**ああ、この気持ちわかる、わかる**」と共感できる箇所をたくさん用意していたの。

なるほど・・・！

この「 」（カギ括弧）で囲まれた箇所がポイントだったんですね・・・！

**そうだ。話し言葉をカギ括弧で囲むことで、
感情表現が視覚的にもわかりやすくなる。**

また、ボーンは共感を誘発するために、もうひとつテクニックを入れているの。
それが**"話者の宣言"**よ。

episode 03 リライトと推敲の狭間に

話者の宣言・・・？

■ 話者の宣言に当たる箇所

私は栃木の須原にて「みやび屋」という旅館を営んでいる、若旦那の宮本ムツミと申します。
栃木に生まれ、幼い頃から、この地で旅館を営む両親の背中を見て育ちました。

episode
03

リライトと推敲の狭間に

「この感情は誰が発したものか？」
それがわからないと、感情は読み手にうまく伝わらない。

この文章の書き手、すなわち話者がどういう人間なのかを最初に伝えておくことで、読み手はその話者を想像しながら感情に触れることができる。

感情は人に紐づく。
"誰"がその感情を発しているかで、
その感情のニュアンスは変わってくる。

つまり、話者を明らかにすることで、読み手の共感を助ける効果があるのだ。

読み手の共感を助ける効果・・・！

ちなみに、読み手にとっての共感ポイントが増えれば増えるほど、文章は読まれやすくなる。

189

なぜなら、"自分事"として感じる要素が増えるわけだからな。

"自分事"として感じる要素が増えれば、「この文章は自分にとって関係がありそうだ」という気持ちになり、つい読み進めてしまうのだ。

へええ・・・。

そうそう、ふたりとも、「カクテルパーティー効果」って聞いたことないかしら？

カクテルパーティー効果・・・？

ええ。
「カクテルパーティー効果」とは、お酒の席でたくさんの人が談笑していたとしても、**自分が興味のある話や聞き覚えのある話に関しては自然と耳に入ってくる現象**のことを指すの。

たしかに、飲み会とかの席で、誰かが自分の知っている話題について話していると、その会話の内容が耳に入ってくることは多いな・・・。

ボーンが文章の中に感情表現を入れ、共感ポイントを多く配置したのも、その効果を狙ってのことよ。
自分にとって共感ポイントの多い文章は、つい続きが気になって読み進めてしまうのよ。

episode
03

リライトと推敲の狭間に

たとえば、日本でいえば、「2ちゃんねるのまとめサイト」や「ガールズちゃんねる」といったサイトは人気よね。

あれはね、いろいろな人の感情的なコメントが集まっていて、読み手の共感ポイントが多いからなの。

な、なるほど・・・！
オレもつい2ちゃんねるのまとめサイトは見ちゃうからな・・・。その理由がようやくわかったぜ・・・。

ただし、そんな共感ポイントも、文章の中で目立つように演出されていないと見落とされてしまう。

191

だから、話し言葉をカギ括弧で囲んでわかりやすくしたってわけだ。

そうだ。つまり、どんな文章表現も"見た目"の演出が重要といえる。

そこで次のポイント❷だ。

> **ポイント❷**
> 伝えたいことがきちんと伝わるよう、
> "見やすさ"や"わかりやすさ"にこだわる

どんな情報や感情も伝わらなければ意味がない。
そこで重要となるのが、"情報や感情の見せ方"だ。

情報や感情の見せ方・・・！

ああ。
とくにライティングについていえば、文章の
"見やすさ"や"わかりやすさ"には細心の注意を払え。

文章の"見やすさ"や"わかりやすさ"・・・。

そういや、オレ、そのあたりあんましこだわってこなかった気がするな・・・。

ここでお前たちに質問する。
"文章を読んでもらうために重要なこと"を
3つ挙げてみろ。

文章を読んでもらうために重要なこと・・・？

ひとつ目はあれじゃねーか。
さっきボーンのオッサンが言った、"読み手にとって自分事になる感情を取り上げる"ってことじゃねーか？

そうだ。
それ以外はどうだ？

え・・・と。たとえば、"思わず読み進めたくなるようなおもしろさとかワクワク感"でしょうか？

それも正解だ。
残りひとつはどうだ？

うーん・・・。

うーん・・・。
あ！ わかった！

episode
03

リライトと推敲の狭間に

読まざるをえない状況にもっていくとか！？
たとえば、試験日前とか、
イヤでも参考書を読んだりするもんな。

・・・たしかにそれも理由のひとつとは言えるが、
ネガティブなアプローチだな。

よかろう。
お前たちの回答のうち、ふたつは正解していた。
あらためて、"文章を読んでもらうために重要なこと"
を３つ教えてやる。

それはこの３つだ。

■ **文章を読んでもらうために重要な３つのこと**
❶ 読み手にとって"自分事"になる感情や情報を取り上げる
❷ 思わず読み進めたくなるように、"適度な興奮"を感じさせる
❸ 読み手の脳の負担を減らす

"読み手の脳の負担を減らす"・・・！？

そうだ。
人は文章を読むとき、脳のエネルギーを消費する。

その脳のエネルギーをいかに消費させず、読み手にラクをさせられるかがポイントだ。

はぁああああああ・・・！！！

えっ！！？
ま、またなんか技をするのかよっ！！

ど、どうしよう！！
これ以上風圧が起きちゃうと、うちの旅館の柱が・・・！！

episode 03

リライトと推敲の狭間に

ファスト＆スロー！！

・・・。
って本を出しただけじゃねーか！！

2002年にノーベル経済学賞を受賞した行動経済学者
「ダニエル・カーネマン」氏の著書『ファスト＆スロー』ね！

説明しよう！

ダニエル・カーネマン氏の書いた「ファスト＆スロー」は、**人間がとる行動は直観的かつ感情的な要因によるものが大部分である**ということを説いたベストセラー書籍である。

以下は出版社による解説の引用だ。

> 人間の我々の直感は間違ってばかり？
> 意識はさほど我々の意思決定に影響をおよぼしていない？
> 心理学者ながらノーベル経済学賞受賞の離れ業を成し遂げ、行動経済学を世界にしらしめた、伝統的人間観を覆す、カーネマンの代表的著作。
> 2012年度最高のノンフィクション。待望の邦訳。

▶ 参考文献：ダニエル・カーネマン (2014)『ファスト＆スロー 上・下』(村井章子 訳)
早川書房 ／ ISBN978-4-150-50410-6　907円(税込)

episode
03

リライトと推敲の狭間に

お前たち、この本を読んだことはあるか？

えっ・・・？
こんな難しそうな本、読んだことねーよ・・・。

だろうな。
しかし、ライティングのスキルを上げるためには、
読むべき一冊だ。

この本にはオレのライティングノウハウの原点が詰まっている。

えっ・・・！？

片桐さんのライティングノウハウの原点が・・・！？

この本に書かれているのは、
"人間はどのように考え、行動するのか？"という
本質的な概念だ。

著者の「ダニエル・カーネマン」氏はこう言っている。

人間の行動は、脳の「システム1」と「システム2」というふたつの思考によっておこなわれている、と。

「システム1」と「システム2」・・・！？

な、なんだそりゃ、パソコン用語か何かの言葉か？

ヴェロニカ、説明を頼む。

OK、ボーン。

ふたりとも、「システム1」と「システム2」というふたつの思考について説明するわね。

episode
03

リライトと推敲の狭間に

「システム1」と「システム2」の思考について

行動経済学に関する書籍「ファスト&スロー」の著者「ダニエル・カーネマン」氏によると、私たちの脳には**「システム1」**と**「システム2」**というふたつの思考があり、何かの情報を処理する際には、このふたつの思考が順に作動するといわれているの。

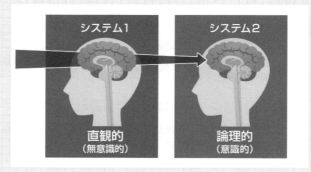

脳に入ってきた情報は、まず「システム1」という思考が処理する。

この「システム1」とは、物事を直観的に素早く判断するために自動的に高速で動く思考のこと。
たとえば、赤い標識を見たときに、それが注意や警告を表すものだとすぐに判断できたり、背が大きくて体格のいい人と出会ったとき、力が強そうに感じるのは、この思考によるものよ。

そして「システム1」で処理された情報は、次に「システム2」という思考へ移ることがある。

この「システム2」とは、「システム1」のあとからゆっくりと動き、物事を慎重に判断・計算しようとする思考のこと。
たとえば、数学の複雑な計算式や、難しい言葉がたくさん出てくる文章などは、その内容を理解するのにどうしても時間がかかる。
こうしたものは、「システム2」によって、ゆっくりと処理されるの。

なるほどです・・・！

話が急に難しくなってきた気がすっけど、
今のところはなんとか理解できてるぜ。

よし、ここからが本題だ。これらふたつの思考の
存在を理解できていれば、次のこともわかってくる。

"読み手の脳の負担を減らす"ためには、
この「システム１」と「システム２」に配慮した文章を
書かねばならぬ、と。

「システム１」と「システム２」に配慮した文章・・・！？

ああ、そうだ。
「システム１」に配慮した文章とは**"心理的負担が下がるくらいに見やすい文章"**。
そして、「システム２」に配慮した文章とは**"論理的にわかりやすい文章"**を指す。

まとめると次のようになる。

■「システム１」と「システム２」の思考の違い

システム１

脳への負担を下げるために自動的に高速（fast）で動く思考。
物事を直観的に理解しようとする。

【システム1に配慮した文章】
心理的負担が下がるくらいに見やすい文章

システム2

複雑な計算など、注意力を要する作業が必要な際に、慎重かつゆっくり(slow)動く思考。物事を論理的に理解しようとする。

【システム2に配慮した文章】
論理的にわかりやすい(理解しやすい)文章

たとえば、オレは先ほどのリライトで以下のことに配慮した。

■ 先ほどのリライトで配慮したポイント

システム1への配慮

① 改行と行間に気を配り、心地よいリズムを意識した
　(句点(。)が出てくるたびに改行し、文頭を揃えた)

② 漢字とひらがなの含有率を調整した
　(漢字だらけの文章は難しく感じられる一方、ひらがなが多い文章は平易に感じられる。そのため、ちょうどいいバランスを意識した)

③「この」「その」「あの」などの指示代名詞を減らした
　(文章を読み飛ばした際、主語を見失わないようにした)

④ 箇条書きを用いて、要点を整理した
　("数字"を用いた箇条書きを使うことで、読み手に「これだけ憶えておけばいい」と感じさせ、脳の負担を軽減させた)

⑤ 情報をカテゴライズして整理した

（どこに何が書かれているかがひと目でわかるように、見出しなどを用いて、文章構成を整理した）

⑥ いらない言葉や表現はカットし、文章が不必要に長くならないようにした

（ただし、読み手の知的興奮につながるような文章はあえて残しておくほうがよい）

⑦ 感情表現を入れ、自分事化による共感を誘発した

　システム2への配慮

① 論理飛躍、論理破綻がないよう、論理的な文章を意識した
② 読み手にとってわからない言葉がないよう、
　 言葉選びは慎重に行った

す、すごい・・・。あの一瞬でこんなに細かな配慮が行われていたなんて・・・！

ひとつ目の**"改行と行間に気を配り、心地よいリズムを意識した"**って気になるな・・・。

ふふふ。ムツミさん、ミュージシャンだから、"リズム"って言葉に反応したのね。

いいわ、教えてあげる。
さっきのボーンが書いた文章を例に説明するわね。
改行や行間が配慮されていない文章と、配慮された文章とを見比べてみて。

■ 改行や行間が配慮されていない文章

はじめまして。私は栃木の須原にて「みやび屋」という旅館を営んでいる、若旦那の宮本ムツミと申します。栃木に生まれ、幼い頃から、この地で旅館を営む両親の背中を見て育ちました。栃木のいいところは、東京から"ほどよい距離"にあるということ。都心からわずか二時間ほどで都会の喧噪を離れ、山川に広がる四季折々の豊かな自然を満喫できます。川のせせらぎ、森の音に耳を澄ませば、心からリラックスできるでしょう。また、何といっても、栃木は関東最多の温泉を誇る県。那須塩原や鬼怒川、日光といった歴史ある名湯・秘湯が多く、全国からは湯巡りの楽しみを求める温泉ファンが集います。

■ 改行や行間が配慮された文章

はじめまして。
私は栃木の須原にて「みやび屋」という旅館を営んでいる、若旦那の宮本ムツミと申します。
栃木に生まれ、幼い頃から、この地で旅館を営む両親の背中を見て育ちました。

栃木のいいところは、東京から"ほどよい距離"にあるということ。
都心からわずか二時間ほどで都会の喧噪を離れ、山川に広がる四季折々の豊かな自然を満喫できます。
川のせせらぎ、森の音に耳を澄ませば、心からリラックスできるでしょう。

また、何といっても、栃木は関東最多の温泉を誇る県。
那須塩原や鬼怒川、日光といった歴史ある名湯・秘湯が多く、全国からは湯巡りの楽しみを求める温泉ファンが集います。

読みやすさが全然違います・・・。

ふふふ、そうなの。
改行や行間を意識することで、文章にリズムが出てグッと読みやすくなるのよ。

ムツミさんならわかると思うけれど、音楽の世界に**「休符」**のない曲はないわよね。
休符のない曲は、聴いている側がしんどくなってしまう。

文章も同じ。休符のない文章、つまり、**行間のない文章は読む側を疲弊させてしまう**のよ。

なるほど！
すごくよくわかるぜ。

そしてボーンは、**句点（。）が出てくるたびに改行している。**
そうすることで、文章は"頭"が揃って、一気に読みやすくなるの。

今、スマートフォンを使って文章を読む人が増えているわよね。スマートフォンは幅が狭い分、1行あたりの文字数も少なくなるわ。

そうなると、文章の折り返しが頻繁に行われて、各文章の開始位置が分かりづらくなったり、自分がどこまで読んだかを見失いやすくなるのよ。

だから、ボーンはあえて句点（。）が出てくるたびに改行しているわけ。

episode
03

リライトと推敲の狭間に

へええ・・・。
たしかに、そっちのほうが読みやすそうだな・・・。

episode
03

リライトと推敲の狭間に

あっ・・・　でも・・・。
毎回、句点(。)で改行していると、文章が縦に長くなりすぎちゃう気が・・・。

ふふふ、大丈夫よ。

スマートフォンを使っている人の多くは縦のスクロールの動きに慣れているわ。
縦読みのマンガとか、2ちゃんねるのまとめサイトとか、縦にすごく長いでしょ？
だから、ちょっとやそっとページが縦に長いからって心配しなくてもいいの。

ただ、注意しなければいけないことは、**縦のスクロールに慣れている人たちは、画面をどんどんスクロールして文章を読み飛ばす可能性がある**ってことね。

そうなってしまうと、大切な文章も読み飛ばされるリスクがある。

だから、そうならないよう、ボーンは句点（。）のたびに改行して、文章の開始位置を左端に揃え、文章のかたまりが少しでも視界に入りやすいように工夫していたの。

そうだったんですね・・・！
理解できました！

ちなみに、ボーンがコンサルティングしているサイトの中には、滞在時間が10分を超えているページもあるのよ。

episode
03

リライトと推敲の狭間に

じゅ、10分・・・！！！
これがそのデータか・・・。
ほ、本当に10分読まれてる・・・。

でしょ？
多分、10分といえば、テレビのサザエさん1話分よりも長いわね。

つまり、長い文章だからといって、けっして読まれないわけではないってこと。

もちろん、必ずしも長ければ長いほどいいというわけではないけれど、長く読んでもらえるということは、そのぶん読み手との接触時間が増えるわ。

接触時間が増えるということは、相手の記憶にも残りやすくなる。

だから、文章が長いことにもきちんとメリットがあるのよ。

ただ、長い文章をきちんと読んでもらうためには、さっきボーンが挙げた"見やすさ"や"わかりやすさ"に配慮したライティングを行う必要があるけれど。

なるほど・・・。
音楽でいえば、"1曲丸々しっかり聞いてもらうためにはどうアレンジすればいいか？"ってことか。

いいたとえね。
そのとおりよ。

あと、もうひとつ気になっていることがあるんだ。
ボーンのオッサンが挙げたポイントの３つ目さ。

"「この」「その」「あの」などの指示代名詞を減らした"
ってのはどういうことなんだ？

それは説明するよりも実例を見てもらったほうが早いわね。

さっきボーンがリライトした文章の「みやび屋」の紹介文を読んでみて。

あの文章では、「みやび屋」という主語を使う際に、「この旅館」や「当館」などの指示代名詞を使っていないでしょ？
ボーンの書いた文章はすべて、**「みやび屋」**という、固有名詞を含んだ表現に置き換えられている。

これは、読み手が"**文章の途中から読んでも、主語が何を指しているのかをわかりやすくするため**"なの。

■「みやび屋」の紹介文

山々に囲まれた静かな温泉郷である須原にて、**みやび屋**は大正15年に創業しました。
みやび屋には、須原の地で三指に入る「美人の湯」と呼ばれる"お肌に優しい泉質"の温泉があり、女性のお客様だけでなく、お子様やお年寄りの方からも愛されてきました。

そんなみやび屋が『親孝行プラン』に力を入れ始めた理由、そこには、私と女将である姉の姉弟ふたりの"ある思い"がありました。

実は私たち姉弟には両親がおりません。
みやび屋を営んできた尊敬する両親は、半年前、この世を去りました。
私たち姉弟を、優しく、そして時に厳しく育ててくれた両親。
その両親へ「そろそろ恩返ししたいな・・・」、そう思っていた矢先の出来事でした。

そんなところにまで気を遣ってるんだ・・・。
細けえ・・・。

episode **03** リライトと推敲の狭間に

episode
03

リライトと推敲の狭間に

こんなのはまだまだ序の口だぞ。
「システム1」への配慮はこだわればこだわるほどに奥が深い。

そして、「システム1」への配慮と同様に重要なのが、「システム2」への配慮だ。

システム2への配慮・・・！？

その配慮とは、"論理的な文章を書く"ということだ。

論理的な文章！？

そうだ。読みづらい文章というのは、見た目の読みづらさだけでなく、"論理的なわかりづらさ"が影響していることが多い。

論理的なわかりづらさ・・・？

論理的なわかりづらさとは、文章などを読んだ際に「なぜ？」という疑問が残ってしまう状況のことを指す。

「なぜ？」という疑問・・・？

たとえば、今からあなたたちにふたつの文章を見せるわ。どちらのほうがわかりやすいか答えてもらえる？

【Aの文章】
検索順位を上げるためには、ユーザー目線でコンテンツを作る必要がある。

【Bの文章】
検索順位はGoogleのアルゴリズムで決まっている。

そのGoogleのアルゴリズムは、Googleを使うユーザーを増やすために、検索ユーザーの満足度を高めるコンテンツを評価する。

つまり、Googleの検索結果で上位表示するためには、「Googleを使うユーザーがどんなコンテンツを求めているか？」を考えてコンテンツをつくるといい。

・・・。
「A」の文章のほうがわかりやすい気がするけど・・・。

私も「A」の文章のほうがシンプルでわかりやすいと思いました。

そうだと思ったわ。

じゃあ質問を変えるわね。
もし"SEOに詳しくない人"がこれらの文章を見た際、どちらの文章がわかりやすいと感じるかしら？

SEOに詳しくない人・・・？

・・・えっと・・・。
おそらく、「B」の文章じゃないでしょうか？

SEOに詳しくない人の場合、検索順位が上がる仕組みをよくわかっていないと思うので、「A」の文章だと言葉が足りないような気がしました。

・・・という私自身、片桐さんたちに教えてもらうまでは、SEOについて全然わからなかったんだけど・・・。

サツキさん、正解よ。
SEOに詳しい人は「A」の文章をわかりやすく感じ、詳しくない人は「B」の文章をわかりやすいと感じるでしょうね。

実は"わかりやすい文章"という定義はとっても曖昧なの。
文章を読む人によって、"何がわかりやすいか"の基準は変わってくるのよ。

・・・！

わかりやすい文章とは、読み手にとって「なぜ？」という疑問が残らない文章。

その文章を作るためには、書き手は読み手に対して、適切な「論理」を与えないといけない。

適切な論理・・・？

うわああ・・・ なんかまた難しくなってきやがった・・・。

あなたたち、今、ボーンが言った「論理」という言葉を聞いて、難しそうだと思ったでしょ？

あ・・・ え、えと・・・。

・・・おう、「論理」という言葉が出てくるなんて、なんだか国語の授業を受けてるみたいだぜ・・・。

ふふふ。
そうだと思ったわ。

でも、安心して。あなたたちが難しく感じている「論理」という言葉は、本当は全然難しくないから。

えっ！？

論理とは、"物事の法則的なつながり"であり、「人と人との間に築く"理解の架け橋"」のことを指す。

理解の架け橋・・・！？

episode 03

リライトと推敲の狭間に

episode
03

リライトと推敲の狭間に

そうだ。
論理的な文章とは、相手の心との間に"理解の架け橋"が築かれている文章を指す。

どんな主張も、相手の心との間に橋が架からないと伝わらない。
論理というのは、相手に理解してもらうために築く"言葉の架け橋"のことなのだ。

たとえば、論理が成立している文章の場合、相手との間に"理解の架け橋"が築かれるため、こちらの主張を相手に理解してもらえる。

しかし、論理が飛躍していたり破綻したりしている文章の場合、相手との間の"理解の架け橋"が足りず、こちらの主張を相手にうまく伝えられない。

episode
03

リライトと推敲の狭間に

逆に、論理がしっかりしている場合は、相手との間にしっかりとした"理解の架け橋"が築かれるため、こちらの主張を相手にスムーズに理解してもらえる。

・・・！

ということは、片桐さんは先ほどリライトされた文章で、その論理的な文章を意識されていたということでしょうか？

ああ、そうだ。

論理的な文章を書くということは、
脳の「システム2」に配慮するということ。

どれだけ見やすい文章も、いざ読み始めたら論理飛躍や論理破綻が気になるようでは、最後まで読んでもらえない。

つまり、
論理的なわかりやすさは、文章を完読してもらうために必要なことなの。

音楽にたとえるのなら・・・。
調性の合っていないメロディーやコード進行が続けば、聴く側が苦痛を感じ、最後まで聴いてもらえなくなる。

音楽における多くのメロディーは、感情的に作られているように見えて、実際は楽典という論理に沿って作られている。
それと同じだ。

・・・！

ちなみに、論理的な文章を意識していれば、「共起語」と呼ばれる言葉もたくさん入る。

共起語とは、"あるテーマについて語る際、自然と会話に登場しやすい言葉たち"のことだ。
この共起語が入っている文章はSEOにおいて評価されやすいといわれている。

つまり、
論理的な文章を書けば、それがそのまま
SEOに強い文章になるのだ。

論理的な文章はSEOに強い・・・！

episode
03

リライトと推敲の狭間に

215

ここでもう一度、最初に伝えたことをおさらいしておくわね。ボーンが行ったリライトは以下の3つのポイントを意識していたわ。

❶ 感情表現を入れ、自分事化による"共感"を誘発する
❷ 伝えたいことがきちんと伝わるよう、"見やすさ"や"わかりやすさ"にこだわる
❸ ファーストビュー(冒頭文)で、伝えたいことをまとめる

はい！　この3つのポイントのうち、❶と❷については理解できました。

あとは❸が残ってるな。

よし。
ポイント❸についても教えておいてやろう。

ありがとうございます・・・！！

ポイント❸
ファーストビュー(冒頭文)で、伝えたいことをまとめる

3日前にオレがアドバイスした際（P126参照）、SEOに強いコンテンツで必要なのは"ユーティリティ要素"を意識することだと教えたな。

ああ。
ユーティリティ要素を意識するためには、"情報の見せ方"を工夫することが大事だってことも憶えてるぜ。

よし。
今から話すポイントは、まさにその"ユーティリティ要素"を高めるための方法だ。

記事を書く際は、読み手が最初に目にするエリア、すなわち「ファーストビュー」にて、読み手が必要としている情報を可能なかぎり掲載しろ。

読み手が必要としている情報を掲載する・・・！？

たとえば、オレがさっきリライトした文章の冒頭文を見てみろ。
この冒頭文では、記事のユーティリティ要素を高めるための演出が施されている。

何か気付くことはないか？

あっ・・・！

episode 03

リライトと推敲の狭間に

栃木の温泉旅館の選び方

（※このページは2016年9月20日に更新されました）

「栃木にはどんな温泉があるのか知りたい」
「都会を離れ、心からリラックスできる温泉旅館を探している」

この記事はそんな方へ向けて書いています。

はじめまして。
私は栃木の須原原にて「みやび屋」という旅館を営んでいる、若旦那の宮本ムツミと申します。
栃木に生まれ、幼い頃から、この地で旅館を営む両親の背中を見て育ちました。

栃木のいいところは、東京から"ほどよい距離"にあるということ。
都心からわずか二時間ほどで都会の喧噪を離れ、栃木の山川に広がる四季折々の豊かな自然を満喫できます。
川のせせらぎ、森の音に耳を澄ませば、心からリラックスできるでしょう。

また、何といっても、栃木は関東最多の温泉を誇る県。
那須塩原や鬼怒川、日光といった歴史ある名湯・秘湯が多く、全国からは湯巡りの楽しみを求める温泉ファンが集います。

そんな栃木には、200を超える温泉旅館があることをご存じでしょうか？

この記事では、そんな栃木の温泉旅館の中から、いくつかの旅館をエリア別にご紹介します。
旅館を営むプロならではの視点で、ガイドブックには書かれていないようなこともお話しようと思います。

あなたの素敵な旅行の一助となれば幸いです。
それではまいります。

◆目次◆
1、独自の宿泊プランを展開している旅館

---

episode **03**

リライトと推敲の狭間に

最初に（※このページは2016年9月20日に更新されました）という更新日の記載があります！

そのすぐ下には、**この記事が誰に向けて書かれたものか？**という記載もあるな。

あとは・・・。
最後に設置された**「目次」**を見ると、この記事にどんなことが書かれているのかがひと目でわかります・・・！

ふふふ。
いい感じね。

よし。オレが冒頭文で意識していたポイントを
まとめてやろう。

■ 冒頭文で意識したポイント

1. 記事の更新日を記載
（情報を求める人の多くは"新しい情報"を求めるため、記事の内容が新しい情報であることを明示する）

2. 記事が"誰に向けて"書かれた記事なのかを書き、読み手の"自分事化"を強める

3. 記事に書かれている内容を簡潔に要約
（Webで記事を読む人たちは、その記事に自分のほしい情報があるかどうかがわからないと、すぐに離脱する。そのため、その記事に何が書かれているのかを冒頭でわかりやすく伝える）

4. 記事にどんな情報が書かれているかがわかるように、「ページ内リンク」としての情報を「目次」を設置
（情報量が多い記事の場合、「どこに何が書かれているのか？」がわからないとユーティリティ要素を担保しにくい。そのため、リンク付きの「目次」を使い、記事で扱う主要な情報を伝え、読み手が求める情報にすぐ移動できるようにする）

5. 話者を明らかにし、読み手が書き手の感情に"共感"しやすい状態を作る

へぇぇ・・・！

これがユーティリティ要素を意識するということ・・・。

ユーティリティ要素を意識するときはね、自分が読み手の気持ちになって、**"どんなふうに情報が掲載されているとうれしいか?"** を考え抜くといいの。

"どんなふうに情報が掲載されているとうれしいか?"・・・!!

たとえば、「更新日」の記載なんてカンタンにできることよね。でも実際は、この「更新日」の記載について配慮されている記事は驚くほど少ないの。

更新日を記載することで、「この記事で扱っている情報はしっかり更新されている」という主張ができる。

自分が読み手の立場だったら、情報は常に更新されているほうがうれしいわよね。

もちろん、取り扱う情報のジャンルによっては、更新なんて必要のない情報もあるわ。

だから、古い更新日がずっと掲載されているようなら、いっそのこと、更新日の表記はとったほうがよかったりもするの。

なるほど・・・。

ちなみにこの「更新日」の記載、最近のゲーム攻略サイトなどでは、ページのタイトルなどにも積極的に入れられているわ。

更新日の表記を入れることで、検索結果上のタイトルのクリック率を上げようとしているみたいね。

つまり、それくらい、更新日を気にする検索ユーザーは多いってことよ。

へええ・・・！！

オレたちの説明はこれで終わりだ。
今後、何かの記事を書く際には、
さっき教えたポイントを意識するんだな。

片桐さん、ありがとうございました・・・！！
すごく勉強になりました・・・！！

episode
03

リライトと推敲の狭間に

いやー、記事って奥が深いんだな。
オレも今後、記事を書く際には・・・　って・・・。

あああああ！！！　そ、そうだった！！！
おっさん、俺のノートPCを破壊しちまったんだ・・・。

episode
03

リライトと推敲の狭間に

・・・。

か、片桐さんも悪気があったわけではないし、そもそも、片桐さんのコンサルティング料って、ノートPCが何台あっても払えないくらいの金額なのよ。

それをサービスしてくださったんだから、
ノートPCの一台くらい、だ、大丈夫じゃない？

・・・。

うちのホームページを更新してもらうときは、私のPCを使ってもらえばいいから。ほら、ムツミ。

・・・。

・・・。
キーボードの破壊は不可抗力だった。すまん。
・・・これも渡しておこう。

ボーンはそう言うと、脱いでいたジャケットの脇から、何かを取り出した。

これは・・・！？

外付けキーボードだ。お前のPCのCPUは壊れていない。このキーボードをつなげれば、普段の仕事もそれほど支障なくできるだろう。

あのジャケットの脇にあんなキーボードが入っていたなんて・・・。

・・・な、なんだかイカツイキーボードだな・・・。
・・・！！？

episode
03

リライトと推敲の狭間に

むぐぎぎぎぎぎ！！　お、重てぇぇぇ！！！
なんだ、このキーボード・・・！？

言い忘れていた。
そのキーボードは10kgある。

10、10kg・・・！！？
な、なんでできているんだ、このキーボード・・・？

超硬合金だ。その黒いフォルムの下は
弾丸をも跳ね返す超硬合金でできている。

超硬合金・・・！！？

10kgはそう重くはないと思っていたのだが・・・。
使えそうにないのなら、返してもらってもいいぞ。

ボーン、10kgといっても、若い子の筋力じゃ重いのかも
しれないわよ・・・。

くっ・・・、ここでなめられちゃあ、
漢（おとこ）がすたる・・・

ヴェ、ヴェロニカさん！
このキーボード、ぜ、全然重くないですよ！
こんなの普段から重いギターを持ち歩いていたオレから
すると、朝飯前です。

う、う～ん、この重量感気に入ったぜ！　ありがとよ！
じゃ、じゃあ、しばらくはこのキーボード使っておく・・・
かな・・・。

episode
03

リライトと推敲の狭間に

episode
03

リライトと推敲の狭間に

―― その頃

なにーっ！！！！？
ボーンが、みやび屋の Web 集客の
コンサルティングをしているだと・・・！？

は、はいっ・・・！！
まさかボーンのやつが関わっていたとは、私も驚きました・・・。

く、くそ・・・ボーン・片桐・・・！！ 一度ならず、
二度、三度と我々の前に立ちふさがりおって・・・！！

・・・く ・・・くくくく・・・。

遠藤様・・・！？

・・・わ、笑ってらっしゃる・・・？

episode 03

リライトと推敲の狭間に

井上よ・・・。こんなに楽しいことはないぞ。
あの憎きボーンに復讐するチャンスが巡ってきたのだからな。

遠藤様・・・！

フフフ・・・。ボーン・片桐よ。今度はうまくいかんぞ・・・！
旅行業界はすでに私の新会社「バイソンマーケティング」が
制作したコンテンツでほぼ埋め尽くされている・・・！

バイソンマーケティングのコンテンツを目の当たりにし、
私の真の恐ろしさを知るがよい・・・！！

「ふはははは！！！ はーっはっはっはっは！！！」

episode 03 リライトと推敲の狭間に

―― 次の朝

「それにしても、一夜明けて読み返してみても、文章が大きく変わったよな・・・。あのオッサン、結局、ページの文章を丸ごと変えちまったもんな・・・。」

Before

After

あの一瞬でここまでリライトするって、
どんな脳みそもってるんだろ・・・。

ム、ムツミ！！

・・・？
アネキ、どうしたんだ？

予約が・・・　予約が・・・。

よ、予約がどうしたっていうんだ？

予約が5件も入ってるの！！

予約が5件・・・！！？

ムツミはそう言うと、慌ててノートPCを開き、
みやび屋のサイトのGoogle Analyticsを確認し始めた。

ほ、ほんとだ・・・。
何が起きたんだ・・・！？

・・・！？　この流入元・・・。

episode
03

リライトと推敲の狭間に

昨日ボーンのオッサンがリライトした
記事経由じゃねーか・・・！

あのオッサン・・・　ただ者じゃねー・・・！

グスッ・・・、グスッ・・・。

episode
03

リライトと推敲の狭間に

あ、アネキ！！？
泣いてるのかよ・・・！？

だって・・・。こんなにたくさんの人に
予約していただけたのは久々なんだもの・・・。

アネキ・・・。

episode 03

リライトと推敲の狭間に

サツキちゃん、いるかい？

？？
アネキ、誰か来たようだぜ。

？

あっ！
三桜館の旦那さん！

三桜館・・・？

うちの近所で昔から経営されているホテルさんよ。
以前から仲良くさせていただいているの。

**おお、サツキちゃん。
いてくれてよかった。**

episode 03
リライトと推敲の狭間に

三桜館の旦那さん、今日はどうされたんですか？

サツキちゃん・・・。
実はなあ・・・。うちのホテル、閉めることにしたんだ。

えっ・・・！？

最近、このあたりはめっきり観光客が減ったじゃないか。しかも、近くにあんなに立派なレジャーホテルができてしまったとあっちゃ、うちみたいな古いホテルは商売上がったりだよ。

そのレジャーホテルって、もしかして・・・。

タパホテル！？

ああ、まさにそのタパホテルさ・・・。

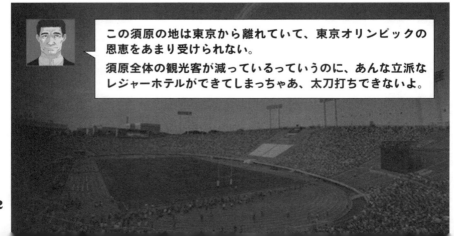
この須原の地は東京から離れていて、東京オリンピックの恩恵をあまり受けられない。
須原全体の観光客が減っているっていうのに、あんな立派なレジャーホテルができてしまっちゃあ、太刀打ちできないよ。

episode 03

リライトと推敲の狭間に

うち以外のホテルも危なそうだし、サツキちゃんところも大変かもしれないけれど、あんなホテルなんかに負けないでおくれよ。

旦那さん・・・。

くそーっ！！
あのヤン・タオとかいうやつ、この須原をどうするつもりだってんだ！？　本当にわけわかんねえ・・・！！

もしかすると、ヤン氏が須原にホテルを立ち上げた理由は・・・。

233

理由・・・！？

この「みやび屋」だけをつぶそうとしているのではなく、須原全体をつぶそうとしているのかも・・・。

ええぇ！！？

episode
03

リライトと推敲の狭間に

どうやら、みやび屋の売り上げ改善のためには、おまえたちのサイトのチューニングだけでは足りないようだな。

須原の地を盛り上げる必要があるってことね。

そ、そんなのどうすりゃいいんだ！？

世に広く伝えればいい。
この須原の魅力を。

世に広く伝える・・・！？

作るぞ。「オウンドメディア」を！

オウンドメディア！！？

episode 03 リライトと推敲の狭間に

次回予告

ボーンのリライトによって、みやび屋の集客は改善したかに見えた。
しかし、須原では、老舗ホテルが次々と倒産の危機に瀕していた・・・！
果たして、須原を救う手立てはあるのか？
ボーンが語る「オウンドメディア」とは一体・・・！？

episode 04　　次回、沈黙のWebライティング第4話。
「愛と論理のオウンドメディア」
今夜も俺のタイピングが加速するッ・・・！！

ヴェロニカ先生の特別講義

わかりやすい文章を書くためのポイント

「いい文章を書いているのに、読んでもらえない…！」
その理由はいたってシンプル。相手が「読みたい」と思える文章を書けていないから。ここでは**相手が読みたくなる文章を書くためのテクニック**を紹介するわ。
相手が読みたくなる文章を書くということは、Googleが大切にしている「ユーザーの利便性」につながる。つまり、SEOにおいてもよい効果が期待できるの。

■ 文章を読んでもらうために必要な3つの視点

ボーンは第3話（P185参照）で、文章を読んでもらうためには、次の3つのポイントが重要だと話していました。

> ❶ 感情表現を入れ、自分事化による"共感"を誘発する
>
> ❷ 伝えたいことがきちんと伝わるよう、"見やすさ"や"わかりやすさ"にこだわる
>
> ❸ ファーストビュー（冒頭文）で、伝えたいことをまとめる

それぞれのポイントをおさらいしていきます。

■ 感情表現を入れ、自分事化による"共感"を誘発する

共感とは**"相手の感情を自分事として感じること"**。読み手が共感した文章は、読み手にとっての自分事になるため、「この文章は自分にとって関係があるのか、じゃあ、読んだほうがいいな」という心理になり、文章を読み進めてもらえるようになります。

ただ、読み手に共感してもらうためには、まずはこちらから感情を伝えなければいけません。では、感情はどのように伝えればよいのでしょうか？　感情を伝える上で重要なのは次のふたつのポイントです。

---

episode 03　リライトと推敲の狭間に

❶ どこが感情表現なのかが、わかりやすいような演出を行う

❷ その感情は誰の感情なのかが伝わるよう、"感情の発信者"をあきらかにする

　たとえば、ボーンは本編で、感情を表すために「 」（カギ括弧）を用いた演出を行っていました。カギ括弧を用いることで、その文章は**「話し言葉」に見えるため、感情が伝わりやすくなる**のです。

> 「数が多すぎて、どの旅館がいいか選びきれない」
>
> 「日頃の忙しさから解放されて、たまにはひとりで優雅にのんびりしてみたい」
>
> 「大自然に囲まれた空間に身を置き、ひとりきりでじっくり考え事をしたい」

　また、文末に感情を表す記号を入れることでも、感情表現は演出できます。「！」や「？」、「♪」、「・・・」などの感嘆符や記号、場合によっては顔文字を使ってみてもよいでしょう。

> はじめてクライアントさんから褒められてうれしい！
>
> 美味しそうな食べ物を前にすると幸せな気分になりますよね♪
>
> 本を書くということがこんなに大変だったなんて・・・。
>
> 自分って本当に情けない・・・。そう思い、自分の不甲斐なさを感じた
> 一日だったorz。

　そして、次に大事なのが、"その感情が誰のものか？"という**「感情の発信者」の明示**です。感情の発信者の人物像が具体的であればあるほど、その発信者が発する感情は説得性をもち、より深く共感されやすくなります。
　たとえば、次のふたつの文章を読み比べてみてください。あなたはどちらの文章に共感するでしょうか？

ヴェロニカ先生の特別講義　わかりやすい文章を書くためのポイント

●パターンＡ

オレは社会人２年目だ。
今度、取引先にて大事なプレゼンがある。
オレにとっての初めての大口案件につながるプレゼン。
「絶対にプレゼンを成功させる！」その気持ちで準備している。

●パターンＢ

オレは奈良県出身の社会人２年目の男だ。
高校時代、自分の将来についてボンヤリとしか考えていなかったオレは、まわりに流される
まま、とりあえず大学受験をし、兵庫にある私立大学に進学した。
そして、そんな大学での生活も何かを目標とするわけでなく、惰性で過ごし、気が付けば３
年という時間が過ぎ去っていた。

やがて始まった就職活動。
まわりの友人たちがいそいそと就職活動をするのに合わせて、オレもいろいろな企業にエン
トリーシートを出した。
しかし、大学時代にとくに目立った活動をしていなかったオレは、どこからも内定をもらえ
ず、とにかく面接で落ちまくった。
その結果、書類選考で落とされた会社を含めると、50社近い会社を相手に撃沈していた。
うまくいかない就職活動。
やがてオレは就職浪人を決意する。

そんな中、オレに奇跡が起きる。
京都にある小さなWeb制作会社から内定をもらえたのだ。

就職浪人を覚悟していたオレを哀れんでくれたのか、単にエントリーする人が少なかったの
か、何はともあれ、オレはその企業で新卒として働けることになった。

そして、その企業で新卒としての社会人生活が始まった。

オレに与えられた職種は営業。
毎日、３歳上の先輩とふたりで京都市内にある企業を回った。

基本は飛び込み営業だったので、断られて落ち込むばかりの日々だったが、先輩はそんなオ
レをいつも優しく励ましてくれた。
ただ、なかなか受注がとれない日々が続き、元来ネガティブ思考のオレは、自分への自信を
どんどんなくしていった。

ある日、そんなオレを見かねた先輩はこう言った。

「お前ってさ、いつも自信がなさそうにしてるけど、それってもったいないぜ。
お前を採用したのはうちの会社なんだから、せめて、うちの会社にいるときくらいは自信を
もとうぜ。

だってさ、うちの会社は何十人もいるエントリー者の中からお前を選んだんだぜ？
お前がそんな調子じゃあ、お前を信じて選んだうちの会社がバカみたいじゃねーか」

何十人！？
オレがこの会社に入れたのは、単にエントリーする人が少なかったからじゃなかったの
か！？
オレは先輩の言葉を聞いてビックリした。
そして、なんとも言えない気持ちになった。

やがて、半年が過ぎ、先輩による教育期間が終わった。
オレはひとりで営業することとなった。

相変わらずうまくいかない飛び込み営業。
「オレって、本当にダメなやつだな・・・」　そう思い、会社を辞めることも考えたある日、
オレはたまたま飛び込みで営業した会社にて、後日プレゼンする機会をもらった。
何が功を奏したのかわからないが、初めて手に入れた機会だった。

オレはそのことを先輩に報告した。
すると、先輩は自分のことのように喜び、そして涙をこぼしてくれた。

「お前よかったじゃねーか！　本当によかった・・・。
プレゼン頑張れよ！」

先輩はオレに熱い言葉をかけてくれた。

実は先輩はずっと悩んでいたようだ。
オレがなかなか受注をとれないのは、自分の仕事の教え方が悪かったのではないか？
そう自分を責め続けていたらしい。

先輩にとって、オレは初めての後輩だった。
オレが自信を失い続けていた間、先輩もまた自信を失いかけていたのだ。

それを知ったとき、オレは思った。

オレはひとりで生きているんじゃない、たくさんの人の力で生かされているんだと。
そして、それと同時に、こんなオレでも、自分を信じて応援してくれている人がいるんだと。

先輩のためにも、そして、自分のためにも、今度のプレゼンは失敗するわけにはいかない。

「絶対にプレゼンを成功させる！」

今、オレはその気持ちのもと、3日後に迫ったプレゼンの準備をしている。

いかがでしたか？　Aに比べてBの文章はかなり長い文章でしたが、おそらく、Bの文章のほうが共感できたのではないでしょうか？　文章全体に対して共感はできなくても、部分的には共感できるポイントがあったはずです。

たとえば、「ああ、自分もそんな気持ちで就職活動をしていたな」と感じたり、「ああ、自分も最初の頃は仕事がうまくいかなくて落ちこんだな」と感じたかもしれません。

ふたつのパターンの文章をお見せしたのは、**「感情の発信者」に関する情報が具体的になればなるほど、その発信者の感情も具体的に伝わりやすくなる**ということを知っていただくためです。

共感を誘発するために大切なのは、「感情の発信者」に紐づく「情報」をできるだけ多く伝えることです。その情報をしっかり伝えれば、発信者が匿名であっても問題はないのです。現にネット上には匿名で書かれた記事がたくさんあり、それらの記事がたくさんの共感を得ているケースも目にします　図1 。

匿名の強みは、ありのままの感情をさらけ出しやすいということ。普段は見せないような感情をさらけ出しても、匿名であれば、実生活に支障はありません。

つまり、実名では出せない感情は、匿名であれば絞り出せるのです。実名では感情をなかなか出せないという方は、匿名もしくはペンネームを使って、情報発信してみてもいいかもしれません。

図1 はてな匿名ダイアリー
匿名で投稿可能なブログサービス。投稿の中には、多くの人の共感を得てインターネット上で話題となったものも多い
http://anond.hatelabo.jp/

"見やすさ"や"わかりやすさ"の重要性

文章を読むとき、脳には負荷がかかります。なぜなら、視覚情報の多いマンガや映像などと違い、文章は情報を自分の脳を使ってイメージする必要があるからです。

そして、文章を読むときに作り上げられるイメージは、各人の脳の中にある知見や記憶によって変わってくるほか、脳への負担の程度によっても変わってきます。脳への負担が少ない状態であれば、脳は自由な発想ができるため、想像力豊かなイメージを膨らませることができます。

しかし、脳に過度な負担がかかってしまうと、脳はイメージを膨らませるどころか考えることを止めてしまうのです。よって、文章を用意する際は、**読み手の脳に負担をかけないような、見やすく、わかりやすい文章を意識する**必要があります。

では、そのような文章はどうやって書けばよいのでしょうか？　実は、私たちの脳におけるふたつの思考パターンを理解していれば、見やすくてわかりやすい文章を書くのはカンタンなのです。

脳は「ふたつの思考」で動く

見やすくてわかりやすい文章とは、脳に負担の少ない文章です。脳に負担の少ない文章を書くには、人間の脳がどのようなときに負担を感じるのかを知っておく必要があります。

そこでオススメしたい一冊が、2002年にノーベル経済学賞を受賞したダニエル・カーネマン氏が書いた『ファスト＆スロー』という書籍です。この本でカーネマン氏は、"脳はラクをするようにできている"という主張のもと、**人間の脳には「システム1」と「システム2」というふたつの思考がある**と述べています。それは以下の思考です。

システム1	脳への負担を減らすために自動的に高速で動く思考。物事を直観的に理解しようとする思考。
システム2	複雑な計算など、注意力を要する作業が必要な際に、慎重かつゆっくりと動く思考。物事を論理的に理解しようとする思考。

カーネマン氏は、人間の意志決定行動の多くは、その人の過去の知見や経験をベースに、直感的に決定されていると言います。そして、意志決定で使われる知見には、DNAレベルで人間の脳に刻まれているものがあるというのです。

ヴェロニカ先生の特別講義　わかりやすい文章を書くためのポイント

241

たとえば、人間の脳は進化の過程において、物事を素早く判断することに重きを置いてきたと言われています。

　その昔、狩猟の時代は常に危険と隣り合わせでした。食糧を得るために獣を狩らなければいけない時代、こちらが獣を狙うのと同じように、獣もまた人間を狙うことが多くありました。そんな時代において必要だったのは、危険をいち早く察し、回避するための瞬発的な思考でした。

　一瞬の判断ミスが命の危険につながります。いざ、危機に陥った場合、悠長に考えている場合などありません。ですから、当時の人間の脳は、一瞬で物事を判断できるように進化していきました。それが「システム1」という思考です。

「システム1」が行動に及ぼす影響

　この「システム1」の思考は今も私たちの行動に大きく影響しています。私たちは、日々物事を慎重に考えて決定しているように見えて、実は直観的に決定していることが多いのです。

　たとえば、低い声で穏やかに話す人と会話をした際、無条件で相手のことを信頼しようとする人は多いでしょう。なぜなら、低く穏やかな声は攻撃性を感じさせにくく、落ち着いた性格を連想させるからです。そんな人が何かの商品をオススメするのであれば、その商品も不思議とよい物に思えてきますよね。

　また、美人が使っている香水がいい香りであれば、その香水がとてもよい代物に思えてきます。多くの人は美人に対して憧れがあり、その憧れの対象が使っている商品もまた憧れの対象になりやすいからです。化粧品会社が広告などに美しい女優をこぞって起用するのも、それが理由です。

　ただ、冷静に考えてみれば、こうした人間心理は不合理なものです。声が低いことと、その人が信用できるということはけっしてイコールではありませんし、美人が使っている香水が本当によいものかどうかはわからないからです。

　にもかかわらず、人間は先ほどのような心理に陥りやすい傾向にあります。これはすべて、脳における直観的な思考、すなわち、「システム1」の思考によるものなのです。

　現代は情報量が多い時代ですから、ひとつひとつの情報に真剣に向き合っていては、脳はすぐに疲れてしまいます。脳はラクをするようにできているため、何かの物事を判断するとき、まずは**「システム1」の思考を用いて、「これはいい」****「これはダメ」というふうに物事をふるい分けている**のです。

このような脳の働きを考えると、文章を書く際に注意すべき点が見えてきます。脳が少しでも「この文章は読みづらいな」と感じた場合、「この文章は読む必要がない」と判断されてしまう恐れがあるのです。

どれだけよい内容の文章でも、**見た目がダメなら、それだけで読んでもらえない**ことが起こりえます。とくにインターネット上ではそれが顕著です。インターネット上にはたくさんの記事がありますから、読みづらい記事をわざわざがんばって読む必要はないからです。

■ 「システム1」と「システム2」の違い

「システム1」の思考をパスすると、次は「システム2」という思考が待ち構えています。この「システム2」は「システム1」とは違い、物事を慎重かつ冷静に判断する思考です。よって、「システム1」に配慮した見やすい文章であっても、**その文章の内容が論理破綻していたり、おもしろくないのであれば、結局読んでもらえない**ことになります。

文章を読んでもらうために配慮すべき「システム1」と「システム2」。それぞれに配慮するためには、次の要素が必要になるでしょう。

---

❶ 心理的負担が下がるくらい、見やすい・読みやすい
　→「システム1」に配慮した文章

❷ 論理的に理解しやすい（わかりやすい）
　→「システム2」に配慮した文章

次からは「システム1」、「システム2」のそれぞれに配慮した文章を書くためには、どういったことに気を付ければよいかを説明していきます。

■ 「システム1」に配慮した文章作成のポイント

まずは「システム1」に配慮した文章を作るためのポイントをお教えします。

第3話でボーンは「システム1」に配慮した文章を作るためのノウハウを挙げていました。ここではボーンが語った内容にいくつかのノウハウを加えて、ひとつひとつのポイントをていねいに掘り下げていきます。

ヴェロニカ先生の特別講義　わかりやすい文章を書くためのポイント

243

① 改行と行間に気を配り、心地よいリズムを意識する

② 漢字とひらがなの含有率を調整する
（漢字だらけの文章は難しく感じられる。一方、ひらがなが多い文章は平易に感じられる。そのため、漢字とひらがなのちょうどよいバランスを意識する）

③ 「この」「その」「あの」などの指示代名詞を減らす
（読み手が文章を読み飛ばした際、主語が何を指しているかをわかりやすくする）

④ 箇条書き（リスト表記）を使い、要点を整理する
（箇条書きを使うことで、情報を見やすく整理することができる。たとえば、"数字"を用いた箇条書きを使えば、読み手に対して「この項目数分の情報を憶えておけばよい」と感じさせることができ、読み手の心理的負担を軽減できる）

⑤ 情報をカテゴライズして整理する
（記事のどこに何が書かれているかがひと目でわかるように、「目次」を用いて文章構成を整理する）

⑥ いらない言葉や表現はカットし、文章が不必要に長くならないようにする

⑦ 感情表現を入れ、自分事化による共感を誘発する

⑧ 文字のサイズや色、強調のルールに気を配る

⑨ 区切り線や記号を使う

⑩ 写真やイラストを挿入する

⑪ マンガ的な演出を意識する

　文章を書く際に、ここで挙げたポイントを意識することは、いわば**「お店の入り口にこだわる」こと**と同じです。入り口が散らかっているお店に、積極的に足を運びたいと思う人はいないでしょう。これからお話しするノウハウは、**"文章"という空間に足を運んでもらうための"おもてなし"のノウハウ**だと考えてください。

❶ 改行・行間に気を配り、心地よいリズム感を意識する

「システム1」に配慮した文章を書く際は、必ず改行や行間に気を配ってください。改行や行間のない文章は非常に読みづらく、どれだけいい内容だとしても、読まれなくなるからです。

筆者は文章を書くという行為は、音楽の作曲に似ていると思っています。ひとつの文章を最後まで読んでもらうことと、ひとつの曲を最後まで聴いてもらうこととは同じです。

そんな音楽の世界では「休符」のない曲は基本的にありません。どんな名曲にも、必ず「休符」は入っています 図2 。休符とは"息継ぎ"のようなもの。休符がない曲は、聴き手が呼吸をできず溺れてしまいます。

音楽における「休符」とは、文章作成における「改行」や「行間」だと言えます。**読みやすい文章は、「改行」や「行間」が意識して取り入れられています**。改行や行間をうまく取り入れることで、文章に「間」が生まれ、それがリズムを生み出します。

リズムが生まれれば、文章を読む人たちもそのリズムに乗ることができ、文章をスラスラと読めるようになるのです。

図2 ベートーヴェンの名曲「エリーゼのために」の譜面
譜面提供：カントリーアン
(http://ja.cantorion.org/)

次の文章は、第3話で出てきた「みやび屋」に関する解説文です。改行や行間に配慮した場合と、そうでない場合のふたつのケースを比較して、読みやすさがどう変わるのかをチェックしてみてください。

●「改行」と「行間」に配慮された文章

山々に囲まれた静かな温泉郷である須原にて、みやび屋は大正15年に創業しました。
みやび屋には、須原の地で三指に入る「美人の湯」と呼ばれる"お肌に優しい泉質"の温泉があり、女性のお客様だけでなく、お子様やお年寄りの方からも愛されてきました。

そんなみやび屋が『親孝行プラン』に力を入れ始めた理由、そこには、私と女将である姉の姉弟ふたりの"ある思い"がありました。

実は私たち姉弟には両親がおりません。みやび屋を営んできた尊敬する両親は、半年前、この世を去りました。私たち姉弟を、優しく、そして時に厳しく育ててくれた両親。その両親へ「そろそろ恩返ししたいな・・・」、そう思っていた矢先の出来事でした。

「孝行のしたい時分に親はなし」ということわざがあります。これは、人生で親孝行ができる時間は限られているという意味のことわざです。

●「改行」と「行間」に配慮されていない文章

山々に囲まれた静かな温泉郷である須原にて、みやび屋は大正15年に創業しました。みやび屋には、須原の地で三指に入る「美人の湯」と呼ばれる"お肌に優しい泉質"の温泉があり、女性のお客様だけでなく、お子様やお年寄りの方からも愛されてきました。そんなみやび屋が『親孝行プラン』に力を入れ始めた理由、そこには、私と女将である姉の姉弟ふたりの"ある思い"がありました。実は私たち姉弟には両親がおりません。みやび屋を営んできた尊敬する両親は、半年前、この世を去りました。私たち姉弟を、優しく、そして時に厳しく育ててくれた両親。その両親へ「そろそろ恩返ししたいな・・・」、そう思っていた矢先の出来事でした。「孝行のしたい時分に親はなし」ということわざがあります。これは、人生で親孝行ができる時間は限られているという意味のことわざです。

いかがでしょうか。上記は極端な文例ではありますが、改行と行間に配慮された文章のほうが読みやすいことは明らかだと思います。

紙面のサイズが決まっている紙媒体の場合は、思い切って行間を空けることは難しいですが、Webの場合には制限はありません。よって、改行や行間は思い切って足していったほうがよいのです。

もしかすると、改行や行間を足すとページが長くなることを心配される方がいらっしゃるかもしれませんが、その点に関しても心配いりません。

本編でお伝えしたとおり、Web上にはいま、縦に長いページがたくさんありますし、スマートフォンでWebを見る人の多くは、縦スクロールの動きに慣

れていますので、多少ページが縦に長くなったとしても問題ありません。ページの長さを心配するよりも、むしろ、あなたの文章のリズム感が大丈夫かどうかを心配したほうがよいのです。

「句点（。）」や「！」「？」などで改行するメリット

　文章を改行する際、どの位置で改行すればよいのか迷うことが多くあります。そこでオススメしたいのが、**「句点（。）」や句点の役割に当たる「！」「？」などでこまめに改行する**ことです。

　「句点（。）」でこまめに改行することで、文章の開始位置が常に左に揃うようになり、画面をスクロールした際に文章を目で追いやすくなります 図3 図4 。また、論理も伝わりやすくなります。句点「。」で改行しても読みやすそうなら思い切って句点「。」のたびに改行してみましょう。

図3 スマートフォンでの表示例

こんにちは！
ユリカモメ病院の新人ナース、山下リコです。

あなたは、学生時代にこんな経験ありませんか？

テスト前日の夜。
勉強しなきゃと思いながら、ついついマンガを読んでしまったり、部屋の掃除をはじめてしまい、結局思うように試験勉強ができなかった。

心当たりのある人が多いのではないでしょうか。

「ナースが教える仕事術」の記事では、句点「。」のたびに改行している

図4 デバイスごとの滞在時間の比較例

「ナースが教える仕事術」では、スマートフォン向けの記事がPCと比べて2分以上も長く読まれている。スマートフォン用の記事はPCよりも縦に長く伸びる傾向にあるが、この数字を見る限り、ページが縦に延びたとしても、見せ方次第できちんと読まれることがわかる

❷ 漢字とひらがなの含有率を調整する

　PCの文書作成ソフトやスマートフォンを使って文章を書いていると、ついつい、普段は使わないような漢字表記が多くなりがちです。普段使わないということは、見慣れない漢字になるわけですから、そういった漢字の使用は「読みにくさ」を感じさせますし、脳への負荷が増す原因となります。

　漢字を使う際には、「その表記は本当に漢字である必要性があるのか？」ということを考えるようにしましょう。

また、文章全体の漢字の割合が多いと、パッと見ただけで難解に思われてしまいます。漢字とひらがなのバランスにはくれぐれも注意してください。

●第3話に出てくる「みやび屋」の解説文

「孝行のしたい時分に親はなし」ということわざがあります。

これは、人生で親孝行ができる時間は限られているという意味のことわざです。

「私たちができなかった親孝行。みやび屋にご宿泊いただくお客様にその機会を贈りたい」

その思いで始めた『親孝行プラン』。

素敵な人生の1ページを当館でお過ごしいただけるとうれしいです。

漢字とひらがなの漢字のバランスに配慮されている

●同じ解説文で、漢字表記を多くしたもの

「孝行のしたい時分に親はなし」という諺があります。

これは、人生で親孝行ができる時間は限られているという意味の諺です。

「私たちができなかった親孝行。みやび屋にご宿泊頂くお客様にその機会を贈りたい」

その思いで始めた『親孝行プラン』。

素敵な人生の1頁を当館でお過ごし頂けると嬉しいです。

「ことわざ」や「いただく」などの言葉が漢字になるだけで、印象が一気に固くなる。
また「諺」という漢字を「ことわざ」とすぐに読める人は少ないため、脳の負担を感じる人が増える

漢字を「ひらく」ことによるメリット

　漢字で表記できる単語をひらがなにすることを、編集の現場の言葉で"ひらく"といいます（その逆に、ひらがな表記を漢字にすることは"とじる"）。**漢字を適度に"ひらく"ことにより、漢字の使い間違いを防ぐことができるだけでなく、ひらがなの多いやさしい文章という印象を与えることができます。**

この"ひらく"ルールに関しては、新聞社や出版社などの各社固有のルールはありますが、統一された決まりはありません。ひとまずは、以下のような書き方を参考にして"ひらく"ようにするとよいでしょう 図5 図6 。

また、**ひらがな表記をあえてカタカナ表記にする**ことで、言葉を目立たせる方法もあります。たとえば、「おすすめ」や「かんたん」などの言葉や、「きつい」「つらい」といった形容詞は、「オススメ」「カンタン」「キツイ」「ツライ」と変換して使うことが多いので憶えておきましょう 図7 。

図5　ひらがな表記を採用するケースの例

❶ **ひらがなにしたほうが、読み手の脳の負担が減りそうな場合**

❷ **普段は漢字で書かない言葉を使っている場合**

❸ **常用漢字表に載っていない漢字を使う場合**
漢字をひらこうとする場合、その漢字の使い方が常用漢字表どおりかどうかで判断する場合があります。たとえば、「敢えて(あえて)」という漢字の使い方は常用漢字表には載っていません。常用漢字表は日本の義務教育で使われているため、教育の現場などでは、常用漢字表に載っていない漢字を使うと、指摘が入る可能性があります。
そういったイザコザを避けたい場合には、最初から漢字を"ひらく"ことをオススメします。ただ、歌詞や広告のコピーなどでよく見られるように、漢字をあえて"ひらかない"こともひとつの表現ですので、TPOに応じて判断するようにしてください。

❹ **漢字で書いたほうがよいか、ひらがなで書いたほうがよいのかわからない場合**
先ほどの常用漢字表のケースも当てはまりますが、漢字で書いたほうがよいのかわからない場合には、"ひらいておく"ことをオススメします。また、「やさしい文章の書き方」という語句のような、「易しい」と「優しい」、どちらを使うかで文章の意味が変わるケースでは、あえてひらがなで表記することで、漢字の使い間違いによる表現のズレを防ぐこともできます。

図6　読みやすい文章を書くために"ひらく"ことの多い漢字(ひらがな)一覧

漢字表記	ひらいた表記
敢えて	あえて
貴方／貴女	あなた
予め	あらかじめ
改めて	あらためて

漢字表記	ひらいた表記
併せて	あわせて
言う／言わば	いう／いわば
致す／致します	いたす／いたします
頂く／戴く	いただく
所謂	いわゆる
暫く	しばらく
如何／如何に	いかん／いかに
何時	いつ
一旦	いったん
是非	ぜひ
但し	ただし
今更	今さら／いまさら
嬉しい	うれしい
置く	おく（「〜しておく」など）
出来る	できる
中々	なかなか
子供達	子供たち
午後3時頃迄	午後3時ごろまで
噂	うわさ
釘	くぎ
讃える	たたえる
喋る	しゃべる
故に	ゆえに
元に／基に	もとに
下で	もとで
滅多に	めったに

図7 ひらがな表記をあえてカタカナ表記にする例

ひらがな表記	カタカナ表記
おすすめ	オススメ
かんたん	カンタン
こわい	コワイ
きつい	キツイ

episode
03

リライトと推敲の狭間に

250

❸「この」「その」「あの」などの指示代名詞をあえて減らす

　いま、スマートフォンを使ってWebの記事を読む人が増えています。

　スマートフォンが優れているのは操作性です。素早く縦にスクロールできるため、スマートフォンでWebページを閲覧していると、無意識のうちに上下にスクロールしたくなります。

　ただ、この縦スクロールの動きが曲者です。なぜなら、記事を読み始めたユーザーが、無意識に縦にスクロールをして、自分が気になる箇所だけを読んでいくことも多いからです。

　その場合、注意したい点がひとつあります。それは、読み手が飛ばし読みするときなどに、記事の中に出てくる「この」「その」「あの」といった「指示代名詞」が何を示しているのかを理解していないと、記事の内容がきちんと伝わらない可能性があるということです。

　そのトラブルを防ぐために、記事の書き手は、**指示代名詞の使い方に気を配るようにしましょう。**

　たとえば、次の文章は第3話に登場した「みやび屋」の解説文です。

山々に囲まれた静かな温泉郷である須原にて、みやび屋は大正15年に創業しました。みやび屋には、須原の地で三指に入る「美人の湯」と呼ばれる“お肌に優しい泉質”の温泉があり、女性のお客様だけでなく、お子様やお年寄りの方からも愛されてきました。

そんなみやび屋が『親孝行プラン』に力を入れ始めた理由、そこには、私と女将である姉の姉弟ふたりの“ある思い”がありました。

実は私たち姉弟には両親がおりません。みやび屋を営んできた尊敬する両親は、半年前、この世を去りました。私たち姉弟を、優しく、そして時に厳しく育ててくれた両親。その両親へ「そろそろ恩返ししたいな・・・」、そう思っていた矢先の出来事でした。

　この文章では、「みやび屋」という主語に対して、「この旅館」や「当館」といった指示代名詞を使っていません。指示代名詞を使うことがあっても、必ず「固有名詞」とセットにして使っているのです。こうすることで、文章を途中から読んだ人も、何が主語なのかがわかりやすくなります。

　指示代名詞をあえて減らし、固有名詞を増やすことで、検索エンジンも文章の内容を理解しやすくなる可能性があります。そうなれば、SEOにおいてもよい効果があるかもしれませんね。

　ただ、指示代名詞を完全になくしてしまうのはNGです。**指示代名詞は文章のリズムを作る**重要な役目も担っていますので、不自然にならない程度に減らすことが大切です。

また、長い主語の場合は、逆に指示代名詞を積極的に使ったほうが読みやすい場合もあります。ケースバイケースと考えてください。

❹ 箇条書きで論理をショートカットして要点を整理する

　文章の中に箇条書き（リスト）を使うことで、情報を見やすく整理することができます。「○○や△△、そして××や□□」などのように、並列表現を多用している場合には、箇条書きを積極的に用いたほうがよいでしょう。

　ちなみに箇条書きには、頭に数字を付ける場合と、数字を付けずに黒丸（・）やチェックリスト形式のマークを用いる場合があります 図8 図9 。HTMLタグでいえば前者が<ol>タグ (ordered list)、<ul>タグ (unordered list) というリストタグに該当します。

　このふたつの使い分けとしては、情報の「総数」が決まっている場合は頭に数字を付けましょう。頭に数字を付けることで、読み手に「これだけの数を知っておけばいい」ということを伝えることができ、心理的負担を減らすことができるからです。

図8　頭に数字を付けた箇条書きの例

図9　頭が黒丸（・）の箇条書きの例

❺ 情報をカテゴライズして整理する

　長い記事であればあるほど、どこに何が書かれているかがわかりづらくなります。そこでオススメしたいのが、ページの冒頭文に「この記事ではどういった情報が取り上げられているのか？」を示す「目次」を設置することです。

　そして、その目次を「ページ内リンク」にすれば、**読み手は自分がほしい情報まですぐにジャンプする**ことができます 図10 。

　ただ、この目次を設置するためには、記事の中で取り上げられている情報を整理する必要があります。また、目次の項目があまりにも多すぎると、読み手の心理的負担を増やしてしまいますので、ちょうどいい数の「ページ内リンク」を目指して、情報を整理するとよいでしょう。

図10　目次を「ページ内リンク」として設定している例
Web担当者なら絶対に知っておくべき！サイトを守るためのWebセキュリティ対策3つの盾
http://www.cpi.ad.jp/column/column07/

❻ 文章が不必要に長くならないようにする

　長い記事であっても、文章のリズムがよければ読んでもらえます。とはいえ、不必要に長いページは読みづらさにつながります。そこで、**いらない言葉や表現があれば、思い切ってカットする**ようにしましょう。

　たとえば、無意識のうちに同じような意味の文章を2回入れていると感じた場合は、どちらかをカットするとよいでしょう。ここでは次ページのふたつの例文をもとに、どういう視点で文章をカットするとよいかをお教えします。

●文例（調整前）

こんにちは！ユリカモメ病院の新人ナース、山下リコです。

突然ですが、あなたは「肩甲骨はがし」という、今、人気のストレッチ（体操）を知っていますか？

いろいろな雑誌で取り上げられているこの「肩甲骨はがし」。肩こりや腰痛、便秘や目の疲れなど、身体に起きているいろいろな不調を軽減してくれるストレッチとして、人気なんです。

●文例（調整後）

こんにちは！ユリカモメ病院の新人ナース、山下リコです。

突然ですが、あなたは「肩甲骨はがし」という、今、人気のストレッチ（体操）を知っていますか？

~~いろいろな雑誌で取り上げられているこの「肩甲骨はがし」。~~

肩こりや腰痛、便秘や目の疲れなど、身体に起きているいろいろな不調を軽減してくれるストレッチとして、人気なんです。

「いろいろな雑誌で取り上げられている」というくだりと、そのあとの「人気なんです」というくだりは、どちらも「肩甲骨はがし」が話題になっていることを伝えようとしている。そのため、前者のくだりを思い切ってカットし、文章を調整した

●文例（調整前）

突然ですが、あなたは目がショボショボしたり、慢性的な肩こりに悩まされていませんか？

もし、そんな症状が続いているとしたら、それは「眼精疲労」かもしれません・・・！

●文例（調整後）

突然ですが、あなたは目がショボショボしたり、慢性的な肩こりに悩まされていませんか？

もし、そんな症状が続いているとしたら、それは「眼精疲労」かもしれません・・・！

文章の2列目で「もし、そんな症状が続いているとしたら」とあるので、その前の「慢性的な」という表現はいらない

❼ 感情表現を入れ、自分事化による共感を誘発する

この解説の冒頭で、文章に感情表現を入れ、読み手の共感を誘発するメリットをお話ししました(P236参照)。

そのテクニックは実は「システム1」の思考においても重要です。なぜなら、「システム1」は「その文章が自分にとって関係があるかどうか」を瞬時に判断しようとするため、記事の冒頭文にある感情表現に注目するからです。

そのため、**記事に感情表現を入れるのであれば、できるだけ冒頭に入れる**ことをオススメします 図11 。

図11 記事の冒頭に感情表現を配置している例

冒頭に感情表現を配置することで、読み手の共感を誘発し、そのあとに続く文章を読みたいと思わせている

ナースが教える仕事術「怒りやすい性格の正体は不安症！？すぐ怒る人と付き合うための怒りの心理学」より

http://nurse-riko.net/人はなぜ怒るのか？怒りの心理学/

冒頭で共感を誘発できれば、読み手がその記事を自分事に感じるため、その続きの文章が読んでもらいやすくなります。途中に感情表現を入れていたとしても、その感情表現に辿り着くまでに読者が離脱するケースもありますから、感情表現は冒頭にも入れたほうがいいのです。

ただ、感情表現を入れすぎてしまうと、**アクが強い文章を生み出す原因**となります。入れすぎないようにバランスには注意しましょう。

また、この感情表現をうまく利用すれば、読み手の対象を増やすことができます。

たとえば、次ページの文章は「生理痛」に関する文章ですが、男性にも興味をもってもらえるような冒頭文になっています。生理痛という話題は女性特有のものではありますが、"生理痛の女性と関わりのある男性の感情"を描くことで、男性の共感も誘発させようとしているのです。

> こんにちは！
> ユリカモメ病院の新人ナース、山下リコです。
>
> 単刀直入ですが、あなたは男性ですか？女性ですか？
>
> もし、あなたが男性だったら、生理痛のつらさを一生経験することはないでしょう。
> ただ、あなたの周りの女性には、今日も生理痛で苦しんでいる方がいるんです！
>
> たとえば、あなたのまわりに、腹痛で定期的にお仕事をお休みされる女性はいらっしゃいませんか？
> もしくは、体調不良を理由に遅刻される女性などはいませんか？
>
> そんなとき、「腹痛や体調不良くらい、みんな、我慢してるのになあ・・・」と思ったりしていませんか？
>
> もし、その欠勤や遅刻の本当の理由が、ひどい「生理痛」だとしたら、どうか優しく見守ってあげてください。
> なぜなら、生理痛って、女性にとっては本当に辛いんです・・・。
>
> 「ナースが教える仕事術」内で以前公開されていた「生理痛」に関する記事の冒頭文より

episode
03

リライトと推敲の狭間に

☑ ❸ 文字のサイズや色、強調のルールに気を配る

　文章を読むということは、文字を目で追うということです。であれば、文字自体の"見やすさ"にも配慮をするべきです。文章を書く際は文章の内容だけでなく、以下のように、その文章を紡ぐ文字の"見やすさ"にも配慮しましょう。

> ❶ 文字のフォントの視認性は問題ないか？
>
> ❷ 文字のサイズはちょうどよいか？
>
> ❸ 文字の強調には何らかの法則（ルール）が適用されているか？
>
> ❹ 文字の色と背景のコントラストはちょうどよいか？

色の強調を使うのであれば、信号機のルールを意識する

　脳への負担を減らすために大事なことは、すべてのことに明確な理由を設け

ることです。たとえば、文字の色を変えることで強調を表す場合は、やみくもに色を使うのではなく、**ルールに沿って色を変える**ようにしましょう。

そこでオススメなのが「信号機」を意識した色のルールです。信号機は誰もが日常的に目にするものなので、その色のルールは私たちの脳に定着しています。信号機のルールを用いれば、以下のような配色ルールを考えることができます 図12 。

図12 ウェブライダー社で使われている色分けルール

色	強調の意味
赤	否定・禁止・ネガティブな強調
水色（紺）	肯定
緑	例示・用語の強調
オレンジ	単純な強調

この配色ルールは「ナースが教える仕事術」(http://nurse-riko.net/) や「知らないと損をするサーバーの話」(http://www.cpi.ad.jp/column/) などのコンテンツで使われている

文字と背景のコントラストは記事の滞在時間にも影響する!?

文字の見やすさを担保するためには、文字色と背景色とのコントラストも大事です 図13 図14 。コントラストが強すぎると、読み手の目に負担がかかってしまい、長い文章を読んでもらいにくくなります。

記事の作成時には何度も読み返して、自分の目が疲れないかどうかを確認してください。また、明るい室内で読むだけでなく、就寝時をイメージした暗い室内でも確認するようにしましょう。

図13 「沈黙のWebライティング」のスマートフォン表示

背景色は黒に近いネイビーで、文字色は白に近いグレーになっている。この配色は暗い室内で閲覧しても目が疲れないように配慮されたもの。黒の背景に白い文字ではコントラストが強すぎ、長時間の閲覧時には目に負担がかかる

図14 「沈黙のWebライティング」のWebページで使用しているカラーコード

背景色	#0c0b10
文字	#d3d3d3

❾ 区切り線や記号を使う

　文章の改行や行間を意識する理由は、記事の中に「間」を作ることだとお話ししました（P245参照）。

　行間を空けて「間」を作る方法には、区切り線を用いる方法や、記号を用いる方法もあります 図15 図16 。たとえば、HTMLであれば、<hr /> というタグを使えば、区切り線（水平線）を挿入することができます。

図15　区切り線を用いた例

「ナースが教える仕事術」では<hr />（区切り線）を使うことで、情報を見やすくしている

図16　記号を用いた例

「沈黙のWebライティング」では記号を縦に並べることで間を空けている

❿ 写真やイラストを挿入する

　「百聞は一見にしかず」ということわざがあります。「100回言葉で説明されるよりも、1回実物を見たほうが理解が早い」という意味です。

　このことわざのとおり、記事内で取り上げるテーマや情報によっては、文章だけで説明するのではなく、写真やイラストを使って説明したほうがよい場合があります。**言葉は万能ではありません**。言葉だけで表現するのが厳しいと判断した場合は、写真やイラストの使用を検討しましょう。

　記事の中に写真やイラストが入ることで、脳は直観的に情報を理解できるようになり、「システム2」の負担を減らせる場合もあります。マラソンでいう「給水所」のようなものと考えてください。

　「沈黙のWebライティング」のWebサイトにもたくさんのイラストが使われています。長い記事を読んでもらう上で、写真やイラストの活用は大切なのです 図17 。

図17 多数の写真やイラストを提供する素材サイト

高品質な写真素材を無料で利用できる
「PAKUTASO」
https://www.pakutaso.com/

豊富な写真素材を格安で購入できる
「fotolia」
https://jp.fotolia.com/

⓫ マンガ的な演出を意識する

　マンガを「読みづらい」と感じる人は、あまりいないのではないでしょうか。マンガの中で読みやすいものと読みづらいものがあったとしても、マンガというジャンル自体を読みづらいという人は少ないでしょう。

　それは、マンガというものがあらゆる創作物の中で、もっとも"わかりやすさを追求したクリエイティブ"のひとつだからです。スナック菓子を食べつつゴロゴロしながら、内容がすんなり頭に入ってきて楽しめるのがマンガです。

　これは冷静に考えるとスゴイことなのです。「紙という平面に描かれた空想の世界を、いかに魅力的に伝えるか？」という視点で、たくさんのマンガ家がさまざまなわかりやすい表現を試みてきました。

　その結果、マンガにおける王道の表現が生まれ、今も多くのマンガ家がその表現を使いながら、たくさんの人を熱狂させる作品を生み出しています。そんな**マンガのノウハウを、Webコンテンツで使わない理由はありません**。

　たとえば、「沈黙のWebライティング」のストーリーは「会話調」と呼ばれ

図18 「会話調」の演出の例

「沈黙のWebライティング」第1話のWebページより
https://www.cpi.ad.jp/bourne-writing/seo-writing/

図19 吹き出しによる「会話調」の演出例

「ナースが教える仕事術」
http://nurse-riko.net/

る演出を用いています。左に人物アイコンがあり、右にセリフがある形式です。これはまさにマンガの吹き出しを意識した演出なのです（前ページの 図18 図19 ）。

マンガの表現の中でWebで活用できそうな表現があれば、いろいろと試してみてもよいでしょう。

「システム２」を意識した論理的な文章を書く

ここまで「システム１」に配慮した文章作成のポイントを取り上げてきました。ここからは「システム２」に配慮した文章作成にフォーカスしていきます。

まずは、「システム１」と「システム２」の違いをおさらいしておきましょう。

システム１	脳への負担を減らすために自動的に高速で動く思考。物事を直観的に理解しようとする思考。
システム２	複雑な計算など、注意力を要する作業が必要な際に、慎重かつゆっくりと動く思考。物事を論理的に理解しようとする思考。

「システム２」に配慮した「論理的にわかりやすい（理解しやすい）文章」とは、どんなものなのでしょうか？

「論理」とは、人と人とをつなぐ「理解の架け橋」

"わかりやすい"という言葉は「分かりやすい」という漢字で書くこともできます。この「分かりやすい」という言葉を別の言い方で表現すると、**相手と知識を分かち合えるくらいに理解しやすいこと**と言い換えることができます。

そして、この「分かりやすさ」を実現するために必要となるのが、**「論理」**です。

論理とは、ある"主張"を相手に届けるために必要な**「理解の架け橋」**のことです。この橋がきちんと架かっていないと、こちらの主張は相手に届きません。論理的な文章とは、この理解の架け橋がきちんと築かれた状態の文章を指すのです。

では、その理解の架け橋を築くためにはどうすればよいのでしょうか？　そのためには、"主張"をもとに相手が抱いた「なぜ？」という疑問をすべてクリアにしなければいけません。

「なぜ？」をクリアにするために重要なことは次の３点です。

❶ "相手がわからない言葉" を使わない

（もし、相手がわからない言葉を使うのであれば、その言葉に関する説明を必ず入れましょう）

❷ 相手が "何に対して" 疑問をもっているのかを察する

（「なぜ？」を感じるポイントは相手によって異なります。相手がすでに理解していることに対して、こちらが懇切丁寧に説明をすると、説明がかえってまどろっこしくなり、相手からの心証が悪くなります。その結果、こちらの主張が届かなくなるという事態に発展する恐れがあります）

❸ 「なぜ？」に対する「理由」を導くための十分な「根拠」をもっている

（理由を述べるためには、なぜその理由がいえるのかという「根拠」が必要です）

論理的な文章を構成する３つの要素

　論理的な文章は、基本的には**「主張（結論）」「理由」「根拠」の３つの要素で構成**されます。たとえば、「Googleでは検索ユーザーの【検索意図】を満足させるコンテンツが上位表示しやすい」という主張を３つの要素で分解すると、次のように分けることができます。

主張（結論）

今、Googleでは検索ユーザーの【検索意図】を満足させるコンテンツが上位表示しやすい。

理由

なぜなら、Googleは検索ユーザーの利便性を最優先に考えており、検索ユーザーの意図に合ったコンテンツを返すことが、ユーザーの利便性につながるからである。

根拠

事実、今のGoogleの検索結果を見ると、上位に表示されているページの多くは、検索ユーザーの検索意図を満足させるコンテンツを提供している。
また、Googleの会社情報のページには「Googleは当初からユーザーの利便性を第一に考えています」という表記がある。

誰かに主張を通したいときには「理由」と「根拠」が必要です。そして、それらの「理由」と「根拠」の数が多ければ多いほど、その主張は強固なものになっていきます。理由には根拠なきものはなく、そして、主張には理由なきものはないのです 図20 。

図20 「主張」を支える「理由」には「根拠」が必要

相手の反論に先回りして反論しておく

　主張には「一貫性」が大事です。一貫性があるからこそ、"理解"の架け橋を真っ直ぐ築いてゆけるのです。

　ただ、**どんな主張にも「反論」はあります**。その反論を打ち破らないと、相手に「理解の架け橋」を砕かれてしまうことがあります。そこでオススメなのが、主張に対する「反論」を予測し、その反論に対して、あらかじめ先回りして答えを用意しておくことです。

　反対派の意見を聞かずに自分の主張だけを押し通すというのは、もったいない行為です。論理的な文章を書く際には、広い視野からさまざまな議論を予測し、それらの議論への対応を考えておくほうがよいのです。

ワンランク上の論理的な文章に必要なものは？

　先ほど、相手の反論を予測し、先回りして反論することが大事だとお伝えしました。その流れを踏まえ、先ほどの例文をもとにもう一度論理的な文章を構成する上で大切な要素を考えてみましょう。

　取り上げる主張は「Googleでは検索ユーザーの【検索意図】を満足させるコンテンツが上位表示しやすい」というものです。その主張に対して「反論」と「反論に対する反論」を、その理由と根拠とともに考えてみました。

○主張（結論）：
今、Googleでは検索ユーザーの【検索意図】を満足させるコンテンツが上位表示しやすい。

・理由：なぜなら、Googleは検索ユーザーの利便性を最優先に考えており、検索ユーザーの意図に合ったコンテンツを返すことが、ユーザーの利便性につながるからである。
・根拠：事実、今のGoogleの検索結果を見ると、上位に表示されているページの多くは、検索ユーザーの検索意図を満足させるコンテンツのように思える。

○反論：
今、Googleでは検索ユーザーの【検索意図】を満足させるコンテンツが上位表示しにくい。

・反論を支える理由：なぜなら、Googleはそもそも、検索ユーザーの【検索意図】を正しく把握できないからである。
・根拠：事実、今のGoogleの検索結果を見ると、「真田幸村」で上位に表示されているページの中に、「モンスト（モンスターストライク）」というゲームに出てくる「真田幸村」というキャラクターを紹介しているページがある。
「真田幸村」で検索する人の多くは、ゲームのキャラクター情報など求めていないはずである。

○反論に対する反論（再反論）：
「真田幸村」で上位に表示されているページの中に、モンストのキャラクターを紹介しているページがあることこそが、Googleが検索ユーザーの【検索意図】を正しく把握していることを証明している。

・反論に対する反論（再反論）を支える理由：なぜなら、モンストは、世界累計ダウンロード数3,500万を超える人気ゲームであり、「真田幸村」と検索する人の中には、モンストの「真田幸村」の情報を求めている人も多いはずだからである。
・根拠：事実、Googleキーワードプランナーというツールを使って「真田幸村　モンスト」というキーワードの月間検索回数を調べると、月に22,200回も検索されていることがわかる。
「真田幸村」単体の月間検索回数は30万回なので、「真田幸村　モンスト」というキーワードの検索回数はなかなかの多さであるといえよう。

●最後の主張（結論）：
だから結局のところ、今、Googleでは検索ユーザーの【検索意図】を満足させるコンテンツが上位表示しやすいといえる。

前述のように「反論」「反論に対する反論」を準備しておくことで、「この文章の書き手はしっかり考えて意見を述べている」と読み手に感じさせることができます。また、主観的な意見だけでなく、客観的な意見も入っているため、信頼感が増します。

ただし、理由の「根拠」にあたるデータに関しては、信頼できる場所から参考・引用するようにしてください。

■ セルフディスカッションとセルフディベートを行う

論理的な文章を書く際にオススメしたいのが「セルフディスカッション」と「セルフディベート」を行うことです。

これらは、自身が読者（客観）の視点に立ち、自分の主張に対して「なぜ？」という意見をぶつけて自問自答による議論を行ったり、反論意見をぶつけたりすることを指します。

「セルフディスカッション」が「なぜ？」という意見をぶつける「議論」、「セルフディベート」が反対意見（反論）をぶつける「討論」だと考えてください。

「セルフディスカッション」では、「5W3H」を意識して質問を投げていきましょう 図21 。そうすれば、主張をどんどん深堀りすることができます。とくに「Why（なぜ？）」と「What（何を？）」と「How（どのように？）」はよく使います。

図21 セルフディスカッションを行う際の5W3H

英語	意味
When	いつ？
Where	どこで？
Who	誰が？
Why	なぜ？
What	何を？
How	どのように？
How many	どのくらい？
How much	いくら？

続いて、「セルフディスカッション」の実例を挙げてみますので、参考にしてください。

※以下の内容は、以前「ナースが教える仕事術」で公開されていた健康記事に関するセルフディスカッションです。

■主張

免疫力をアップしたければ、腸内細菌を増やすとよい

■セルフディスカッション（Ａ：書き手の視点、Ｂ：読者の視点）

Ａ：免疫力をアップしたいなら、腸内細菌を増やすといいらしいよ。

Ｂ：えっ？腸内細菌って何？

Ａ：腸内細菌は、その名の通り、腸の中に生息している細菌のことさ。

　　たとえば、ビフィズス菌とか乳酸菌とか。

Ｂ：ビフィズス菌や乳酸菌などの腸内細菌が増えると、なぜ、免疫力がアップするの？

Ａ：それは、免疫力をコントロールしている「免疫細胞」が、腸内細菌と闘うことによって活性化するためさ。

Ｂ：なぜ、腸内細菌と闘う必要があるの？

　　そもそも、免疫細胞って何？

Ａ：順に答えるね。

　　ではまず、免疫細胞って何かを説明するよ。

Ｂ：うん。

Ａ：免疫細胞は白血球の中に存在している細胞のことで、体の中に入ってきたウイルスや、体の中で生まれた異常から、体を守ってくれている細胞なんだ。

Ｂ：体の中で生まれた異常って何？

Ａ：たとえば、僕たちの体の中では、「ガン細胞」が毎日生まれてる。その数は3,000～5,000個にものぼる。

Ｂ：えええ！そうだったの！？

Ａ：そうだよ。ただ、それらのガン細胞は毎日消滅してる。

　　なぜ消滅してるかというと、毎日、免疫細胞が倒してくれているからなんだ。

Ｂ：免疫細胞って強いんだ。戦士みたいだね。

Ａ：ふふふ。そうだね。

　　でも、そんなに強い免疫細胞も、日頃から力を鍛えておかないと、いざという時に闘えない。

　　だから、特訓する相手が必要なのさ。

ヴェロニカ先生の特別講義　わかりやすい文章を書くためのポイント

265

B：その特訓する相手って？

A：その相手が、さっき言ってた「腸内細菌」さ。

B：そうなんだ！

あ、でも、細菌が相手なんだったら、細菌って体のあちこちにもいるんじゃないの？

なぜ、腸内にこだわるの？

A：実は、免疫細胞はその"7割"が腸にいるんだ。だから、腸の中で闘える相手が必要なんだよ。

B：そうだったんだ。

A：そして、その闘いの相手である「腸内細菌」が増えれば増えるほど、免疫細胞は鍛えられて強くなるってことさ。

B：なるほど。

あ、でも、腸内細菌ってどうやったら増えるの？

A：食べ物を介して菌を摂取すればいいのさ。

B：食べ物？

A：そう。たとえば、「ビフィズス菌」が入った飲料や、乳酸菌飲料を飲むといいんだ。

B：ビフィズス菌の入った飲料？

A：そうさ、たとえばヨーグルトだね。ヨーグルトに含まれている「ビフィズス菌」は腸内細菌のひとつになるのさ。

B：なるほど！

A：あとは、発酵食品もいいよ。

たとえば、漬け物には「乳酸菌」がいる。

そして、味噌には「麹菌」がいるし、納豆には「納豆菌」がいる。

だから、これらの発酵食品を食べると、腸内細菌の増加につながるんだ。

B：漬け物と味噌と納豆かあ。

日本人の食事には欠かせない食べ物ばかりだね。

A：そして、あとは野菜だね！

野菜に含まれる「食物繊維」や「オリゴ糖」は、腸内細菌の栄養源となるのさ。

特にオススメはレンコン、ゴボウや大根だよ。

B：よし！

スーパーで見つけたら、積極的に買うようにするよ！

A：いい心がけだね！

B：いろいろ説明してくれてありがとう。

episode
03

リライトと推敲の狭間に

B：免疫力を上げるには腸内細菌を増やすことが必要で、腸内細菌を増やすためには、食事を気にすればいいということがわかったよ。
B：今日から食事に気をつけて、免疫力を高めていくね！
A：うん！　がんばってね！
A：というわけで、免疫力をアップしたければ、腸内細菌を増やすといいんです。皆さん、ぜひ、チャレンジしてみてくださいね。　締めくくりとして、もう一度主張を語る

　セルフディスカッションを行う際は、テキストファイルに書き込む形でもいいですし、マインドマップに書き込む形でもよいでしょう。マインドマップであれば、サクサクといろいろな意見を書き込んでいくことができるほか、全体を俯瞰しやすいため、最初のうちはマインドマップを使うとよいかもしれません 図22 。マインドマップを作成する「XMind」（https://jp.xmind.net/）というソフトは無料で利用でき、操作も難しくないためオススメです。

図22　マインドマップ形式のセルフディスカッションの例
セルフディスカッションのマインドマップファイルは下記の特設ページからダウンロード可能
http://www.web-rider.jp/tokuten/bourne-writing/

セルフディスカッション、セルフディベートをそのまま記事にしない

　ここで注意点があります。「セルフディスカッション」や「セルフディベート」を行うと、論理的な文章を書き上げたような気分になり、この会話のやり取りをそのままWeb上にアップしたいと思えてくるものです。
　しかし、会話のやり取りをそのままアップしてはムダな表現の多い文章となり、記事が冗長になる原因となります。

冗長な記事は最後まで読んでもらえず、こちらが伝えたいことがうまく伝わらない結果となってしまいます。

　そのため、セルフディスカッションやセルフディベートを記事にする場合には、**"二人称の会話を一人称の文章へ変える"**ことを意識して、新しく文章を書くようにしてください。そうして書いた文章は、セルフディスカッションを行う前と後では、わかりやすさに雲泥の差があるはずです。

　なぜなら、セルフディスカッションを行うということは、その記事を読むユーザーが抱く可能性が高い**疑問や質問を先回りして解決**することになるからです。セルフディスカッションを経ることで、文章の中に客観的な視点を取り入れられるようになります 図23 。

図23 **セルフディスカッションを用いた例**
ウェブライダーが運営する「ナースが教える仕事術」をはじめとしたサイトでは、このセルフディスカッションを用いてから記事を作成することが多い

Webの文章は「結論」→「理由」の順を徹底する

　Webに載せる文章を書く際に重要なのは、**まず最初に「結論」を伝える**ことです。結論を先に伝えることにより、読み手は「なぜ、そういう結論になるのだろう？」と理由を知りたくなります。読み手がそういう気持ちになったところで、ゆっくりと「理由」を述べていけばよいのです。

　この順序が逆になってしまうと、記事は途端に読まれにくくなります。なぜなら、Webで文章を読むほとんどの人は、その記事に自分のほしい情報があるかどうかがわからないと、すぐに離脱するからです。

　とくに検索エンジンからやって来たユーザーの場合、その行動が顕著です。ユーザーが知りたい情報にたどり着きにくい記事は、すぐに見捨てられ、ユーザーはほかの記事へ移動してしまいます。

検索エンジンからやって来たユーザーは、**自分の質問や悩みを解決するための答えを迅速かつ的確に知りたい**からです。このユーザーの行動心理を念頭においた上で、コンテンツ制作を進めるようにしてください。

主語や修飾語の、"係り受け"の関係を意識する

論理的な文章を書くためには、文章内の**「言葉の関係性」**をわかりやすくしないといけません。主語や修飾語を使う場合は、"係り受け"の関係をしっかりと意識しましょう。

主語と述語はできるだけ近くに置く

主語と述語の間に言葉が多く入るほど、双方の関係性がわかりにくくなります。主語と述語の距離はできるだけ近づけるようにしましょう。

●悪い例

松尾は、2016年1月20日、京都ニューイヤーコンサートで、「ベートーヴェンの運命」を弾いた。

●良い例

2016年1月20日、京都ニューイヤーコンサートにて、松尾は「ベートーヴェンの運命」を弾いた。

修飾語は被修飾語の近くに置く

修飾語も同様に、どの言葉にかかってるのかがわかりやすいよう、修飾語と被修飾語の距離をできるだけ近づけましょう。

●悪い例

けっしてよい子のみなさんは、マネをしないでくださいね。

●良い例

よい子のみなさんは、けっしてマネをしないでくださいね。

ヴェロニカ先生の特別講義 ── わかりやすい文章を書くためのポイント

修飾語が複数ある場合は、短い修飾語を被修飾語の近くに置く

　長い修飾語は前に、短い修飾語は後ろに置きます。短い修飾語は、長い修飾語に比べて存在感が弱いので、被修飾語の近くに置いて、被修飾語との関係をわかりやすくします。

●悪い例

黄金の、勝者に相応しいチャンピオンベルトである。

●良い例

勝者にふさわしい、黄金のチャンピオンベルトである。

文章の推敲を行う

　記事を書いたあとは、必ず何度も読み返し、「システム1」に配慮されているか（見やすいか）、「システム2」に配慮されているか（わかりやすいか）をチェックしてください。

　この作業を**「推敲（すいこう）」**といいます。推敲時には以下の3点を意識するとよいでしょう。

● **複数の端末でチェックをする（PC、スマートフォン、タブレット）**

● **紙に印刷をしてチェックをする**
（紙に印刷をすることで、PCの画面から意識が解放され、PCの画面を見ているときとは違った感覚で記事を読むことができます）

● **できるだけ多くの人にチェックに加わってもらう**
（客観的な意見を集めることができます）

● **声に出し、演じて読んでみて、強調や行間が適切かどうかをチェックする**
（深夜の通販番組のように記事を大げさに演じながら読んでみると、強調箇所や文章の"間"における違和感を感じやすくなります。ただ口に出して読むのではなく、演じながら読むことが大切です。なぜなら、演じながら読まないと、その記事にある感情を表現できないからです）

また、推敲後に文章を「テコ入れ」することになった場合は、テコ入れしたあとで、できるだけ記事の最初から読み返すようにしましょう。なぜなら、部分的にテコ入れをすると、記事全体のリズムや論理展開に違和感が生じることがあるからです。

　記事は音楽と同じ。オーケストラでは1曲の中に数回しか出てこないシンバルのタイミングを合わせるためだけに、曲の最初から何度もリハーサルすることがあります。

　それくらい、"流れ"というものは大切なのです。

どうしても記事が書けないという人にオススメの方法

　どうしても記事が書けないときがあります。言葉がなかなか出てこず、「筆が乗らない」ときです。

　そんなときには、**最初からきちんとした記事を書くことを目指さず**、以下のような方法を使い、記事の材料を集めるような感覚で、気軽な気持ちで言葉をひねり出してみましょう。

● 思いつく言葉を箇条書きで書き出してみる

● スマートフォンの「音声入力」を用いて、思いつくままの言葉を話し、記録していく

● PCに向かわず、無地の紙にペンを使い、思いつく言葉をドンドン書き出してみる

● 書きたいテーマで、誰かとディスカッションをする

● インプットが足りないとアウトプットはできないため、書くことをあきらめて、書籍などを読む
（書店に足を運ぶのはオススメ）

ヴェロニカ先生のまとめ

1. 文章を読んでもらうためには「共感を誘発する」ことと、「見やすい・読みやすい」ことが大事。
2. 共感を誘発するために、文章には「感情表現」があったほうがよい。
3. 脳には物事を直観的に素早く理解する「システム1」と、論理的にゆっくり理解しようとする「システム2」の思考がある。
4. 行間・改行に気を配り、心地よいリズム感を意識する。
5. 漢字とひらがなの含有率を調整し、"ひらいた"ほうがよい漢字は"ひらく"。
6. 「この」「その」「あの」などの指示代名詞をあえて減らすことで、文章を途中から読み始めたユーザーにもやさしい文章を書ける。
7. 箇条書きで論理をショートカットして要点を整理することで、情報を見やすく表現できる。
8. 長い記事は「目次」を設置するなど、情報をカテゴライズして整理する。
9. 文章が不必要に長くならないよう、いらない表現や言葉は思い切ってカットする。
10. 文字のサイズや色、強調のルールに気を配る。
11. 区切り線や記号を使い、記事中に「間」を作る。
12. 文章だけで表現するのが厳しいと感じた場合は、写真やイラストの使用を検討する。
13. マンガを「読みづらい」と感じる人はいないため、マンガ的な演出を意識する。
14. 「システム2」に配慮した文章にするためには、論理的にわかりやすくすることが重要。
15. 論理的な文章を書くためには、「セルフディスカッション」と「セルフディベート」を行う。
16. ファーストビュー(冒頭文)で、伝えたいことをまとめる。

[前回までのあらすじ]

「ボーンさん！ 予約が５件も入っています！！」

みやび屋に明るく響いたサツキの声。
「若者が親孝行をするための宿」
新しいコンセプトで始まったみやび屋の集客は、
ボーンのアドバイスによって改善しつつあった。

しかし、その一方、須原では老舗ホテルが次々と倒産の危機に瀕していた。

みやび屋の集客がうまくいっても、須原全体の観光が衰退していては意味がない。
そこでボーンが出した提案は「オウンドメディア」というものを立ち上げることだった。

Webメディアという戦場で、みやび屋の新たな闘いが始まろうとしていた・・・！

episode
04

愛と論理の
オウンドメディア

―― １年前、都内のあるライブハウスにて

みんなー！！　今日はオレたち、
エリスリトールのライブに来てくれてサンキュー！！
最後に、オレたちの新曲、聴いてくれ！

episode
04

愛と論理のオウンドメディア

キャーッ！！　ムツミー！！

ねえ、今日のエリスのライブ、正直、どうだった・・・？
ぶっちゃけ、最近のエリスの曲って、
ちょっと歌詞が意味不明じゃない・・・？

あー、わかる！ わかる！
曲も複雑になっちゃってるし、いっしょに歌いづらいよね・・・。

エリス、もう昔みたいにキャッチーな曲
出してくれないのかな・・・。

出してほしいよね・・・。
でないと、私たちファンもついていくのがそろそろキツイわ・・・。

episode
04

愛と論理のオウンドメディア

・・・ムツミ、あの新曲、お客さんの心に響いてなかったぞ。

はあ？ なんでだよ？

episode 04

愛と論理のオウンドメディア

あの新曲を聴いていたお客さんたちの表情を見たか？
明らかに困惑した表情で聴いていたぞ。
いや、あの新曲だけじゃない、ここ1年の間にエリスが発表してきた曲、すべてが空回りしているように感じる。

おいおい、じゃあ、なんでエリスにはファンがついてきてくれてるんだ？

・・・。
ファンの顔を見てみろ。今のエリスのファンの多くは昔からのファンばかりだ。エリスの楽曲がキャッチーだった頃からのな。

お前、気付いていないのか？　この1年間、エリスが新しいファンをほとんど開拓できていないことに。

・・・。

オレはお前たちのプロデューサーだ。
お前たちのバンド、「エリスリトール」を売り出す役を担っている。だから、マーケティング的な視点は常にもち合わせているつもりだ。
今、お前たちのバンドが伸び悩んでいる理由はたったひとつしかない。
曲がファンのほうを向いていないんだ。

episode
04

愛と論理のオウンドメディア

・・・はあ？

今のエリスの曲は、歌詞が複雑だし、メロディーもギミックが多すぎる。
何より、なんだ、あのギターの音は？ エフェクトをかけすぎて、ギターソロの旋律がわからなくなってるじゃないか・・・。
ファンを増やしたいのなら、ファンが求めているサウンドをもう少し意識したほうがいいぞ。

なんだよそれ、オレたちのバンドの個性をつぶせってことなのか？
オレたちのバンドなんだから、オレたちのやりたいサウンドを目指して何が悪いんだ？

ていうか、そもそも、ファンの耳が育ってねーんだよ。
ファンの感性がオレたちのレベルにまで達してねーのさ！

お前・・・。
ファンへの敬意はどこで失ったんだ？

episode 04

愛と論理のオウンドメディア

はあ？　敬意？
なんだよ、それ。

お前、いつから、自分たちの音楽をファンに
"聴かせてやる"と思うようになっちまったんだ？

そんなの当たり前だろ？　オレたちはアーティストだぜ。
アーティストが自己主張しなくてどーすんだよ！？

・・・お前はメジャーを目指しているんだろ？

ああ、そうさ。
オレたちの尖ったサウンドを、世の中に轟かせてやるんだ。

それなら、"聴かせてやる"という考えを捨てろ。
"聴かせてやる"というスタンスでステージに上がり続けるかぎり、お前たちは自分たちの曲を客観的に評価できなくなる。

大切なのは、**"ファンに聴いてもらうにはどうすればいいか？"**を考えることだ。ファンが求めているものが何かを論理的に考えた上で、自分たちの個性を足していく。
それができてこそ初めて、メジャーのステージに立てるアーティストになれるんだ。

・・・ったく、めんどくせーな・・・。

・・・ムツミ・・・。
オレは別にお前たちの目指すサウンドを否定したいわけじゃない。どんなものにも"個性"というものは必要だからな。

ただ、自分たちが奏でたいサウンドだけをがむしゃらに追い求めていてはダメだ。ファンが何を求めているかを論理的に考えることは、表現のレベルを上げるための**"土台作り"**なんだ。

しっかりとした土台ができてこそ、個性ある表現は活きてくるんだ。

・・・つまんねーよ・・・。何が**"論理的に考える"**だ・・・。難しい言葉使ってんじゃねーよ。

自分たちが奏でたいサウンドを目指さなくて、何がアーティストなんだよ。そんな難しいこと考えなくても、自分たちが気持ちよくて、ファンも気持ちよくなれるような曲を作ればいいんだろ！？　そういう曲、作ってやるよ！

だから、そのファンがすでにお前たちのサウンドについてこれていないんだぞ。このままがむしゃらに曲を作り続けてもダメだ。一度、自分たちのサウンドを客観的に見つめ直してみろ。

っせーな・・・。

もう、いいさ！　プロデューサーのあんたがオレたちのサウンドのよさを理解してくんねーんなら、話になんねー。こんなレーベル辞めてやるよ！！

ムツミ！！　おいっ！！　どこへ行くんだ！！？

episode 04

愛と論理のオウンドメディア

── そして、現在

episode
04

愛と論理のオウンドメディア

 ・・・そうか、オレがプロデューサーと喧嘩してレーベルを辞めてから、もう1年が経つのか・・・。

あのあとレーベルから独立したものの、結局オレはほかのメンバーともうまくいかなくなって、バンドは解散したんだったよな・・・。

・・・ってなんで今、こんなこと思い出しちまったんだ。

論理とは、"物事の法則的なつながり"であり、「人と人との間に築かれた"理解の架け橋"」のことを指す。

論理的な文章とは、相手の心との間に"理解の架け橋"が築かれている文章を指す。

どんな主張も、相手の心との間に橋がなくては伝わらない。論理というのは、相手に理解してもらうために築く"言葉の架け橋"のことなのだ。

・・・そうか、昨日ボーンのオッサンが言ってたことが頭に残ってるからか。

・・・「論理」・・・か。

episode 04

愛と論理のオウンドメディア

はい、どうぞー。

あっ、ムツミ。
片桐さんが昨日の話の続きをするって。

あ、「オウンドメディア」ってやつの解説だっけ？

うん、そうみたい。
先に行ってるね。
・・・あっ、そのギター・・・。

ああ、これ、バンド時代にずっと使っていた相棒なんだよな。
ま、もうすっかり弾かなくなっちまったから、錆びついてっかもしんねーけど。ははは。

・・・ムツミ、本当に後悔してないの？

ん？

大好きだった音楽活動を辞めて、うちの旅館の仕事を引き継いでくれたことよ。

な〜に言ってんだよ、アネキ。
大丈夫だって。

そもそも、ここへはオレの意志で戻ってきたんだからさ。実家がピンチのときに、ヘラヘラ音楽を楽しんでいるなんて、長男として世間様に顔向けできないだろ？

ぶっちゃけ、音楽活動には少し疲れてたし、今は旅館の仕事も楽しくやってるしな。

ならいいんだけど・・・。

オレ、お客様へのメール返信がまだ終わってねえから、それを片付けてから向かうわ。

ボーンのオッサンには、あとで行くって伝えておいてくれよな。

あっ、こら！
ボーンのオッサンじゃなく、"**片桐さん**"でしょ？

固いこと言わなくてもいいじゃん。
なんか、"片桐さん"って言いづらくてさ。
ボーンって名前のほうが言いやすいだろ？

アネキも今日から"**ボーンさん**"って呼んでみろよ。

えっ・・・。

ボーンさん・・・　か・・・

episode
04

愛と論理のオウンドメディア

283

episode
04

愛と論理のオウンドメディア

遅れてすまねえ！

ムツミ、お客様へのメールの返信は大丈夫だった？

ああ、バッチシさ。

これでみんな揃ったわね。

・・・よし、昨日話した「オウンドメディア」の解説の続きを始めるぞ。

あ、そ、その前に・・・！

片桐さ・・・い、いえ、ボーンさん！

あの・・・、私たち、こんなにアドバイスをもらい続けていいんでしょうか？

・・・。

ボーンさんはうちの旅館のお客様ですし、やっぱり、このままコンサル料をお支払いせずにアドバイスをもらい続けるのは申し訳なく思っていて・・・。

なるほどね。たしかに、当初よりもアドバイスの量が増えてきちゃった感はあるわね。

・・・ちょ、ちょっと、アネキ！ ボーンのオッサンのコンサル料は1時間5万ドルなんだぞ！？ 日本円に直すと、1時間で500万円以上なんだぜ・・・！？

わ、わかってるわ・・・！
でも、このままタダで私たちがアドバイスをもらい続けるのは、虫がよすぎるんだもの・・・。

んなこと言ったってだな・・・。正規の料金を払ったら、うちの旅館、破産しちまうぜ・・・。

・・・ボーン、どう思う？

**たしかに、お前たちの言うとおりだ。
このままオレがノーギャラでアドバイスを続けるのはメリットがないな。**

！！！

episode 04

愛と論理のオウンドメディア

285

ボーン・・・！？

そ、そうですよね・・・！！
本当にすいません・・・！！

私たち、今はあまりお金がないんですが、ボーンさんたちのおかげで、うちの経営状態は徐々によくなってきました。この流れを絶対に止めたくないんです・・・！
だから、銀行からお金を借りてでもコンサル料はご用意します・・・！

あ、あと、もちろん、今回のご宿泊中の
お代も要りません・・・！

アネキ・・・。

・・・コンサル料は要らん。
宿代の負担も必要ない。

えっ・・・！！？

！？

代わりに、お前たちに頼みたいことがある。

代わりに頼みたいこと・・・？

オレたちは今、"あるモノ"を探している。
その捜索をお前たちにも手伝ってもらおう。

"あるモノ"・・・！？

ヴェロニカ、例の"チップ"のことをふたりに
説明してくれ。

episode
04

愛と論理のオウンドメディア

えっ・・・？

ボーン、あなたはこのふたりを信用したってことなのね。

・・・サツキさん、ムツミさん。
これから話すことは、くれぐれも私たち4人だけの
秘密にしてね。

・・・は、はい！

私たちはね、この須原に、ある"チップ"を探しにやって
来たの。

episode 04
愛と論理のオウンドメディア

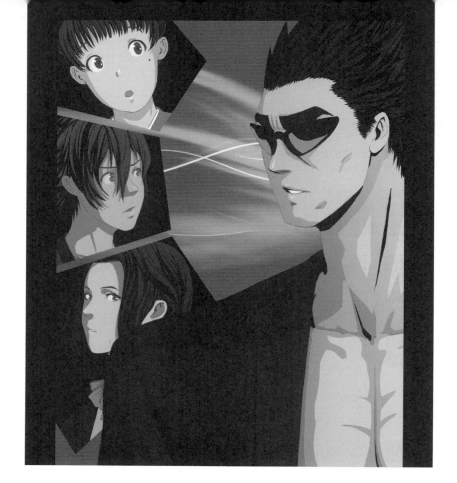

チップ・・・！？

写真を見せるわ。
こんなチップよ。

・・・？
このチップがどうしたっ
て言うんだ・・・？

・・・それは言えん。

えっ！？
やべーもんじゃねーだろうな！？

ふふふ。
安心して、ただのチップだから。

ほ、ほんとかよ・・・。

ただのチップなんだったら、
なんでそんなに秘密にしようとするんだ・・・？

とにかく、もし、このチップを見つけたら、
私たちにすぐ教えてほしいの。
このチップの大きさは3平方センチ、重さは100gほど。
小さなチップだから、見つけ出すのは大変かもしれないけれど・・・。

わかりました！！
お手伝いさせてください・・・！！

あ、もしかして、このチップが
うちの旅館にあるかもしれない、ってことでしょうか？

いえ、この旅館にあるかどうかはわからないの。
ただ、このチップに埋め込まれていたGPSの信号から位置を計算したところ、この旅館から半径150m以内の場所にあるということだけはわかっているわ。

episode
04

愛と論理のオウンドメディア

この旅館の半径150m以内・・・。
ということは、ここにあるかもしれないし、となりの旅館にあるかもしれないってことか・・・。

半径150m以内だったら、
裏山や川の中も含まれるかも・・・。

あ、チップは防水性じゃないから、
"川の中にある"という可能性はないわね。

そうなんですね・・・。
でも、なぜ、この須原にお探しのチップがあるんですか？
もしかして、誰かお客様の荷物に紛れてここまで運ばれてきた、とかでしょうか・・・？

それはわからないの。
だから、私たちも首をかしげているのよ。
ただ、もし、誰かの荷物に紛れ込んでいるのなら、そのお客さんが移動すると同時に、GPS信号も別の位置を示すはずだわ。でも、信号が示している場所は変わっていない。

唯一わかっていることは、
22日前、この須原にチップが移動したってことだけなの。

不思議な話だな・・・。

ただ、チップのGPS信号の精度は日に日に落ちている。
どうやら、チップの内蔵電池が残り少ないようなの。
・・・内蔵電池が切れると、場所の特定ができなくなってしまうわ。

えっ・・・！？

 早く見つけねえと、マズイってことか・・・。

 わ、わかりました・・・！ とにかく、そのチップを私とムツミとで一生懸命探します！

 ありがとう、サツキさん。

 ・・・チップの内蔵電池が切れるまで、おそらく、あと55日。

 55日・・・！？

 タイムリミットまでに見つけるためにも、協力を頼んだぞ。

 はいっ・・・！！

 ちなみに何度も言うが、このチップの話は他言無用だ。・・・わかったな？

 （ビクッ）　は、はい・・・！

episode 04

愛と論理のオウンドメディア

あ、ふたりとも、チップを捜索してくれるのはありがたいんだけど、くれぐれも本業には差し支えない範囲でね。

わかりました！

チップか・・・。
一体何のチップなんだろ・・・。気になるぜ・・・。

episode
04

愛と論理のオウンドメディア

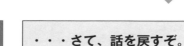
・・・さて、話を戻すぞ。

ヴェロニカ、「オウンドメディア」の説明を頼む。

OK、ボーン。

オウンドメディア・・・。

ふたりとも、今から私が話す「オウンドメディア」という言葉は、この須原の観光をよみがえらせる"カギ"となる言葉よ。

須原の観光をよみがえらせる"カギ"・・・！？

「オウンドメディア」とは、直訳すると、
"自社が所有し、運営するメディア" のこと。
あなたたちには観光情報サイトの運営をオススメするわ。

観光情報サイトを私たちが運営・・・？

そうだ。須原の観光がよみがえるためには、観光地としての須原の魅力を多くの人に知ってもらう必要がある。
しかし、今、Web上にはこの須原の魅力を広く伝えられているサイトが少ない。

えっ！？
須原には一応、観光協会のサイトがあるぜ？

たしかに、観光協会のサイトはある。
しかし、あのサイトはあくまでも、須原に興味をもったユーザー向けに作られている。
つまり、須原のことを知らないユーザーがアクセスをすることはまずない。

須原のことを知らないユーザー？

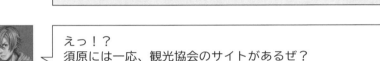
お前たちが運営する観光情報サイトは、須原のことを知らないユーザーに須原のことを知ってもらうために運営するんだ。

えっ・・・！？

episode
04

愛と論理のオウンドメディア

episode 04
愛と論理のオウンドメディア

露出を戦略的に増やすぞ。

露出を戦略的に増やす・・・！？

ふたりとも、**「コンテンツマーケティング」**という言葉を聞いたことがあるかしら？

コンテンツマーケティング・・・？

**コンテンツマーケティングとは、
"コンテンツを通して、読み手に新たな気付きを与える"
マーケティング手法だ。**

読み手に新たな気付きを与える手法・・・？

たとえば、人気の観光情報サイトに**「カップル向けの温泉旅館特集」**という記事があったとして、その記事に須原の旅館が取り上げられていたらどうかしら？
須原のことを知らない人も、須原にはカップル向けの温泉旅館があることを知るでしょ？

は、はい。

**先日作ったコンテンツは、「栃木　温泉」という
キーワードでの上位表示を狙ったものだった。**

「栃木　温泉」で検索したユーザーに対し、須原の旅館「みやび屋」の情報を伝えることで、みやび屋の存在、そして、みやび屋の魅力に気付かせる狙いがあった。

ただ、「栃木　温泉」というキーワードで集客する場合、栃木の温泉に興味のあるユーザーばかりが訪れることになってしまう。
つまり、集客できるユーザーが少ない。

よって、次に作るコンテンツでは、「栃木　温泉」というキーワード以外での上位表示を狙う。

「栃木　温泉」というキーワード以外・・・！

たとえば、あなたたちが作るコンテンツが、**「温泉旅行　カップル」「温泉　夫婦旅行」**などのキーワードで上位表示できれば、須原のことを知ってもらえる機会が増えるってことよ。

ちょ、ちょっと待ってくれよ！
たしかに、「温泉旅行　カップル」ってキーワードで上位表示できれば、今より露出できるとは思うけど、「みやび屋」は「親孝行向けプラン」を推していくことに決まったんだぜ。

「温泉旅行　カップル」なんてキーワード、
うちと関係ねーじゃねーか！

**相変わらず考えが浅いな。今回の戦略は、
あくまでも"須原全体の利益"を考えろ。**

須原にはカップル向けプランに力を入れている旅館が多いはずだ。

episode
04

愛と論理のオウンドメディア

295

episode 04

愛と論理のオウンドメディア

須原全体の利益・・・。

ちなみに、今、「温泉旅行　カップル」というキーワードで1位に表示されているページがこれよ。

「マンネリ化したカップルは温泉旅行すべし！
オススメのカップル向け温泉旅館 11 選」
このページ、全国からオススメの温泉旅館の情報を集めているんですね。

ヘー、この記事のサイトのデザイン、
雑誌みたいにオシャレだな。

296

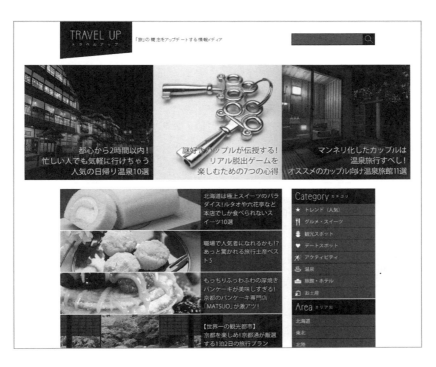

> この**「TRAVEL UP」**というサイトは、国内の旅行に関するいろいろな情報を取り上げているメディアみたいね。
>
> たとえば、このサイトのトップページには以下のような記事が表示されているわ。

episode
04

愛と論理のオウンドメディア

- 都心から2時間以内！
  忙しい人でも気軽に行けちゃう人気の日帰り温泉10選
- 謎好きカップルが伝授する！
  リアル脱出ゲームを楽しむための7つの心得
- マンネリ化したカップルは温泉旅行すべし！
  オススメのカップル向け温泉旅館11選
- 北海道は極上スイーツのパラダイス！
  ルタオや六花亭など、本店でしか食べられないスイーツ10選

- 職場で人気者になれるかも！？
  あっと驚かれる旅行土産ベスト5
- もっちりふっわふわの厚焼きパンケーキが美味しすぎる！
  京都のパンケーキ専門店「MATSUO」が激アツ！
- 【世界一の観光都市】京都を楽しめ！
  京都通が厳選する1泊2日の旅行プラン

へええ・・・。温泉旅館に関する情報だけじゃなく、グルメやイベント情報なども扱ってるのか・・・。

そのようね。
この「TRAVEL UP」は、「旅行」というテーマを軸にしつつも、いろいろなジャンルの情報を取り上げている。
旅行に関係のないキーワードでも上位表示させることで、ゲリラ的に多くのユーザーを集客しているみたいね。

ええっ、そんなの意味あんのか・・・？
旅行情報サイトなのに、旅行に興味のない人を集客しても仕方がない気が・・・。

まあ、この「TRAVEL UP」というサイトは広告収益がメインみたいだし、ページビュー（PV）さえ集まればいいという考え方なのかもね。

あとは、「旅行」というテーマは老若男女、皆が興味のあるテーマだから、ゲリラ的に集客したあと、旅行に関する情報を訴求するという狙いもあるのかも。

へええ・・・。

episode 04 愛と論理のオウンドメディア

それにしても、このサイトすごいですね・・・。
すごくたくさんの記事がアップされています・・・。
こんなサイトを私たちが運営するのは大変そうですね・・・。

そうね。
あなたたちには旅館の経営という大事な仕事があるしね。

でも、安心して。
そうよね、ボーン？

ああ。
みやび屋が作るメディアは、"ショートカットプラン"でいくぞ。

ショートカットプラン！？

そうだ。
みやび屋が作るメディアは「量」ではなく
「質」の戦略でいく。

量より質・・・！？

ひとつひとつの記事の狙いを明確にし、
ムダな記事を投下せず、確実に成果をあげていくぞ。

確実に成果をあげていく・・・？

episode 04
愛と論理のオウンドメディア

「TRAVEL UP」の真似をする必要はないわよ。
だって、あなたたちのメディアの目的は、広告収益を得ることではなく、須原という温泉地のことを多くの人に知ってもらうことだもの。

「TRAVEL UP」みたいにいろいろなジャンルの記事を扱わなくてもいいの。
あなたたちのメディアは、温泉に関連したキーワードで上位表示さえすれば、目的を達成できるんだから。

温泉に関連したキーワードで上位表示・・・！
「温泉旅行　カップル」「温泉　夫婦旅行」とかで上位表示させるってことだな！

そうよ。これまで私たちが教えてきたとおり、それらのキーワードで検索する人の検索意図を満足させられれば、上位表示は難しくないわ。

温泉関連のキーワードで検索するユーザーを徹底的に満足させることを考えましょう！

はいっ！！

ただし、今回のオウンドメディアの目的は須原を多くの人に認知してもらうことだ。

ある程度のアクセスを集めないと、その目的は達成できない。

よって、検索経由のアクセスを増やすために、上位表示を狙うキーワードが"月に何回検索されているか？"という「検索回数」を意識しろ。

あっ・・・！
そっか・・・！

検索回数・・・？
その数字はどうすればわかるんですか・・・？

へっへーん。
アネキは知らねーだろうけど、Googleが提供してる"あるツール"を使えば、その数字はわかっちゃうんだよな。

オレもSEOについて学んだし、それくらい知ってるさ。

episode
04

愛と論理のオウンドメディア

そうだ。
そのツールとはこれだ。

キーワードプランナー!!

サーチ オブ「温泉 カップル」

KATAKATA KATAKATAKA

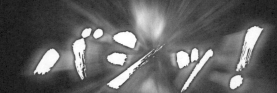

episode
04

愛と論理のオウンドメディア

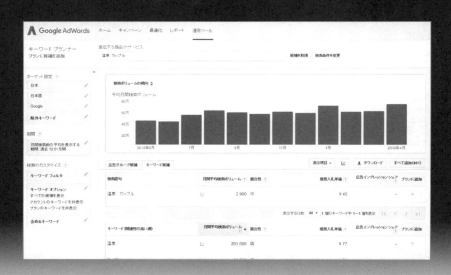

この画面は・・・？

これはGoogleが提供している「キーワードプランナー」というツールの画面だ。

> ● 説明しよう！ ●
>
> **「キーワードプランナー」**とは、Googleが提供している、**検索キーワードごとの月間検索回数を教えてくれるツール**である。
>
> このツールは元々、「Google アドワーズ」という検索連動型広告を出稿する際に使われるものだが、このツールで得られるキーワードごとの月間検索回数は、SEOを行う上でも参考になるのだ。
>
> ▶ Google アドワーズ キーワードプランナー
>   https://adwords.google.co.jp/keywordplanner

この「キーワードプランナー」を使えば、検索キーワードごとの月間検索回数がわかるの。

たとえば、「温泉 カップル」というキーワードだと2,900回で、「温泉 関東 カップル」というキーワードだと1,600回というように。

そんな便利なものがあるんですね・・・！

ふふふ。このツールの画面でいろいろなキーワードを入力してみるとおもしろいわよ。

え・・・と、じゃあ、「夫婦 旅行 おすすめ」っていうキーワードで検索してみます。

あっ！
260回検索されています！

ということは、「夫婦 旅行 おすすめ」というキーワードで上位表示したページで、みやび屋の「親孝行プラン」を紹介すれば、月に260人くらいの人に見てもらえるってことですね！

・・・それは甘い見積もりだ。

1位をとったとしても、実際はその検索回数の30％ほどのアクセスしか集まらないことが多い。

なぜなら、すべてのユーザーが検索結果の1位をクリックするとは限らないからな。

・・・！！
そ、そうなんですね・・・！

キーワードにもよるけど、一般的には検索結果1位のページは30％ほどのクリック率になることが多いの。

ただ、キーワードプランナーのデータはあくまでもGoogleだけのデータだから、Yahoo!のデータも想定すると、トータルの検索回数は**ツールに表示された数の2倍くらい**を想定するといいわ。

だから、もし、「夫婦 旅行 おすすめ」というキーワードで1位をとったとすると、**260×2×30%**ということで、約160くらいの想定アクセス数になるかしら。

へええ、そんなふうに計算するんだ・・・。

説明しよう！

通常、検索結果におけるクリック率は1位と10位とで大きく異なる。

ボーンたちは1位のクリック率を30%と想定したが、そのクリック率はあくまでも一般的なキーワードを想定した場合である。
たとえば、「みやび屋」などのブランド名検索の場合、1位にそのブランドのサイトが表示されているのであれば、クリック率はもっと高くなることが予測される。
つまり、クリック率はキーワードの種類によって異なるのだ。
(ちなみに、ボーンが使った30%という数字は、彼の過去の知見から導き出した予測値である)

もし、検索順位ごとのクリック率について興味があるのなら、以下のMozのサイトを見るといいだろう。
ただし、クリック率には絶対的な指標がなく、どのサイトにおけるデータも、あくまでも参考値として捉えることをオススメする。

▶ 参考記事：Google Organic Click-Through Rates in 2014（海外サイト）
https://moz.com/blog/google-organic-click-through-rates-in-2014

episode **04**

愛と論理のオウンドメディア

あ、さっき、サツキさんは、「夫婦 旅行 おすすめ」というキーワードで上位表示したページでみやび屋の紹介をするって言っていたけれど、今回作るオウンドメディアは、あくまでも"須原という温泉地を広く知ってもらうこと"が目的よ。

そのためには、みやび屋だけでなく須原のほかの旅館の宣伝にもつながるコンテンツを考えなくちゃね。

あっ・・・　そうでした・・・。

ひとまずは、みやび屋の売り上げにつながるキーワードのことは置いておいて、須原の宣伝につながりそうなキーワードを探してみない？

わかりました・・・！

あっ！
だったらさ、「露天風呂」ってキーワードはどうだい？
月に12,000回も検索されてるぜ。

月に12,000回！
だとすると、えーと・・・たしか、12,000×2×30％という計算で・・・。7,200！！

すごいアクセスが期待できるわ！！

そうね。
1位をとれれば・・・の話だけれど。

夢を壊すようでゴメンなさい。「露天風呂」というキーワードで1位をとるっていうのはちょっと大変かもよ。

なぜなら、**競合のページが強いから。**

競合のページが強い・・・？

えっ・・・！？
検索ユーザーの検索意図さえ満足させれば、どんなページでもカンタンに上位表示できるんじゃないのかよ！？

たしかに、どんなキーワードでも、検索ユーザーの検索意図を満足させることで、上位表示を狙うことはできるわ。
ただ、「露天風呂」と実際に検索すればわかると思うけれど、このキーワードの場合、検索ユーザーが満足するようなページがたくさん上位表示されている。
しかもそれらのページは、どれもそれなりに強いドメインで展開されているわ。

つまり、「露天風呂」で上位表示するということは、それらの強力なページと闘うことになるの。

そう言われたムツミとサツキは、「露天風呂」というキーワードで検索してみた。

むむっ・・・。
た、たしかに、すごいページばかりだ・・・。
どのページも情報がしっかり集められてる・・・。

・・・。「見やすさ」や「読みやすさ」だけでは闘えそうにないですね・・・。

そうよ。アクセスが期待できるキーワードほど、ライバルも気合いを入れてコンテンツを作っていることが多いわ。

episode
04

愛と論理のオウンドメディア

もちろん、だからといって「露天風呂」というワードで絶対に1位をとれないというわけではないんだけれど。

ただ、せっかくコンテンツを作るのなら、最初はある程度勝機のあるキーワードを狙っていくほうがいいわね。

勝機のあるキーワードかどうかって、どうやったらわかるんだ・・・！？

カンタンよ。

上位表示を狙いたいキーワードが見つかったら、そのキーワードで検索し、検索結果の1ページ目に表示されているページをチェックして、**"自分たちがそれらのページよりも検索ユーザーを満足させられるコンテンツを作れるかどうか？"** を自問自答してみればいいの。

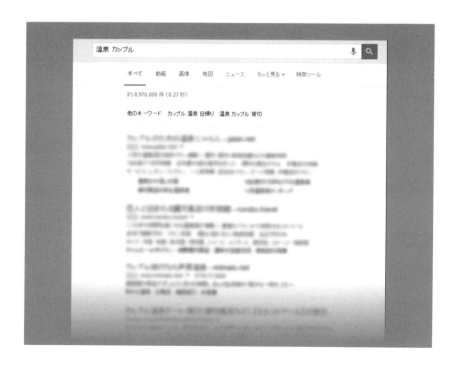

なるほど・・・！

そういや、以前もらったマインドマップでも、1位から10位までのページについて分析されていたな・・・。

基本的には検索結果の2ページ目以降は見なくてもいいわ。なぜなら、上位表示を狙うのなら、1ページ目に入ることを目指すべきだから。

2ページ目だとやっぱりダメなんですか・・・？

ええ、そうよ。
1ページ目に表示されるのと2ページ目に表示されるのとでは、アクセス数に雲泥の差が出てしまうから。

そんなに差が出るんですね・・・。

そして、1ページ目に上位表示している競合のページをチェックするときは、なぜそれらのページが上位表示しているのか？を徹底的に考えるんだ。

その裏にこそ、検索ユーザーの検索意図を満足させるための答えが隠されている。

検索ユーザーの検索意図を満足させるための答え・・・。

episode 04 愛と論理のオウンドメディア

・・・。

なぜ？ なぜ？ なぜ？ を繰り返し考え、突き詰めれば、そこに光明が見えてくる。

SEOに強いコンテンツを作るためには、**"論理的思考"**、すなわち、**"ロジカルシンキング"** が重要だということを忘れるな。

論理的思考・・・。

そういやあのときも・・・。

・・・お前はメジャーを目指しているんだろ？

ああ、そうさ。
オレたちの尖ったサウンドを、世の中に轟かせてやるんだ。

episode
04

愛と論理のオウンドメディア

それなら、"聴かせてやる"という考えを捨てろ。
"聴かせてやる"というスタンスでステージに上がり続けるかぎり、お前たちは自分たちの曲を客観的に評価できなくなる。

大切なのは、"ファンに聴いてもらうにはどうすればいいか?"を考えることだ。
ファンが求めているものが何かを論理的に考えた上で、自分たちの個性を足していく。

それができてこそ、プロだ。それができてこそ初めて、メジャーのステージに立てるアーティストになれるんだ。

・・・ったく、めんどくせーな・・・。

・・・ムツミ・・・。
オレは別にお前たちの目指すサウンドを否定したいわけじゃない。どんなものにも"個性"というものは必要だからな。

311

ただ、自分たちが奏でたいサウンドだけをがむしゃらに追い求めていてはダメだ。
ファンが何を求めているかを論理的に考えることは、表現のレベルを上げるための"**土台作り**"なんだ。
しっかりとした土台ができてこそ、個性ある表現は活きてくるんだ。

・・・つまんねーよ・・・。何が"論理的に考える"だ・・・。難しい言葉使ってんじゃねーよ。

episode 04
愛と論理のオウンドメディア

自分たちが奏でたいサウンドを目指さなくて、何がアーティストなんだよ。
そんな難しいこと考えなくても、自分たちが気持ちよくて、ファンも気持ちよくなれるような曲を作ればいいんだろ！？　そういう曲、作ってやるよ！

だから、そのファンがすでにお前たちのサウンドについてこれていないんだぞ。
このままがむしゃらに曲を作り続けてもダメだ。
一度、自分たちのサウンドを客観的に見つめ直してみろ。

っせーな・・・。

もう、いいさ！　プロデューサーのあんたがオレたちのサウンドのよさを理解してくんねーんなら、話になんねー。こんなレーベル辞めてやるよ！！

ムツミ！！　おいっ！！　どこへ行くんだ！！？

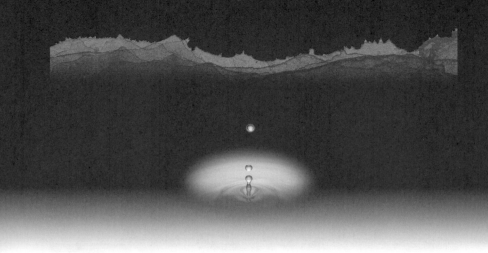

・・・あのさあ、せっかくのアドバイスに水を差すみたいで悪いんだけどさ・・・。

？

なぜ？ なぜ？ なぜ？ って、そんなふうに分析して作ったコンテンツが、本当に人の心を動かすのかよ？
あんまり考えすぎると、読む側はかえってどこかで冷めちまうんじゃねえのか？

ム、ムツミ、急にどうしたの？

だってさ、今の検索結果で上位表示してるページを分析するってことは、オレたちが作るコンテンツは結局競合のページに近いものになりそうじゃん？

えっ・・・？
そ、それはそうなのかもしないけれど・・・。

episode
04

愛と論理のオウンドメディア

episode
04

愛と論理のオウンドメディア

冷静に考えればさ、そんなの検索ユーザーは求めてないんじゃねーの？
前にボーンのオッサンが言ってたように、もっと"オリジナリティ"を出すことが大事なんじゃねーのか？

上位表示するページが似たようなページばっかりになったら、オレだったらウンザリするね。

えっ・・・。

・・・。

だからさ、あえて、ほかの競合とは違う形で、検索ユーザーの心に刺さりそうなコンテンツを考えるといいんじゃねーの？

そのためには、競合の分析ばかりするのはどうかと思うんだよね。分析はそこそこにしておいて、自分たちの個性を活かしたコンテンツを作る、とかさ。

そうだ、ボーンのオッサンたちは昨日、**"感情が大事"** って言ってたよな？

そうさ、感情さ！
論理とかややこしいことを考えるよりも、感情を込めたコンテンツこそが大事じゃねーのか？

episode
04

愛と論理のオウンドメディア

片桐さんのタイピング音が、まるで音楽のように聞こえてきます・・・！

ふふふ。
そう聞こえるのはね、ボーンが今、ムツミさんが書いた文章を感情を込めてリライトしているからよ。

315

episode 04

愛と論理のオウンドメディア

 感情・・・！？

 ええ。
人の心を動かすためには**「感情」**が必要だから。

 ・・・。

"自分たちの個性を活かしたコンテンツを作る"、
その考えには賛成だ。

・・・おっ！　やっぱ、そうなんじゃん！

ただし、"感情のおもむくままに作る"のであれば
反対だがな。

えっ・・・！？

ムツミとやら、
たしか、お前は元ミュージシャンだったな。

・・・ああ、それがどうしたってんだ。

・・・お前がミュージシャンとして大成しなかった
理由がわかった。

！？

い、いきなりなんだよ！！
オレのミュージシャン時代の話は関係ないだろ！？

お前はものづくりにおいて、
論理的思考は二の次だと考えている。

episode
04

愛と論理のオウンドメディア

それでは何を作ったとしても、
多くの人の心には届かない。

は、はあ？？

お前はエンターテインメントの
"本質"が何かを考えたことはあるか？

episode
04

愛と論理のオウンドメディア

エンターテインメントの本質・・・？

人々を感動させる音楽や映画、マンガ、小説。
そういったものは一見、作者の感情の赴くままに
作られているように見えるかもしれん。

しかし、実際のところ、それらは、徹底した論理的
思考、すなわち、ロジカルシンキングの上で作られ
ているのだ。

えっ・・・！？

たとえば、

どのような歌詞を書けば、リスナーの心に響くのか？

どのような構図で撮れば、観客の記憶に残るのか？

どのような展開にすれば、読者の心を高揚させられるのか？

プロの作り手はそういったことを考えるために、客のことを徹底して分析している。

だからこそ、彼らは多くの客に受け入れられるコンテンツを作り続けることができるのだ。

episode 04 愛と論理のオウンドメディア

・・・！

論理的思考を重ねたコンテンツだからこそ、その上に自分の"個性"という名の感情を乗せられる。

相手に受け入れ体制がない状態で、感情という名の"飛行機"を飛ばしたところで、その感情は相手の心には着陸できない。

まずは、相手の心のどの場所に、こちらの感情の"受け入れ先"があるのかを冷静に判断するのだ。

それこそが論理的思考が必要な理由だ。

相手の心の中に、
こちらの感情の"受け入れ先"を探す・・・。

そして、そのために大切となるのが、
相手への"**愛情**"をもつことだ。

愛情！？

相手が求めるものを考え抜くためには、
相手に対して誠実な関心を寄せる必要がある。

それはまさに、相手に対する"愛情"にほかならない。

！！

相手への愛があるからこそ、感情は伝わる。

相手への愛があるからこそ・・・　感情は伝わる・・・。

・・・な、なんだ、この心の奥底に響いてくる
メッセージは・・・。

相手が求めるものをどれだけ論理的に分析するか？
ということは、すなわち、相手にどれだけの愛を
注げるか？　ということと同義だ。

つまり、観客が求めるものを届けられる一流のエンターテイナーは、観客への愛にあふれているのだ。

！！！

・・・そ、そうか・・・。
オレが音楽で成功しなかった理由・・・。
客から見放されてしまった理由・・・。

いいものを見せてやろう。今から見せるマインドマップは、オレがコンサルティングをしている企業のあるWeb担当者が作ったものだ。

そのWeb担当者は、ひとつの記事を書くために、毎回このようなマインドマップを必ず作っている。

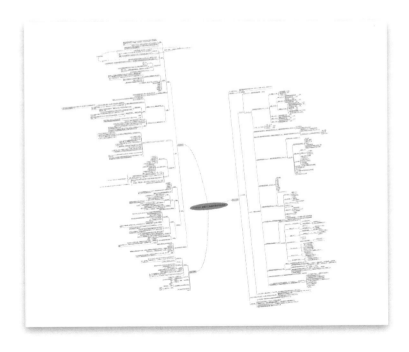

episode 04

愛と論理のオウンドメディア

321

な・・・　なんだこりゃ！！？

す、すごい情報量です・・・！！

このWeb担当者は毎回、読み手が必要とする情報が何かを徹底的に考えた上で記事を書いている。

このマインドマップがその思考の証だ。

そして、このようなマインドマップは、読み手への愛なくして作れるものではない。

読み手への愛・・・！

相手が何を求めているのかさえわかれば、こちらの感情を注げる場所も見えてくる。

それが見えれば、お前たちの個性を活かしたコンテンツ、すなわちお前たちの感情を活かしたコンテンツも、受け入れられやすくなるだろう。

・・・。

・・・わかったよ・・・。
論理的思考が必要だってこと・・・。

わかればいい。
"感情的な演出は、論理という土台の上でこそ成立する" ということを覚えておけ。

"感情的な演出は、論理という土台の上でこそ成立する"・・・!

話はここまでだ。
論理的思考の必要性を知ったお前たちに課題を与える。

課題・・・?

ムツミとサツキ、お前たちに3日やる。

それぞれ、オウンドメディアに投稿する記事のアイデアを考えてみろ。

えっ・・・!?

ちょ、ちょっと待ってくれよ。
アネキまで記事を書くのか？

**記事を書けとまでは言わん。
ただ、アイデアは多い方がいい。
サツキなら、アイデアくらいは出せるだろう。**

アイデア・・・。
か、考えてみます・・・！

ちょっと、アネキ、大丈夫かよ・・・？
考える暇なんてあるのか？

大丈夫よ！
ムツミにばかり頼ってちゃいけないし。

よし。では、ふたりとも、「須原の温泉地としての魅力を、幅広いユーザーに気付いてもらうための記事」のアイデアを考えてみろ。

ちなみに、この訓練はお前たちの思考力を高める訓練でもある。互いに相談することはせず、ひとりきりで考えることが条件だ。

ひとりきり・・・か。

了解したぜっ！

承知しました！

――その夜

episode
04

愛と論理のオウンドメディア

うーん・・・。
どんなアイデアにすっかな・・・。
アネキ、ちゃんとアイデア思い付いてんのかな・・・。

まあ、とにかくは、キーワードプランナーでキーワードを調べたあとに、検索結果で上位表示されてるページの分析だな。

 うーん・・・。
アイデアを考えるって本当に難しいわ・・・。

たしか、大事なのは読み手への愛だったわね。
読み手がほしがっている情報を、愛を込めて提供する
・・・か。

 愛・・・。愛・・・。・・・あれっ、もしかして、このアイデアいけるのかも・・・！

 ボーン、あのふたり、大丈夫かしら。

 さあな。

 **まあ、サツキは大丈夫だろう。
問題はムツミだな。**

・・・やっぱり。

ムツミは論理的思考の本質にまだたどり着けていない。論理的思考とは、「なぜ？」を考えるだけでなく、「どうなるか？」も考える必要があるからな。

ムツミはこれからこの旅館を引っ張っていかねばならない。そのとき真に必要となるのは、「なぜ？」という"原因を突き詰める力"だけでなく、「どうなるか？」という"結果を予測する力"なのだ。

episode 04

愛と論理のオウンドメディア

結果を予測する力・・・。

・・・。

── その頃、都内某所にて

episode 04
愛と論理のオウンドメディア

ふはははははは・・・！ そうか、「TRAVEL UP」の月間PV数が1000万を超えたか！

 遠藤様、素晴らしいですね・・・！

 ふははははは。これほどまでにカンタンにPVを伸ばせるとはな。キュレーションメディアというのは、なんとラクなものよ。

井上だ。
・・・うむ、うむ、よし、削除したか。

遠藤様、「TRAVEL UP」の外部ライターが作った「栃木の温泉旅館まとめ」に須原の温泉が入っていたため、削除させました。

よし。その調子で、我が社の全メディアから「須原」の文字を消してしまうのだ。温泉地としての須原の知名度をどんどん下げていってしまえ。

ははーっ！

僭越ながら、遠藤様。
やはりヤン様はあの旅館を・・・。

ああ、ヤン様はみやび屋をつぶすおつもりだ。
あの小娘も運が悪かったようだな。
ヤン様に狙われてしまってはもう逃げられない。

本当に恐ろしいお方だ。

おっしゃる通りで・・・。

くくく・・・。ボーンよ、今度ばかりはお前もおしまいだ。
我々の手のひらの上で滑稽に転がるがよい。

はーっはっはっはっは！！！

episode 04

愛と論理のオウンドメディア

episode 04

愛と論理のオウンドメディア

次回予告

ボーンとヴェロニカが説いた「論理的思考（ロジカルシンキング）」の大切さ。
その教えのもと、ムツミとサツキは記事のプランニングに挑戦し始める。

しかし、ボーンはムツミの姿勢に、ある危機感をもっていた。

果たして、みやび屋のオウンドメディアは無事に立ち上がるのか？
そして、そのメディアは、須原の危機を救うのか？

episode 05　次回、沈黙のWebライティング第5話。
「秩序なき引用、失われたオマージュ」

今夜も俺のタイピングが加速するッ・・・!!

ヴェロニカ先生の特別講義

論理的思考をSEOに結び付ける

「すべてのことには理由がある」。偶発的に起こった出来事も、突き詰めれば、その出来事が起こった"理由"があるはずよ。その理由を「なぜ？」「なぜ？」「なぜ？」で解き明かしていく力が、**論理的思考力**。この解説では、その論理的思考を用いて、SEOで成果が出やすいコンテンツ作りの本質から、論理的思考力を高めるためのノウハウまでを考えてみるわ。

■「専門家ほど何を言っているのかわからない現象」とは？

「その道のプロが作ったコンテンツなのに、上位表示されない」というケースをよく耳にします。この背景には、**専門家は論理をショートカットしやすく、万人にとってわかりやすい文章を書くことが苦手**ということがあります。

そもそも、専門家が情報を発信するターゲットの多くは、同業の専門家やその分野に詳しい人たちです。そうなると、専門家の作るコンテンツは一般の人たちにとってハードルの高いコンテンツとして受け取られてしまいます。

「ワイン 選び方」というキーワードで検索する場合を想像してみましょう。このキーワードで検索するユーザーの多くは一般の人です。一般の人は美味しいワインを選びたいだけであって、難しい専門用語が飛び交うようなウンチクを知りたいわけではありません。たとえば、赤ワインに関する解説をする際には「フルボディ」や「ミディアムボディ」といった言葉が出てきますが、これらの言葉を用いる際には、それぞれの言葉が何を表しているのかを説明しておく必要があります。

Googleは検索ユーザーの利便性を最優先に考えます。専門家のコンテンツは情報の質としては素晴らしいのですが、その分野についてすでに詳しい人が作るコンテンツであるがゆえに、"一般の人はどういうことがわからないのか？"ということに、鈍感になりやすい傾向があります。

もちろん、専門家の中には一般の人たちにもわかりやすいように、知識を噛み砕いてコンテンツを提供している場合もあります。そのようなコンテンツは、ユーザーの利便性を担保しているため、上位表示されやすいでしょう。

つまり、**専門的な知識になればなるほど、一般の人たちに届ける際には、噛み砕いてわかりやすく説明する**ということが必要になるのです。

331

ターゲットによって情報を噛み砕く「粒度」は変わる

先ほどはワインに関するキーワードについて取り上げましたが、たとえば、音楽制作に関連したキーワードで上位表示を目指すコンテンツを考えてみましょう。

音楽制作に関連したキーワードには、「ミックスダウン」や「マスタリング」といったものがありますが、一般の人たちはこれらのキーワードでほとんど検索しません。それらのキーワードで検索する人のほとんどは、音楽制作にある程度詳しい人たちです。よって、音楽制作というテーマで上位表示を狙うコンテンツを作る際は、一般の人たちが理解できるほどに噛み砕いて説明する必要はないのです。

つまり、情報を噛み砕く**「粒度」**は"**どんな人たちをターゲットにするか？**"によって変わってきます。たとえば、もともとある程度そのテーマに詳しい人たちをターゲットにしているコンテンツなのに、それをムリに細かく噛み砕いてわかりやすく解説しようとすると、逆にコンテンツが冗長になり、読みづらくなってしまいます。

わからない言葉・知識が出てこないようなコンテンツ構成

何かのキーワードで上位表示したいのであれば、そのキーワードで検索する人たちにとってわからない言葉や知識が出てこないようにコンテンツを構成するとよいでしょう。そうすれば、その人たちがコンテンツを見ている際、わからない言葉や知識があるからといってほかのページに移動することが少なくなります。そういったコンテンツを言語化すると、以下のようなコンテンツだといえます。

> ターゲットとなるユーザーが知りたいと思っている情報を、どこよりも迅速かつ的確に、わかりやすく解説したコンテンツ

"誰"が作ったか？という「信頼性」が大事

どんなコンテンツにも、そのコンテンツを作った人や企業の存在があります。したがって、コンテンツを見る人たちは「このコンテンツを作った人は信頼できるのか？」「このコンテンツを運営している企業は信頼できるのか？」という視点でコンテンツを評価します。

そこで重要になるのが、コンテンツの作り手の**「信頼性」**です。**"何"を言うかよりも、"誰"が言うかが大事**という言葉がありますが、まさに、SEOにおいても、"誰"がそのコンテンツを作ったか？という視点が重要なのです 図1 。

図1 「ナースが教える仕事術」の場合、記事冒頭で"誰"がこの記事を書いているかを明示している

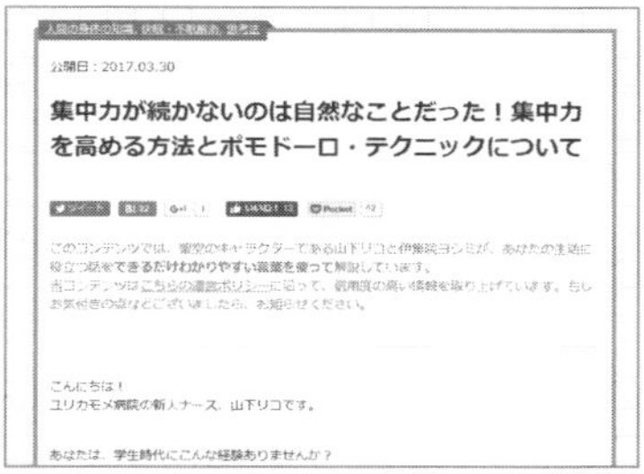

架空のキャラクターが話者ではあるが、信頼度の高い情報を扱うために守っているポリシーについて伝えている

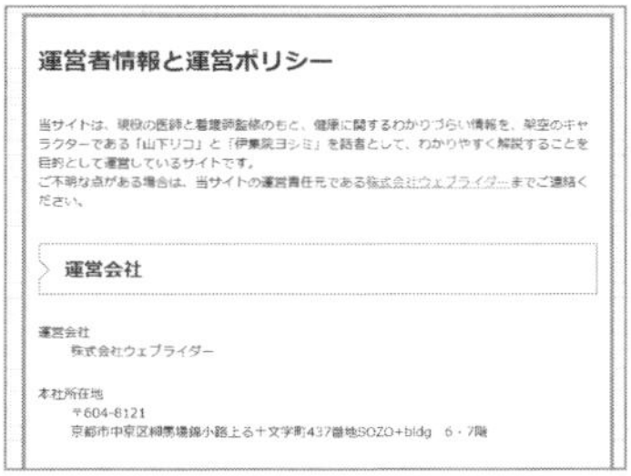

運営者情報ページには、運営会社情報と監修者の名前などをしっかり掲載することで、信頼されるコンテンツ作りを目指している

コンテンツ内で扱う情報の「信頼性」も大事

どんなに信頼できる人が作るコンテンツでも、そのコンテンツで扱っている情報が間違っていれば、結局コンテンツの信頼性は落ちてしまいます。そのため、コンテンツ内で扱う情報の信頼性にも気を遣いましょう。

たとえば、「ナースが教える仕事術」というコンテンツでは、情報元は信頼できるものだけに限定し、参照・引用しています 図2 。

図2 参照・引用元に関する信頼性のピラミッド

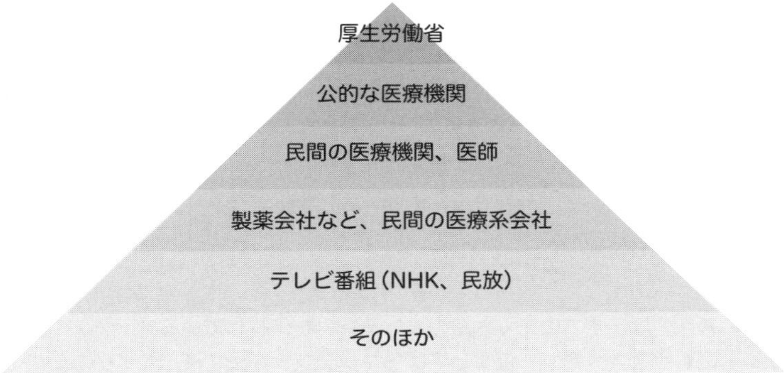

厚生労働省

公的な医療機関

民間の医療機関、医師

製薬会社など、民間の医療系会社

テレビ番組（NHK、民放）

そのほか

「ナースが教える仕事術」で健康系記事を扱っていた際に明示していた、参照・引用元の信頼性をピラミッド化した図。健康に関する情報には細心の注意を払う必要があるため、「ナースが教える仕事術」はこのピラミッドをもとに情報を参照・引用し、医師や看護師の監修を交えて、信頼できる情報発信に努めていた

333

情報の「鮮度」も信頼性につながる

コンテンツで何らかの情報を扱う際は、その**情報の鮮度**も重要です。

もし、その情報が古い情報であるとわかれば、読み手からの信頼性は下がってしまいます。そのため、何らかの情報を扱う際は、できるかぎり定期的にアップデートし続けたほうがよいでしょう。

また、そのコンテンツがいつ作られたものか？いつ更新されたものか？という日付の記載にも細心の注意を払いましょう 図3 。

図3　情報の鮮度を示す例
「知らないと損をするサーバーの話」では、更新された記事に関しては、記事の冒頭に更新日を記載している

ターゲットが何を求めているのかを徹底的に考える

第1話で、SEOを成功させるためには、上位表示を狙うキーワードで検索するユーザーの「検索意図」を考えることが大事だとお伝えしました（P91参照）。

それを踏まえると、SEOに強いコンテンツを作るためには、次のような思考プロセスが必要になることがわかります。

> ❶ そのコンテンツを届けたいターゲットは誰か？を考える
>
> ❷ そのターゲットとなるユーザーは、何のキーワードで、どんな意図をもって検索するか？を考える
>
> ❸ そして、その意図で検索するユーザーは、どんなコンテンツを求めているか？を考える
>
> ❹ そのコンテンツと、自分たちが作ろうとしているコンテンツにズレはないか？をあらためて考える

この考え方は、すでにたくさんのコンテンツを保有しているメディアや企業サイトにもオススメです。保有しているコンテンツが上位表示していないのであれば、上記の視点でコンテンツを分析し、ターゲットとしている人たちの求めているコンテンツとズレがないかを確認しましょう。

SEOで成果を挙げるためのコンテンツは、やみくもに作ってはいけません。

"誰に届けるか？"を考えて作る必要があるのです。そして、それを考えるから こそ、相手の検索行動に興味をもち、ユーザー目線でのSEOが可能になります。

検索ユーザーや検索エンジンに評価されるコンテンツの本質

ここまで、SEOに強いコンテンツの本質を論理的思考を用いて紐解いてきま したが、あらためて、整理してみます。

検索ユーザーに評価され、検索エンジンにも評価されるコンテンツとは、以 下のような条件を満たしたコンテンツだと定義付けられるでしょう。

1 検索ユーザーの検索意図に合っている

2 検索意図を満足させるような専門的な知識を、どこよりもわかりやすく 解説している

3 検索ユーザーが求める情報を網羅的に扱っており、ほかのページへ移動 する必要がない

4 コンテンツで扱っている情報が信頼できる

5 コンテンツの作り手に関する情報が公開されており、その作り手が信頼 できる

論理的思考を行う際は、「因数分解」を意識する

何かの知識を噛み砕くためには、その知識がどういった情報から構成されて いるのかを「因数分解」することが大切です。

因数分解する際は、以下の方法で情報を噛み砕いていきましょう。

● 大きいものを小さく分解する

● 曖昧なものをより具体化する

● 結果が生まれた原因・理由を考える

● そもそも論で考える

● とにかく「問い」を投げ続ける

ヴェロニカ先生の特別講義　論理的思考をSEOに結び付ける

この5つの方法を用いれば、たとえば「SEO」という言葉を次のように噛み砕くことができます。

- SEOとは「Search Engine Optimization」の略
- 「Search Engine Optimization」とは日本語に直すと「検索エンジン最適化」
- 検索エンジン最適化とは、検索エンジンにとって最適な状態のサイトを作ること
- 日本における検索エンジンとは、ほぼGoogleのことだと言ってよい
- だから、検索エンジンにとって最適な状態というのは、Googleに評価されやすいサイトを作ること
- サイトとは、WebページやWebコンテンツの集合体
- Googleに評価されやすいサイトとは、すなわち、Googleに評価されやすいWebページやWebコンテンツの集合体のこと
- そもそも、Googleはどのようにサイトを評価するの？
  →Googleは自社のビジネスのために、Googleを使うユーザーの満足度をとにかく高めるべく、検索の精度を上げ続けた。そして、その結果、圧倒的なシェアを獲得し、Googleがなくなっては困る世の中を作り上げた
- Googleを使うユーザーの満足度って何？
- そもそも、Googleを使うユーザーって何のために使ってるの？
  →Googleを使うユーザーは、自分の質問や悩みを迅速に解決したいがために、Googleを使う
- それってそもそもGoogleよりも迅速に自分の質問や悩みを解決してくれるサービスがあれば、Googleはいらないよね？
  →たしかに、そんなサービスがあればGoogleはいらなくなるかもしれないけれど、現実的にそんなサービスは生まれそうにない。もし、そんなサービスが生まれるのなら、Google側から生まれそう

この因数分解という行動は、第3話の解説で紹介した「セルフディスカッション」にも通じます（P264参照）。**何かの言葉を導き出すためには、「問い」が必要**です。**その「問い」が鋭ければ鋭いほど、鋭い意見、鋭い"気付き"に出会えます。**

たとえば、上記の因数分解の例で言えば、「そもそもGoogleよりも迅速に解決してくれるサービスがあれば、Googleはいらないよね？」という言葉が、鋭

い"気付き"に該当するでしょう。

　セルフディスカッションや因数分解を行うときは、この「問い」を意識して、どんどん情報を噛み砕いていくとよいでしょう。

■ 主張は「具体性」をまとうことで、訴求力が高まる

　ひとつの主張に対して因数分解を行うことで、その主張の「具体性」を高めることができます。具体性が高まると、主張は相手に伝わりやすくなります。

　たとえば、どんなに美味しい料理も「美味しい」というひと言だけでは、具体的にどう美味しいかがわかりません。その状態では、いくらあなたが「あの料理は美味しいんだよ。食べに行こうよ」とまわりを誘っても、まわりからの反応は薄いでしょう。料理の美味しさを伝えたいのであれば、**その美味しさに見合った具体性、すなわち具体的な説明が必要**なのです。

　因数分解とは、その具体的な説明を見つけ出すためのプロセスでもあります。

A：主張に具体性がない例

株式会社ウェブライダーはSEOに強い。
だからコンサルティングを発注してみたらいいのでは？

B：主張に具体性がある例

株式会社ウェブライダーは新規ドメインかつ2ヶ月半という短い運営期間にもかかわらず、多くのキーワードで上位表示したワインに関するメディアを運営している。
そのメディアは「父の日ワイン」「チリワイン」「サングリア」などのキーワードで上位表示。しかも、記事数がたった12記事にもかかわらず、たくさんのトラフィックを獲得している理由は、徹底したユーザー思考にある。
ユーザーがどんなコンテンツを求めているか？を考え、ユーザーの気持ちになってコンテンツを考え抜く。そのため、彼らはアウトプットよりインプットに時間を割くそう。その割合は2：8だとも聞いた。
量産主義のメディア担当者こそ、ウェブライダーのコンサルティングを受けてみてはどうだろうか？

　このふたつの主張のうち、訴求力があるのは明らかにBです。

　さらに言えば、もし、このBの主張を見た人がメディアの運営者であり、記事を量産し続けているものの、なかなか成果に結びついていないのであれば、訴求力はさらに高まります。なぜなら、Bの主張の中にはメディアの運営者に響くような記述が多く、**"自分事"**につながりやすいからです。

つまり、何かを因数分解する際には、他人の**"自分事"**となるような要素を見つけ出すようにすると、いざ主張を具体化した際に、より多くの人の心に響く主張を作り上げることができます。

説得ではなく"納得"してもらう文章の組み立て

主張を支える具体的な言葉が読み手の"自分事"になれば、読み手はその言葉が作り上げる主張を"自分事"と感じ始めます。そうなればやがて、**読み手はあなたの主張に"納得"する**でしょう。

"納得"は"説得"とは異なります。説得とは相手を説き伏せることを指しますが、納得とは、相手が自分の意志で他人の意見を理解することです。ビジネスにおいて大切なのは"人を動かす"こと。人を動かすためには、相手を説得しようとするのではなく、相手に自分で"納得"してもらうことが大事です。

論理的思考を鍛えるには、長い論理に触れることが大事

論理的思考を鍛えたい場合は、できるだけ長い論理に触れる機会を増やしましょう。

たとえば、次のことを意識して行動することはオススメです。

❶ Webの記事ではなく、書籍を読む

❷ 誰かと60分以上、ディスカッション、ディベートを行う

❸ 60分以上の長時間のプレゼンを経験する
　（企画提案、セミナーへの登壇など）

一般的に、プレゼンが得意な人は論理的思考に優れている傾向があります。なぜなら、プレゼンには、こちらの主張を相手にわかりやすく届けるための論理的な説明が求められるからです。

プレゼンは長い時間になればなるほど、聞き手の集中力を維持させつつ、主張を伝えるスキルが必要になります。よって、聞き手にとってわかりづらい説明をしてしまうと、プレゼンの評価はよくないものになってしまいます。

また、セミナーなどでのプレゼンは、決められた時間内で、こちらの主張を伝える必要があります。時間という制約の中でベストなパフォーマンスを発揮するためには、聞き手が何を求めているのか？をしっかり分析した上で、プレゼンにのぞまないといけません。

そういったことを考えると、長時間のプレゼンを経験するということは、何事にも代えがたい論理的思考のトレーニングになるのです。

実は、プレゼンと記事の作成は似ています。プレゼンも記事も、目標となるのは、**相手にこちらの主張を届け、納得してもらう**ことだからです。

また、Webの記事ばかり読んでいる方は、書籍を読むことをオススメします。Webの記事が悪いわけではありませんが、Webの記事は短いものが多く、長い論理を考える力を身に付けるには向いていません。

最近では、1万、2万字といった長文の記事もWeb上でよく見かけますが、中には論理が破綻しているような記事もあります。なぜなら、Webでは素人の方も記事を公開しているからです。そういう記事を読んでいては、論理的思考は鍛えられません。

書店に行けば、プロの編集者の手が入った、論理に一貫性のある書籍がたくさんあります。10万字を超える書籍を完読するということは、読書に慣れていない人には大変かもしれませんが、**長い論理に触れる**ことでこそ気付く視点は多いはずです。ぜひ、読書に時間をとるようにしてください。

■ 長い論理を伝える際は、ところどころで「要約」を入れる

長い論理を相手に伝えようとすると、最初に伝えていた論理が忘れられてしまい、全体の論理がぼやけてしまうことがあります。そうならないためにも、ところどころで「要するに」という**「要約」を入れましょう** 図4 図5 。

図4 文章中での「要約」の使用例①
各セクションの合間に、それまで解説してきた内容を振り返る要約を入れている

知らないと損をするサーバーの話「Web担当者なら絶対に知っておくべき！サイトを守るためのWebセキュリティ対策 3つの盾」
https://www.cpi.ad.jp/column/column07/

ヴェロニカ先生の特別講義 ── 論理的思考をSEOに結び付ける

図5 文章中での「要約」の使用例②
長い論理を伝える際には、それまで解説してきた内容を時々振り返っている

沈黙のWebライティング「第3話 リライトと推敲の狭間に」
http://www.cpi.ad.jp/bourne-writing/elaboration/

■ すべてのことには「理由」がある

　仕事ができる人や、誰かとコミュニケーションをとることが上手い人は、総じて論理的思考力が高いものです。何かトラブルが起きた際、「なぜ、そのトラブルは起きたのか？」を考えて対処できますし、何か新しいことを始める際も、「これを始めると、どうなるか？」ということを予測できるため、失敗するリスクが低くなります。

　そういうと、論理的思考は万能な武器のように思われがちですが、注意しなければいけないことがあります。それは、世の中には"不合理"なことが多いということです。不合理とは、"理"に適っていない状態を指します。つまり、あなたが考えている論理が通じない場面は多い、ということです。

　たとえば、**世の中は論理だけでなく、感情でも動いています。**あなたがどれだけ論理的な説明をしても、あなたに対して嫌悪感を抱いている人が相手では、そもそもあなたの話を聞いてくれないでしょう。**"何"を伝えるかよりも、"誰"が伝えるか**のほうが重要な場面は多いのです。

　ただし、不合理に思えるようなことにも、必ず**"理由"**があります。不合理という言葉は、あくまでも、あなたの論理に適っていない状態を指す言葉。"理由"がないという意味ではありません。あなたが遭遇した出来事は、あなたの論理から見て不合理なのであって、ほかの人の論理からすれば理に適っているというケースは往々にしてあるのです。

そもそも、**論理は立場によって変化**します。自分の論理が通じないのであれば、他人の立場に立ち、他人の論理について考えてみることも大事です。そうすれば、一見不合理に見えることも、それを解決する糸口が見えてくるはずです。そして、他人の論理について考えるということは、他人に対する愛情をもつということにほかなりません。

　もし、誰かと何かのトラブルが起きた際には、相手がどんな論理をもっているかを考え、その論理に沿ったベストな解決策を講じるとよいでしょう。

ヴェロニカ先生のまとめ

1. SEO向けコンテンツを作る上では、ターゲットにとってわからない言葉・わからない知識が出てこないことを意識する。
2. SEO向けコンテンツには、「信頼性」も大事。
3. 論理的思考を行う上では、「因数分解」を意識する。
4. 主張は具体性をまとうことで、訴求力が高まる。
5. 相手を説得するのではなく、"納得"させるイメージで文章を組み立てる。
6. 論理的思考を鍛えるためには、長い論理に触れることが大事。
7. 長い論理を伝える際は、ところどころで「要約」を入れる。
8. すべての人を納得させる論理はないが、すべてのことには理由がある。

ヴェロニカ先生の特別講義　論理的思考をSEOに結び付ける

[前回までのあらすじ]

お前は読み手に対する愛が足りていない！

ボーンの指摘により、ミュージシャンだった頃の苦い出来事を思い出したムツミ。

そんなムツミは、サツキといっしょにオウンドメディアの記事のアイデアを出すよう、ボーンからの指示を受ける。

その頃、みやび屋に向かう、ひとりの男の姿があった。

黒いベストを風になびかせつつ、空港に降り立ったその男。
男の来訪はみやび屋にとって、どんな運命をもたらすのか・・・？

今、物語のインデックスはさらなる加速を遂げようとしていた・・・！

episode 05

秩序なき引用、失われたオマージュ

—— 空港にて

ふうっ、久々の日本だぜ。

episode
05

秩序なき引用、失われたオマージュ

・・・シンガポールに比べると、この国の空気は
カラっとしてやがる。

さて・・・と。
ボーンのアニキがいる場所は、栃木の須原だったか。

しかし、まさかボーンのアニキがこのオレに連絡を
よこすなんてな。

フッ、ハイパーWebデザイナーもとい、
ハイパーWebディレクター高橋の成長した姿を
見せてやるぜ・・・！

―― その頃、須原では

約束の3日目だ。サツキにムツミ、お前たちの考えた記事のアイデアを聞かせてもらおう。

は、はい！

今回、ふたりに考えてもらったアイデアのテーマは「須原の温泉地としての魅力を、幅広いユーザーに気付いてもらうための記事」だったわね。

episode 05

秩序なき引用、失われたオマージュ

・・・へっ、ボーンのオッサンはオレのことを低く評価してやがるみてーだが、今日のオレのアイデアを聞けば舌を巻くはずだぜ。

まずは、ムツミ、お前のアイデアから聞くとしよう。

おっ、オレから発表するってわけね。
いいぜ。

オレの考えた記事のアイデアはこれさ！
『息を飲むほどに美しい！　国内の美しすぎる温泉旅館写真まとめ』

episode
05

秩序なき引用、失われたオマージュ

345

episode
05

秩序なき引用、失われたオマージュ

・・・。

温泉旅館の写真のまとめ記事ね。

ふふふ。それだけじゃねえさ。
国内の温泉旅館の写真をまとめた記事の中で、須原の旅館の美しい写真も入れる。
そうすれば、ほかの旅館の写真を"引き立て役"として、須原の素晴らしさを伝えることができるだろ？

引き立て役・・・。

あっ、言葉は悪かったかもしれねーが、もちろん、
ほかの旅館の写真も須原に負けないくらいに美しい写真をチョイスするぜ。
そうすれば、写真で旅行先を選ぶ人たちには、ブックマークしたい記事になるだろ？

ムツミの記事のアイデア、素敵ね。
私、写真を見るのが好きだから、たしかに、そんな記事があれば見てみたいわ。

へっへー。
ちなみに、この記事は「温泉旅館」っていうビッグなワードで上位表示するつもりなんだ。
「温泉旅館」というキーワードは競合がすげー多いから、上位表示はかなり厳しいとは思ったんだけど、この記事のようにとびきり美しい写真がたくさん並んでいれば、温泉旅館を探す人にとって、ぜひ見てみたい記事になるだろ？

「温泉旅館」というキーワードで検索する人たちは、特定の旅館を探そうとしているわけではなく、**"国内にどんな温泉旅館があるのか？"** を知りたがっている、さらにいえば、**"国内でぜひ泊まってみたい素敵な温泉旅館"** を探しているわけだからな。

たしかに・・・！

検索意図に合った情報で論理をカバーし、写真の美しさで感情を揺さぶるってわけさ！

すごいっ！

ヘヘヘ・・・。
決まったな・・・！

・・・ちなみに、その美しい写真とやらはどうやって集めるんだ？

episode **05**

秩序なき引用、失われたオマージュ

いい質問、サンキュ！
それもちゃんと考えてますよ〜っと。

全国の温泉旅館のサイトや、温泉愛好家のブログから、写真を『引用』して使わせてもらうのさ。

！？

・・・。

引用・・・？

ああ、そうさ。
前に見つけた「TRAVEL UP」ってメディアがあっただろ？
あのメディアではたくさんのキレイな写真が使われていた。
で、どうやってあんな写真を集めているんだろと不思議になって調べてみたら、どのページも『引用』という方法を使って写真を掲載していたのさ。

episode 05
秩序なき引用、失われたオマージュ

そうなのね。その『引用』って方法を使えば、他人のブログの写真を掲載してもいいんだ。

そうみたいだぜ。
「TRAVEL UP」以外にも、いくつかのキュレーションサイトで同じような方法で写真が掲載されていたからな。

キュレーションサイト？

いわゆる**"まとめサイト"**のことね。

episode
05

秩序なき引用、失われたオマージュ

・説明しよう！・

「**キュレーションサイト（通称：まとめサイト）**」とは、インターネット上にあるコンテンツ（文章、画像、動画など）をまとめたサイトのことである。

コンテンツをまとめる人を「**キュレーター**」と呼び、大規模なキュレーションサイトには大勢のキュレーターが存在し、多くの"まとめ記事"が作られている。

ちなみに、キュレーターという言葉は、元々はアートの世界で使われている言葉であり、美術館などで開かれる展示会などを企画する人のことを指している。

アートの世界のキュレーターも Web の世界のキュレーターも、基本的には**"世に眠る良質なコンテンツをより多くの人に知ってもらいたい"**という思いのもとで活動をしているが、Web の場合には、自身が関わるキュレーションサイトにアクセスを集めることで手に入る"広告収入"のために活動しているキュレーターも多い。

あ！
そういうホームページよく見かけます！

そうよ、今、キュレーションサイトが増えているの。

episode 05　秩序なき引用、失われたオマージュ

さっきムツミさんも言ったとおり、「TRAVEL UP」というサイトもキュレーションサイトのひとつね。

キュレーションサイトか・・・。
でも、アクセスを集めるために写真を引用された人たちって、どういう気持ちなのかしら・・・。
自分たちが一生懸命に撮影した写真を勝手に使われているわけだし・・・。

・・・では、サツキのアイデアも聞こう。

あれ・・・？
オレのアイデアに対する反応ってそれだけ・・・？

え、えと・・・。私は「マインドマップ」を使って記事のアイデアを考えてみました。

あら！
そうなのね。

は、はい。
私、企画とかを考えることが苦手なので、自分のアイデアをじっくり掘り下げて考えられるマインドマップという方法が合っている気がしたんです。

ボーンさんと初めて会ったとき、ボーンさんが作られたマインドマップを見て、「こんな方法もあるんだ！」って感動して・・・。

見よう見まねなので、自分のマインドマップの作り方が正しいかどうかはわからないんですが・・・。

大丈夫よ。
マインドマップの使い方は人それぞれだから。

ありがとうございます・・・！

で、では、お見せします。
これが私の考えたアイデアです。

episode
05

秩序なき引用、失われたオマージュ

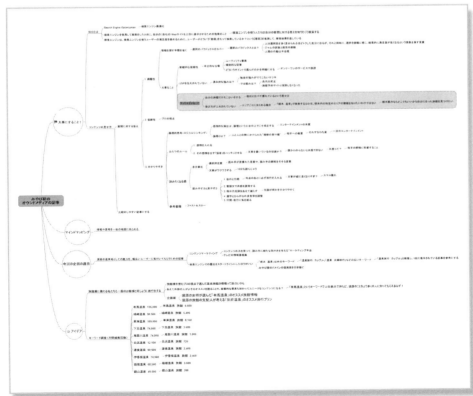

・・・しっかりまとまっているじゃない！

・・・。

ドキドキ・・・。

・・・サツキ、よく考えたな。
いいアイデアだ。

・・・　えっ・・・！
あ、ありがとうございます・・・！！

あれっ！？　アネキのアイデアが褒められてる・・・。
ちょっ、オ、オレのアイデアはどうなんだよ・・・！？

サツキさんのアイデアは、
須原で働く人たちに、あえて須原以外の温泉地の中から
オススメの旅館を教えてもらうというものね。

は、はいっ・・・！

着眼点が素敵だわ。

なぜこのアイデアに至ったのか、
お前の口から詳しい説明を聞くとしよう。

は、はいっ・・・！
え、えと・・・。
私は須原の地で旅館を経営していますが、お客様と同じように旅行をすることが大好きです。
多分、私だけでなく、旅館の仕事に関わるほかの人たちも、旅行が好きだと思っています。

そう考えたとき、旅館の仕事に関わる人たちが、プロならではの視点で、全国の旅行先の楽しみ方について話すのっておもしろいかもと思ったんです。

なるほどね。

たとえば、"須原の女将が選んだ「有馬温泉」のオススメ旅館情報"や、"須原の旅館の支配人が考える「別府温泉」のオススメ旅行プラン"というような記事があったら、とても読んでみたいなって。

普通は、有馬温泉に関する記事だったら、有馬温泉に関わりのある人たちがその魅力を語ることが多いと思うんですが、**あえて外部の人がオススメを語る**ことで、客観的な視点が加わって、その地で働く人たちが気付いていない魅力を発信できるんじゃないかな、って思ったんです。

そして、もし、その記事が有馬温泉の情報を知りたい人たちにとって有益な内容になれば、「有馬温泉」というキーワードで上位表示できると思ったわけね。

episode 05

秩序なき引用、失われたオマージュ

353

episode
05

秩序なき引用、失われたオマージュ

「有馬温泉」というキーワードの月間検索回数は135,000回だから、もし上位表示できたら、すごいアクセスが期待できるわ。

はい・・・！
そして、その記事の中で、「有馬温泉もいいけれど、須原温泉もいいよ」といったちょっとした宣伝が入れば、須原に興味をもってくれる人が増えると思いました。

いいアイデアだわ。
ふふふ、まさか、一般的なワードではなく、ブランドワードでの上位表示を狙おうとするなんてね。

サツキさん、コンテンツプランナーの素質があるわ。
マインドマップを使ってしっかり掘り下げて考えただけあるわね。

あ、ありがとうございます・・・！
今回、マインドマップという方法を試してみて、物事を深く掘りさげればアイデアって浮かびやすくなるんだって気付けました。

ふふふ、そこにたどり着けたのなら、大きな成長ね。

ちょっ・・・、なんでヴェロニカさんもボーンのオッサンもアネキのアイデアばかり褒めてるんだよ・・・！？
アネキの記事なんて、須原にいる人たちに「須原以外だと、どの温泉が好きですか？」っていちいち聞いて回る必要があるわけだから、作るのが大変じゃねーか・・・。

・・・さて。ふたりの記事のアイデアを聞かせてもらったわけだが、あらためて感想を言わせてもらおう。

・・・・！

ドキドキ・・・！

サツキのアイデアは合格だ。
しかし、ムツミ、
お前のアイデアはダメだ。

episode 05
秩序なき引用、失われたオマージュ

episode
05

秩序なき引用、失われたオマージュ

え！！？　な、なんでだよ！！？

論理的思考は"なぜ？"だけを考えるものではない。
"どうなるか？"も考える必要があるからだ。

"どうなるか？"も考える・・・！？

お前は自分の考えたコンテンツが、
公開後に"どうなるか？"をしっかり考えたか？

ど、どうなるかっていわれても・・・。
そりゃ、検索結果で上位表示してアクセスが集まって、
須原の知名度が上がってだな・・・。

甘い。お前のコンテンツは
集客以前に大きな問題をはらんでいる。

大きな問題・・・？！

お前は世の中のコンテンツに対する愛が足りない。
すなわち、"敬意"を払っていないのだ。

なっ・・・！！？

"コンテンツに対する愛が足りない・・・！？"

ど、どうしてだよ！？
オレの考えた記事は、読み手が「読みたい！」と思う記事のはずだぜ！？
読み手への愛は十分なはずだぜ！？
一体、オレの記事の何がいけねえんだ！？

お前はさっき、外部のサイトから写真を『引用』すると言ったな。
その引用はどのようにして行うんだ？

どのようにして行うって聞かれても・・・。

episode
05

秩序なき引用、失われたオマージュ

357

「TRAVEL UP」ってサイトみたいに、ページに掲載した写真の下に**"出典"**のリンクを張るつもりだけどな・・・。

・・・ちなみにその引用は、写真の著作者にきちんと許可をとって行うのか？

えっ・・・？
ちょ、ちょっと待ってくれよ・・・。
いちいち許可なんてとっていたら大変じゃねーか。
出典さえ明記していれば、連絡なんてしなくても大丈夫じゃねーのか？

episode
05

秩序なき引用、失われたオマージュ

やはりな。

**ムツミ、お前は、
"コンテンツの作り手への敬意"に欠けている。**

作り手への敬意・・・！？

ムツミさん、よく考えてみて。
たとえば、あなたが自分のブログに掲載するための写真を撮影したとするわね。
もし、その写真を撮影するために、たくさんの時間をかけて準備をしたり、経費を使っていたとしたら、
自分の写真が勝手によそのWebメディアに掲載されたらどう思うかしら？

・・・。

いわゆるWebメディアの多くは、記事に集まったアクセスによって広告収入を得ている。
もし、ムツミさんの写真がどこかのメディアに無断で使われるということは、相手のアクセスアップ、ひいては、**相手の売り上げのために使われた**ってことになるのよ。

・・・！！

もちろん、自分の写真をより多くの人に見てもらえるという意味では、無断で掲載されたとしても、それはそれでメリットがあるのかもしれない。

でもね、モラルのないWebメディアの場合、その写真を誰が撮影したかなんて積極的に宣伝してくれないし、Webメディアに訪れる人たちも、その写真を誰が撮影したかなんて興味をもたないわ。
だって、この「TRAVEL UP」のサイトを見てみて。
こんな小さくて不親切なリンク、一体、誰が気付くと思う？

episode
05

秩序なき引用、失われたオマージュ

359

・・・た、たしかに・・・。

こんな場所にリンクがあったんですね・・・。

そうよ。言われないと気付かないような場所にあるリンク。
もし、「TRAVEL UP」がコンテンツの作り手への敬意にあふれているサイトなら、こんなリンクの設置の仕方はしないはずよ。

episode
05

秩序なき引用、失われたオマージュ

・・・。

世の中にあるコンテンツは、作り手の汗と努力の結晶だ。

ムツミ。
プロのミュージシャンを目指して自身の作品を発表してきたお前なら、作り手の気持ちがわかるはずだ。

・・・あ、ああ・・・。
もし、自分の作った曲がどこかで勝手に使われたら、それはそれでうれしいかもしれないけれど、曲のタイトルや自分の名前が伏せられていたとしたら、モヤモヤした気持ちになるな・・・。

ムツミ・・・。

・・・ちなみに、誤解のないように言っておくが、『引用』という行為自体は、一定の条件内であれば法的に認められた行為だ。
「著作権法」の第32条にも次のような条文がある。

episode
05

秩序なき引用、失われたオマージュ

> 公表された著作物は、引用して利用することができる。
> この場合において、その引用は、公正な慣行に合致するものであり、かつ、報道、批評、研究その他の引用の目的上正当な範囲内で行なわれるものでなければならない。
>
> 出典：電子政府の総合窓口e-Gov　http://www.e-gov.go.jp/

"引用の目的上正当な範囲内で行われるものでなければならない"・・・！？
正当な範囲内って、どんな範囲を指すんだ・・・？

361

> カンタンにいえば、自分のコンテンツ内に他者のコンテンツを引用する際は、コンテンツの主従関係が逆転してはいけない。
>
> たとえば、引用だけで構成されているようなコンテンツは正当な範囲内とはいえんかもな。

> えっ・・・！？

> そ、それって、引用だらけで構成されている
> キュレーションサイトとかってどうなるんだ？
> 法的にNGってことか？

> 私たちは法律の専門家じゃないから明言はできないけれど、おそらくはグレーね。
>
> キュレーションサイトにある"まとめ記事"のすべてが、引用の要件をすべて満たしているようには思えないから・・・。

> もし、誰かのコンテンツを引用したいのであれば、**作り手の心を不快にさせずに引用すること**が理想だといえる。

> 作り手の心を不快にさせずに引用する・・・。

たとえば、もし、ムツミさんが誰かから
「ムツミさんの写真がとても好きなので、自分のブログで引用させていただいてよろしいですか?」
というていねいな連絡を受けたら、無断で掲載されるよりも心証的にはいいでしょ?

たしかに・・・。
そんなふうに問い合わせがあったら、
イヤな気はしねえな・・・。

つまり、それが"作り手への敬意"だ。

"作り手への敬意"・・・。

**今回、お前たちが立ち上げるオウンドメディアは、須原のブランディングもひとつの目的だ。
そのブランディングにおいては、今後、クリエイターやアーティストたちの力を借りることも大切になるだろう。**

そうなったとき、お前たちのメディアが彼らの作り手としての思いを踏みにじるような運営をしていたら、彼らは力を貸してくれると思うか?

法的にOKかNGというのは社会の枠組みの中では大切だが、人間として生きていく上でもっと大切なことは、"他人への敬意"だ。

!!

episode
05

秩序なき引用、失われたオマージュ

今後、お前も誰かのコンテンツを引用するときがくるかもしれない。
ただ、そのときは、その引用を当然のものとして考えるのではなく、コンテンツの作り手への敬意、すなわち**"愛"**をもって引用するようにしろ。

・・・お、おう・・・！！

・・・ん？　ちょっと待てよ。
以前、うちで書いた**「栃木の温泉旅館の選び方」**って記事、ほかの旅館の写真を引用していたよな・・・。
あれって、大丈夫だったのかよ？

episode
05

秩序なき引用、失われたオマージュ

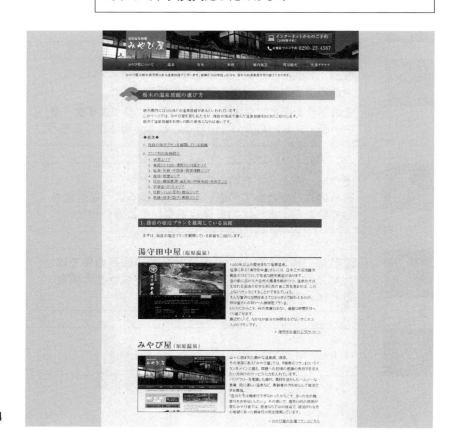

あの記事か。
あの記事に掲載している写真はすべて、サツキが各旅館の許可を取ってくれていたぞ。

えっ・・・！！？
そ、そうだったのか・・・！！

あ、どの写真もそれぞれの旅館の方々が大切にされている写真だから・・・。勝手に掲載なんてしちゃダメだと思って・・・。
ムツミに伝えるのを忘れていてゴメンなさい。

フフフ、どの旅館も「自分の旅館の宣伝になるのなら」って快くOKしてくれたのよね。
しかも、ふたりとも、気付いてた？
あの記事が公開されたとき、そこで紹介されていた一部の旅館さんがFacebookなどであの記事をシェアしてくれていたのよ。

えっ・・・！！？

全然気付かなかった・・・。

相手のコンテンツに敬意を払っていれば、
予想もつかないプレゼントがもらえることもあるの。
憶えておきなさい。

はいっ・・・！！！

episode
05

秩序なき引用、失われたオマージュ

よし、『引用』に関する話はこれくらいにしておく。
今から、第一弾の記事を決めるぞ。

第一弾は・・・。

ドキドキ・・・。

・・・。

第一弾は・・・　サツキ。
お前のアイデアでいく。

私のアイデア・・・！

お前のコンテンツは、愛にあふれている。

須原の旅館で働く人々がほかの温泉地を紹介するというコンセプトは、須原以外の温泉地の人たちにとってもうれしいだろう。たくさんの人たちをポジティブに巻き込むことができる。

また、読者としても、記事が広告的に映らず、身構えることなく記事を読むことができる。

あ、ありがとうございます・・・！

ムツミ、異論はないな？

お、おう・・・！

episode
05

秩序なき引用、失われたオマージュ

よし、記事のアイデアは決まった。
・・・次はその記事を格納する容れ物、すなわち、
"サイト全体のプランニング"に入る。

全体のプランニング・・・。

サイト名やキャッチコピーの策定、デザイン、CMSや解析ツールの選定など、オウンドメディアの運営に関わるすべての準備を行う。

た、大変だな・・・。

episode 05

秩序なき引用、失われたオマージュ

ボーンさんがこれだけ熱心に教えてくださるってことは、今回のオウンドメディアってとっても大事なんだわ。

・・・ただ、私たちが日々の業務の合間にちゃんと運営できるかがちょっと不安だけれど・・・。

・・・サツキさん、大丈夫？
不安そうな顔をしているけど。

あっ、い、いえいえ！
だ、大丈夫です！

・・・心配するな。
オウンドメディア運営がお前たちの負担とならないよう、"強力な助っ人"を呼んでおいた。

えっ・・・！？

強力な助っ人・・・？

・・・10時53分。
そろそろ到着する時間だな。

ボーンのアニキ！！
久々だな！！

episode
05

秩序なき引用、失われたオマージュ

episode 05 秩序なき引用、失われたオマージュ

！？

高橋君！

ヴェロニカさん、炎の男、高橋。
ただ今、凱旋しました。

高橋、よく来てくれたな。

ボーンのアニキからの頼みだものな。
断れるわけないさ。

シンガポールの案件は片付いたのか？

へへっ、向こうを発つ前に納品してきたさ。

フフフ。
世界を股にかける男になったわね。

いえいえ、オレはまだおふたりの足元にも及ばないですよ。

あの・・・　ボーンさん、そちらの方は？

この男の名は「高橋」。
オレが以前にコンサルティングをしていた家具屋に勤めていた元Webデザイナーだ。

ボーンさんが以前コンサルティングをされた家具屋のWebデザイナーさん・・・？

フフッ、Webデザイナーもとい、今はWebディレクターですけどね。

episode
05

秩序なき引用、失われたオマージュ

なんだこの人・・・、黒のベストがなんともいえない独特のセンスだが、妙な自信を感じさせる・・・。

・・・しかし、ボーンのアニキから連絡をもらったときはビックリしたぜ。

あら、私たちも高橋君がフリーのWebディレクターになったって聞いたときはビックリしたわよ。

フフフ。実はオレ、以前、ボーンのアニキのコンサルティングを受けてから、Webマーケティングに強い興味をもち始めたんです。

元はWebデザイナーだったオレですが、Webデザインの仕事はWebマーケティングという大きな括りの中の一部。
自分の仕事をもう一段上のレイヤーで見てみたいと感じ、Webディレクターへの転身を決めたんです。

あ、ちなみに、「マツオカ」のサイトの管理は
今もオレが請け負ってますんで、安心してください。

・・・そうか。

episode
05

秩序なき引用、失われたオマージュ

説明しよう！

「**マツオカ**」とは、以前、ボーンがコンサルティングを行った、都内のオーダー家具店のことである。

当時、マツオカは、ガイルマーケティングという悪徳 SEO 会社による間違った SEO 施策によって、検索エンジンのペナルティを受け、Web からの集客が激減していた。そんなマツオカのサイトを、ボーンは自身の頭脳と強靭な肉体を使い、当時 Web デザイナーだった高橋たちとともに再生させたのだ。

▶ 詳しくは、前作『**沈黙の Web マーケティング**』を読み返すことをオススメする！
(P6 参照)

・・・めぐみさんも元気だぜ。
ボーンのアニキ、めぐみさんとはあれから会ってねーのか？

・・・ああ。

episode
05

秩序なき引用、失われたオマージュ

高橋くん、ボーンはね・・・。

・・・ヴェロニカさん、わかってますよ。
ボーンのアニキ、あんた、めぐみさんをあのときのような危険な目に遭わせないために、あえて距離を置いているんだな。

episode
05

秩序なき引用、失われたオマージュ

・・・。

あんたのことだ、まあ、そんなことだと思ってたぜ。
・・・ちなみにオレ、めぐみさんからあんたへの伝言を預かってきた。

・・・！

"いつでも顔を見せに来てください"ってな。

めぐみさん・・・。

・・・めぐみが元気なのであれば、それでいい。

・・・フッ、あんたらしいな。

◆
◆

さて・・・と。ボーンのアニキ、たしか今回オレが手伝うのは、この「みやび屋」って旅館のオウンドメディアの立ち上げだったよな。

ああ、そうだ。

オウンドメディアの方向性に関しては3日前にメールで送っておいたけれど、プランニングは進められそう？

・・・フフフ、任せてください。
すぐにでも立ち上げられるよう、前もってある程度プランニングしてきましたから。

episode 05

秩序なき引用、失われたオマージュ

・・・ほう。

・・・さあ、ふたりとも、
新生「高橋裕太」の仕事を見てくださいよ。
我がカバンの中から出でし企画書たちよ・・・。
これが・・・ Webディレクター高橋の・・・

Webプランニングだッ・・・！！

はぁあああああ・・・！！！

プランニングシート!!

episode
05

秩序なき引用、失われたオマージュ

episode
05

秩序なき引用、失われたオマージュ

「きゃあああっ！！」

「くっ！！　なんだこの風は・・・！？
風とともに無数の紙が空を舞っているッ・・・！！」

「これは・・・、プリントアウトした企画書・・・！？」

「うおおおおおお・・・！！！」

「紙が多すぎて前が見えないっ・・・！！」

「うおおおおおおおおおお！！！」

episode
05

秩序なき引用、失われたオマージュ

・・・はあっ、はあっ・・・。
・・・決まった・・・！

ボーンのアニキに憧れて編み出したオレの究極技・・・！
勢いのある企画は勢いのある提案とともに成立する・・・！

・・・た、高橋くん・・・。

？

・・・お前、紙と一緒に自分のノートPCも投げてるぞ。

え・・・？

ぎゃあああああああ！！！！！
オレのノートPCが・・・！！！
24回ローンで買ったのに・・・！！！

高橋くん・・・。

高橋、紙は大切にするものだ。
ノートPCもな。

episode
05

・・・。

世界を股にかけているのに24回ローンなんだ・・・。

・・・だ、大丈夫かな、この人。

秩序なき引用、失われたオマージュ

────そして、10分後

さてと・・・。気を取り直して、オウンドメディアの
プランニングについて解説していきますかね。

379

episode
05

秩序なき引用、失われたオマージュ

あ、さっきバラまかれた企画書は見なくていいんですか？

あ、大丈夫です。
今から画面に映すPDFファイルのほうが見やすいですから。

・・・え ・・・じゃあさっきの技は一体・・・。

それにしても、なんかすいませんね、私のノートPCが壊れてしまったがために、こちらのPCをお借りしてしまって。

い、いえ、大丈夫ですよ。

・・・あ、ちなみに、そのPCのキーボード、諸事情によりめっちゃ重いので気を付けてください。

episode
05

秩序なき引用、失われたオマージュ

うん・・・？　これはたしかに重そ・・・
エンターキーをクリッ・・・**ふぬぬぬぬぬぬぬ！！！**

はあっ、はあっ、はあっ・・・。

で、では、解説を始めます。

私が考えたプランニングは、
以下の7つのステップに当てはめてお話しして
いきます。

オウンドメディアの立ち上げに必要な7つのステップ

1. コンセプトの決定
2. CMSの選定
3. レンタルサーバーの選定
4. サイトデザイン
5. 記事のプランニング
6. 記事の作成
7. 解析ツールの導入＆運用

おふたりはオウンドメディアの運営ははじめてだと聞いています。
おふたりが現実的に運営にどれだけの力を注げるかは置いておいて、まずはオウンドメディア運営で大切なことを知ってもらえればと思います。

ひとまずはオレの話を最後まで聞いてください。

わかりました・・・！

1. サイトのコンセプトの決定

まずは、今回のオウンドメディア全体のコンセプトを考えてみました。

❶ **どんな目的で立ち上げるのか？**
　→ 須原の温泉地のことを多くの人に知ってもらう
　　（須原の認知度アップ、ブランディング）

❷ **どんな記事を投稿していくのか？**
　→ 須原の温泉地の魅力に気付いてもらえるような
　　記事を投下する

❸ **どのように運営していくのか？**
　→ 月に2～4本の記事を投稿していく

❹ **どのように集客していくのか？**
　→ 検索エンジンからの集客（SEO）に力を入れる、
　　インフルエンサーを巻き込み、彼らの拡散力にも
　　期待する

❺ **どんなキャッチコピーにするのか？**
　→ 日本国内の上質な旅を再発見するメディア

❻ **どんなサイトタイトルにするのか？**
　→ みやび旅

みやび旅・・・　素敵なタイトルですね・・・！

フフフ、ありがとうございます。
この「みやび旅」という4文字の中には、いろいろな思いがこめられています。
まず、「みやび旅」の「みやび」は「みやび屋」という屋号から拝借しました。

episode 05 秩序なき引用、失われたオマージュ

みやび（雅）という言葉には**"上品で優美なこと"**という意味がありますよね。

この言葉をタイトルに用いることで、メディアのコンセプトを**"日本国内の上質な旅を再発見するメディア"**にしようと思っています。

それ、なんかカッコイイな。

フフフ、「みやび旅」の記事を読めば、旅行がもっと上質になる、そんな思いを込めたコンセプトです。

ちなみに、先ほどあげたリストの中に**"どのように集客していくのか？"**という項目がありましたよね。

はい、ありました。

実は、オウンドメディアの立ち上げでもっとも大事なのが、その**"集客"**です。

なぜなら、**"どんなによいコンテンツも、見てもらわなければ意味がない"**からです。

！！

とくに今回のオウンドメディアの場合、その目的が須原の認知度のアップである以上、できるだけ多くの人に記事を読んでもらうことが必要になります。

それを実現するためには、SEOを意識するだけでなく、いわゆる**"初期露出経路"**も意識しておく必要があるんです。

初期露出経路・・・？

ええ。
最初に記事をどのように露出させるか？　ということです。

すでにファンのついているメディアであれば、とくに何もしなくても、記事を見に来てもらえますが、新参のメディアはそうはいきません。

よって、最初のうちは、できるだけ多くの人を
"巻き込む"ことを意識するといいんです。

巻き込む・・・？

はい。
たとえば、どこかの旅館を紹介した記事を書けば、その旅館で働く人が自分のFacebookやTwitterなどでその記事を拡散してくれるかもしれません。

また、旅行系ブロガーさんたちを記事で紹介すれば、彼らは、自分たちが紹介されたということを自分たちのブログなどで宣伝してくれるかもしれません。

なるほど・・・！
そうか・・・　そういう視点があるんだ・・・！

episode
05

秩序なき引用、失われたオマージュ

私の考えたコンテンツだと、須原で働く人たちを巻き込めるわ・・・！

ちなみに、**「インフルエンサー」**を巻き込むことができれば、かなりの拡散が期待できます。

インフルエンサー・・・？

はい、インフルエンサー（influencer）、すなわち、**"ネットで影響力のある人"**たちのことです。
彼らをうまく巻き込むことができれば、オウンドメディアは短期間で有名になる可能性があるんです。

そんな人たちをどうやって巻き込んでいくんだ・・・？

それは記事のアイデア次第ということになりますね。
ただ、どんなアイデアを考えるとしても、誰かを巻き込もうとするのであれば、相手に**「敬意」**をもって接するコンテンツを考える必要はあるでしょう。

敬意・・・って、ボーンのオッサンが言ってた言葉と同じだな・・・。

誰しも、自分が紹介される場合には、敬意をもって紹介されるほうがうれしいですからね。
影響力のある人ほど、自分がどのように見られているかに敏感なものなんです。

なるほど・・・。

もし、インフルエンサーをうまく巻き込むことができれば、ソーシャルメディア上に記事が爆発的に拡散します。
その結果、アクセスが殺到するだけでなく、SEOにおいても高い効果を得ることができるでしょう。

SEOにおいて高い効果・・・?

はい。ソーシャルメディアでの拡散を起点として、外部からの**「リンク」**が自然に集まるんです。

リンク・・・?

あれっ?
リンクの話は知らないんですか?

このふたりには、コンテンツの中身を突き詰める方法しか話していなかったからな。

「みやび屋」は元々ドメインが強かったために、外部からリンクを集めることを考えずとも、ドメインの力を使っての上位表示が期待できた。

リンクの話はお前が来てからにしようと思っていた。

あっ、そうだったんですね。

サツキとムツミ。**SEOにおけるリンクの重要性に**ついてカンタンに説明しておくぞ。

サイトが検索エンジンからの評価を受けるためには、記事の内容だけでなく、外部からのリンクも重要になる。

外部からのリンクというのは、サイトやドメインに対する「票」みたいなものだ。
Googleは、そのサイトやドメインがどのような票を集めているか、ということを評価して、検索順位を決めることがある。

これまで、みやび屋のページはオレのリライトによって狙ったとおりに上位表示されてきたが、あれは元々、みやび屋のサイトに昔から張られていた外部からのリンクの力も影響していた。

しかし、これから運営するオウンドメディアにおいては、キーワードによってはなかなか上位表示されないこともあるだろう。
そのときには、リンクを増やすための施策を考える必要が出てくる。

リンクを増やすための施策・・・！

ああ、そうだ。
施策といっても、何か特別なことをする必要はない。
ひとまずはコンテンツの内容に気を配ればいい。

コンテンツの内容・・・？

はい。そのためにオススメしたいコンテンツが、まさに、さっきお伝えした**"巻き込み型"**のコンテンツなんです。

巻き込むことでリンクが集まるってわけか。

ただ、インフルエンサーを巻き込む際には別の視点での注意が必要です。
彼らを起点に**瞬間的かつ膨大なアクセス**が発生すると、サイトがそのアクセスをさばききれず、表示されなくなる場合があるんです。

サイトが表示されなくなる・・・！？

はい。サーバーへの大きな負荷が原因です。

サーバーへの大きな負荷・・・？

サーバーに関する話はあとでしますね。

episode
05

秩序なき引用、失われたオマージュ

ひとまずは「CMSの選定」の話に進みます。

は、はい・・・！

2. CMSの選定

CMSとは「コンテンツマネジメントシステム」という言葉の略で、その言葉のとおり、コンテンツ、すなわち記事を投稿していくためのシステムのことです。

いわゆる、ブログのようなシステムだと考えてください。

今、ネット上にはたくさんのCMSがありますが、どのCMSもそれなりに機能が充実していますので、基本的にはどのCMSを選んでも大丈夫です。

ただ、CMSを選ぶ際は、以下の3つの点を意識しておくとよいでしょう。

❶ 記事の更新がしやすいこと
❷ セキュリティに配慮されていること
❸ 動作が軽いこと

まず大事なことは、"記事の更新がしやすいかどうか"です。

Webの場合、いわゆる紙媒体などと比べて、**何度でも編集・公開ができる**という利点があります。

よって、公開した記事の反応を見て、その内容を都度ブラッシュアップするということが日常的に起こります。

ただ、そのブラッシュアップを行う際、記事の更新がしにくいCMSではフットワークが鈍ってしまいます。

たとえば、記事を更新する際はPCからだけでなく、移動中にスマホで行うこともあるでしょう。

そうした場合、スマホで更新しやすいかどうかが重要となってきます。

また、次に気を付けるべきは、**"セキュリティ的に配慮されているかどうか"** です。

最近、CMSがクラッカーと呼ばれる攻撃者に攻撃され、そのCMSに投稿されていた記事が書き換えられる被害が増えています。

さらには、知らない間に記事にコンピューターウイルスが仕込まれ、記事を見に来たユーザーのマシンにまでウイルスを感染させるなんてケースもあるんです。

そうなれば、最悪、サイト管理者の責任問題につながります。

そんな被害を未然に防ぐためにも、セキュリティに配慮されたCMSを選んでおきましょう。

そして、3つ目。

"動作が軽いかどうか" も重要です。

動作が軽いということは、「ページの表示スピード」も早くなりやすく、Googleから評価される要因となります。

というのも、今、Googleはページの表示スピードを評価対象としているからです。

せっかくなので、国内の主要なCMSを5つほど紹介しますね。

❶ WordPress

「全世界のWebサイトの25％がこのWordPressで作られている」といわれるほど、人気のCMSです。

「プラグイン」と呼ばれる追加機能を足すことによって、いろいろなタイプのサイトを作ることができます。

世界中で人気のCMSのため、わからないことがあっても、ネットで検索

すればたいていのことは解決します。

ただ、その人気ゆえ、クラッカーからの攻撃を受けやすく、こまめなセキュリティアップデートが必須です。

2 はてなブログ

株式会社はてなが提供するブログサービスです。
はてなブックマークやはてなニュースとの連携など、ユーザーが集まりやすい仕組みをもっていることが特長です。

3 note

とってもシンプルなCMSです。
文章や写真、イラスト、音楽、動画など様々なコンテンツを投稿することができるという特長をもっています。スマートフォンからの更新もカンタンです。

投稿したコンテンツを、部分的に有料化したり月額課金制にすることができるほか、ユーザーが作品に対して寄付をすることもできるコミュニティ的な仕組みがあります。

4 Jimdo

ビックリするくらいにカンタンにサイトを作成でき、たくさんのテンプレートの中から自分に合ったデザインを選ぶことができます。
ネットショップも作成可能で、幅広いサイト展開ができるCMSです。

5 g.o.a.t

g.o.a.tは、2016年に現れた新進気鋭のブログサービスです。
「ビジュアルブログ」をコンセプトに、画像や動画と文章を組み合わせて、ハイセンスな記事を作成することができます。

こんなにたくさんのサービスがあるんですね・・・！

はい。
本当はもっとたくさんあります。

たとえば、先ほどご紹介したCMS以外にも、
「a-blog cms」や「Movable Type」、「concrete5」、
「drupal」なんかも有名です。

そんなにたくさんあると、
ひとつを選ぶのが大変だな・・・。

まあ、何を選ぶかは、その人次第というところではありますが、用途に応じて複数のCMSを使うこともたくさんあります。

自分が書きたいテーマに合わせて、「はてなブログ」を選んだり、「note」を選んだり、「g.o.a.t」を選んだり。

今回の「みやび旅」では「WordPress」というCMSを使うことにします。

「みやび旅」は、みやび屋のドメインの直下で運営しますから、WordPressであればカンタンに設置できます。

はいっ・・・！！

では、続いては、先ほど少し話に出たレンタルサーバーに関する解説です。

3. レンタルサーバーの選定

レンタルサーバーを選ぶ際、絶対に気をつけなければいけないことがあります。

それは、**「503(503 Service Unavailable)」**というエラーメッセージが極力出ないサーバーを選ぶことです。

一般的にレンタルサーバーには**「同時接続数」**というものが用意されています。

もし、その同時接続数を超えてたくさんの人がサイトを見に来ると、「503」というエラーメッセージが出て、ページが表示されなくなってしまうんです。そして、それはオウンドメディアの運営においては致命的な機会損失となります。

実はこの同時接続数の制限は、レンタルサーバーによって異なるんです。

えっ！？
「同時接続数」ってのはサーバー会社ごとに違うのか・・・？

はい。
実はそのことを知らない人は意外と多いです。

episode
05

秩序なき引用、失われたオマージュ

私が運用管理している「マツオカ」のサイトも、以前は借りていたサーバーが原因で、「503」のエラーがしょっちゅう表示されるので困っていました。

それって、どうやって解決されたんですか・・・？

解決法はカンタンでした。
同時接続数に余裕のあるサーバー、つまり、
できるだけスペックの高いサーバーに移転したんです。

スペックが高いサーバー・・・！？

あ、そういやうちのサーバーってどこだっけ・・・？

事前に調べてきました。
「みやび屋」のサイトは、今、ナノサーバーというサーバー会社が提供しているスタンダードプランで動いているようです。

ナノサーバー
スタンダードプラン
ビジネス向けプランの決定版！

- ハードディスク容量 **200GB**
- ドメイン、メールアドレス、**無制限**
- 転送量 **50GB**/日
- **100Mbps**の共用回線

月額 **1,200**円

大容量だから安心！

ナノサーバー・・・。
たしか、以前、うちのホームページを作ってくださった業者さんが契約してくださったサーバーだと思います。

なるほど・・・。
結論から言うと、このサーバーは乗り換えたほうがいいです。サーバーのスペックやプラン的に、膨大なアクセスに耐えられる仕様になっていないからです。

えっ・・・。

実は以前「マツオカ」で使っていたサーバーも、
同じナノサーバーのスタンダードプランだったんです。

episode 05

秩序なき引用、失われたオマージュ

オウンドメディアを立ち上げるまではとくに不都合はなかったのですが、オウンドメディアを立ち上げてからは「503」のエラーが頻発してしまったため、ほかのサーバーへ乗り換えました。

そうだったんですね・・・。

オウンドメディアを運用する以上、この「503」のエラーとの闘いは避けられません。
このエラーについて、もう少し詳しく解説しておきますね。

「503エラー」が出る理由と仕組み

503エラーが出る理由を知っていただくためには、レンタルサーバーの「ビジネスモデル」について知っていただく必要があります。

一般的に**「共用サーバー」**と呼ばれる月数百円〜数千円のサーバーは、1台のサーバーを複数人のユーザーで共有することで値段を下げています。

ただ、安く借りられる分、各ユーザー同士でサーバーのリソースを取り合う形になっていて、**もし、共用サーバーの中に飛び抜けてトラフィックの多いサイトがあった場合に、サーバーの負荷はそのサイトに引きずられる格好になるんです。**

そうなったらほかのユーザーは困りますよね。
他人のサイトのせいで、自分のサイトの表示が遅くなったりするわけですから。

よって、サーバー会社は、**飛び抜けてトラフィックの多いサイトのトラフィックを抑えることで、ほかのユーザーのサイトに迷惑をかけないようにし、同じ共用サーバーを使うすべてのユーザーの満足度を平均的に高めるための対策を行っているんです。**

それが**「同時接続数の制限」**です。

サイトへアクセスしてきた人の数が、サーバー側で設定した限界値（同時接続数）を超えた場合、「503エラー」というメッセージを表示し、サイトを見れなくする。

そうすることで、同じ共用サーバーを使っているほかのユーザーへの影響を防いでいるんです。

だから、503エラーが出ている状態は、**サーバーが落ちているわけではなく、サーバー会社が意図的にそのサイトへのアクセスを遮断している状態**だといえます。

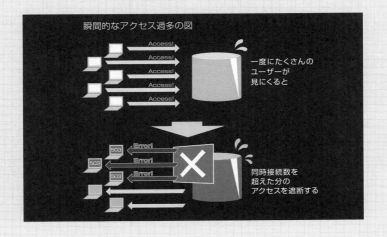

ちなみに、実際のアクセスがそれほど多くなくても、サイトの構造が原因で、サーバー側で設定された限界値（同時接続数）を超えてしまうケースもあります。

データベースへ頻繁にアクセスするサイトなどは、一回のアクセスでたくさんのファイルやプログラムを呼び出してしまい、その分、サーバーとの接続時間が長くなって、サイトへアクセスしてきた人がサーバー

に接続できない"順番待ち"の状態が発生します。それが同時接続数に影響してしまうんです。

そういったサイトは、サーバーを乗り換えるだけではダメで、サイトの構造を見直す必要が出てきます。

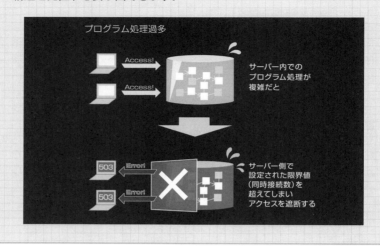

なるほど・・・。レンタルサーバーの裏側ってそんなことになってたんだ・・・。

はい。だから、理想をいえば、共用サーバーではなく**「専用サーバー」**を借りておいたほうがいいといえます。
月額の費用は高くなりますが、いざ、膨大なアクセスが殺到したときに、共用サーバーよりもアクセスをさばきやすいからです。

専用サーバー・・・。

**失ったお金は取り戻せても、
失った時間は取り戻せません。**

だから、私だったら、サーバーのスペックにはケチらず、最初からある程度信頼できるサーバーを借りておきます。

"失ったお金は取り戻せても、失った時間は取り戻せない"・・・。この言葉、胸に突き刺さりますね・・・。

ちなみに、みやび屋のレンタルサーバーに関しては、私がオススメするサーバーを選定しておきました。サーバーの乗り換え作業に関しては、私が行いますので、安心してください。

ありがとうございます・・・！！

もし、サーバーに関してもう少し詳しく知りたい場合は、この記事にも目を通しておいてください。

▶ 比較記事だけではわからない！集客に強いレンタルサーバーの選び方 ◀
http://www.cpi.ad.jp/column/column02/

よ、読んでみます・・・！

・・・サーバーの世界って奥が深いんだな・・・。

では、続いて「サイトデザイン」と「記事のプランニング」の解説に進みましょう。

episode 05
秩序なき引用、失われたオマージュ

4. サイトデザイン

オウンドメディアの場合、記事が主役になるため、**文章が読みやすいデザイン**を心がける必要があります。

また、スマホ経由で訪れるユーザーも多いため、**スマホで見た時に見やすいデザイン**も重要です。

そのため、今回のサイトのデザインは、「みやび旅」というロゴを基調としたシンプルなデザインにしたいと思います。

ロゴさえ印象的であれば、シンプルなデザインでも記憶に残りますから。

また、文章の読みやすさを担保するためには、**ページの背景色と文字色**のコントラストは重要なので、そこにも配慮しながらデザインを進めていきます。

5. 記事のプランニング

今回、初期段階で投稿する記事は、おふたりが考えると聞いていますので、ここは割愛させていただきます。

今回どんな記事を投稿するか決まりましたか？

はい！　須原で働く人たちに、須原だけでなく、全国の旅行先の魅力を語ってもらう記事です！

> ほおお、素敵ですね！
> インタビュー記事の場合は相手のスケジュールなどに合わせる必要が出てくるので、いくつかの記事を同時進行しておくとよいかもしれませんね。
> 1記事ずつ順に考えるのではなく、複数のインタビュー記事のアイデアを考えておいていただければと。

> わかりました・・・！
> え・・・と、ムツミも案出し手伝ってくれるかな？

> 当たり前だぜ！　オレも読みたくなるような
> インタビュー記事のアイデア、ひねり出してみるぜ！

> 頼もしいわ。
> ありがとう。

> あっ・・・！

> どうしたんだ？

> そ、そういえば、今回のオウンドメディアの記事って
> 誰が書くことになるんでしょう・・・？
> 私たちが書くことになるのかな・・・。

> どうしよう・・・。
> 仕事の合間に書けるかな・・・。

episode **05**

秩序なき引用、失われたオマージュ

ふふふ、安心してください。
本当はサツキさんたちに書いてもらいたいところなんですが、そうは言っても旅館のお仕事が忙しいことは重々理解しています。
そこで、今回のオウンドメディアは外部のライターさんを手配しようと思っています。

外部のライターさん・・・！？

はい。
ちょうど今から記事の作成に関する解説をしようと思っていたので、ひとまずは私の話を聞いてもらえますか。

はいっ・・・！！

6. 記事の作成

続いては、オウンドメディア運営においての"命"というべき、記事の作成についてです。一般的な記事の作成パターンとしては以下の５つのパターンがあります。

❶ 自分で書く、もしくは自社のスタッフが書く
❷ ライター系の制作会社（プロダクション）に頼む
❸ 個人のプロライターに頼む
❹ 個人のブロガーに頼む
❺ クラウドソーシングを使っているライターに頼む

今回、❶が厳しいかもということで、❷から❺にかけて解説しますね。

まず、❷の**"ライター系の制作会社（プロダクション）に頼む"**ケースです。

この場合、信用度と安心感が違います。

プロダクションですので、万が一、担当していたライターさんの記事の作成が厳しくなった際には代打をアサインしてくれますし、複数人で記事をチェックする体制などもあります。

どんなライターさんを抱えているかによって、プロダクションの質や方向性は異なりますが、組織ならではの安定感はあるでしょう。

続いて、❸の**"個人で仕事を請け負っているライターさん"**に頼むケースについてです。

個人ライターさんの場合、組織に所属していないため、しがらみを取り払った尖った記事を書きやすい状況にあります。

感情ほとばしるような文章は個人ライターさんに発注するのがオススメです。

また、❹の**"個人のブロガーさん"**に頼むケースを考えてみましょう。

個人のブロガーさんは本職のライターでないため、文章の質については振れ幅が大きいのですが、ブログというひとつのメディアを継続して運営してきた経験から、企画力に優れているケースが多々あります。

また、自分のメディアをもっているため、そのメディアを露出起点としたプロモーションを提案してくれるケースもあります。

そして最後は、❺の**"クラウドソーシング"**経由でライターさんに頼むケースです。

クラウドソーシングは主婦の方などが空き時間を使う感覚で登録しているケースが多く、たくさんの記事が一気にほしい場合などにはオススメです。ただ、文章の質について未知数なケースも多くあります。

しかしそういった方々だけでなく、活動の場をあえてクラウドソーシングにすることで、コンスタントに仕事を受注しようとするプロのライターさんもおられるので、優秀な人を発掘するという視点で利用すれば、素敵なライターさんが見つかる場合もあります。

episode 05 秩序なき引用、失われたオマージュ

へええ、外部のライターさんに頼むといっても、
いろいろな方法があるんですね・・・！

ちなみに、うちの記事を書いてくれるライターさんって、
心当たりあるんすか？

はい。実はすでに何人かリストアップしています。
そして、中には"とっておき"のライターさんもいます。
ライターさんが正式に決まり次第、お教えしますね。

それはスゴイです・・・！
ありがとうございます・・・！

"とっておき"のライターさんって、ワクワクするな・・・！

ちなみに、外部のライターさんに発注する場合には、自分
たちがプランナーや編集者視点で発注することも大切です。

プランナーや編集者視点・・・？

はい。記事の企画をライターさんに丸投げするのではなく、
ある程度自分たちで記事の企画をした上で、発注するとい
うことです。

また、ライターさんから上がってきた記事も、
カンタンに納品のOKを出すのではなく、自分たちで
その内容をチェックし、必要であれば都度書き直して
もらうことも大事でしょう。

外部ライターさんに記事を書いてもらうといっても、メディアの読者は「みやび屋」が発信していると思いながら記事を読むわけですから、発注側も記事の質をきちんとチェックする責任があります。

なるほど・・・！

ちなみに、私がオススメしたいのは、ライターさんに記事の企画の骨子をまとめたマインドマップのPDFを共有しておくことです。
- その記事は誰がターゲットなのか？
- その記事の目的は何なのか？
- その記事はどのようにして露出させるつもりなのか？

そういったことをマインドマップにまとめておけば、マインドマップが企画の『地図』になります。
地図さえあれば、ライターさんもどういう記事を書けばいいのかが見えてくるはずです。

ふむふむ。

マインドマップだったら、忙しくても書けそうだわ。

ライターさんにいっぱい発注できるよう、たくさんアイデアを考えようぜ！

ふふふ。あ、でも今回は「量」より「質」を意識したオウンドメディアですから、ただアイデアをたくさん出すよりも、しっかりと錬られたアイデアをお願いしますよ。

episode 05

秩序なき引用、失われたオマージュ

> 承知しました!

> では、オウンドメディア運営の最後のポイント
> 「解析ツールの導入&運用」についてお話ししておきます。

7. 解析ツールの導入&運用

記事を公開したからといって安心してはいけません。
それは、それらの記事がどういった成果を上げていくかをウォッチするために**「解析」**の準備をしておきましょう。
記事は公開して終わりではありません。公開してからが勝負なんです。

その記事がどういった成果を上げているかを指標で表したものを、「KPI (Key Performance Indicator)」と呼ぶことがあります。
オウンドメディアを運営する際は、KPIを設定し、そのKPIの達成を目指すことになります。
記事のKPIに関しては、たとえば、以下のような要素において指標を設定するとよいでしょう。

1. 狙ったキーワードでの検索順位
2. ページビュー数
3. ユニークユーザー数
4. 滞在時間
5. 精読率(ヒートマップにおけるスクロール深度)
6. ソーシャルメディア(TwitterやFacebook)でのシェア数
7. 外部のブログなどでの言及数
8. 検索結果上でのクリック率(CTR)
9. リピート率
10. コンバージョン(成約数)もしくはアシストコンバージョン(間接的な成約数)

これらの要素に対し、前もってKPIを決めておけば、各記事が成果を上げたのかどうかを見極めることができます。
そして、もし記事が成果につながっていないことがわかれば、記事をブラッシュアップするなどの決定を迅速に行えます。

ただ、KPIを細かく確認するためには、**「解析ツール」**をサイトに入れなければいけません。
各種データの取得は解析ツールを入れた時点から始まりますので、サイトを立ち上げたその日から解析ツールは設置しておきたいところです。

解析ツールをいくつか紹介しておきますね。

1 Google Analytics（Google アナリティクス）

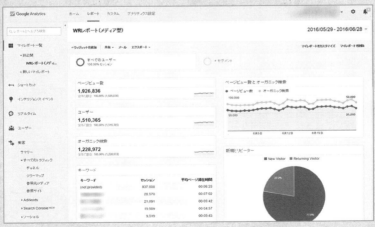

Googleが提供している無料のアクセス解析サービスです。
アクセス解析に必要なさまざまなデータを取得することができます。
また、スマートフォン向けのアプリなどもあるため、各記事のアクセス状況を手軽にウォッチすることが可能です。

■ 取得できる主なデータ
ページビュー数、ユニークユーザー数、滞在時間、リピート率、コンバージョン（成約数）もしくはアシストコンバージョン（間接的な成約数）など。

❷ Google Search Console（Googleサーチコンソール）

こちらもGoogleが提供している無料のサービスです。
以前は「ウェブマスターツール」と呼ばれていました。

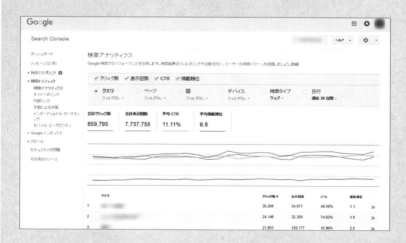

このツールを使えば、自分の管理するサイトがGoogleの検索エンジンからどのように認識されているかという情報を知ることができます。

たとえば、自分のサイトの平均順位や自分のサイトが、検索結果でどれくらいクリックされているのかという、クリック率(CTR)を確認することもできるんです。

そのほかにも検索エンジンへのインデックスを促す機能があったり、サイトに問題があればメッセージ送信をしてくれる機能があったりと、SEOを意識したサイトなら必ず導入しておきたいツールです。

■ 取得できる主なデータ
検索順位、検索結果上でのCTRなど。

❸ Ptengine

Ptengineは、株式会社Ptmind社が提供するヒートマップ機能を有するアクセス解析ツールです。

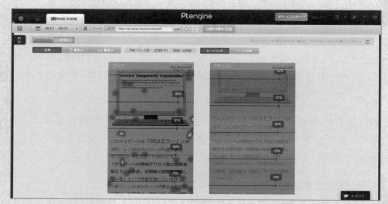

最大の特徴となるヒートマップ機能は、"ページの中でどの箇所がユーザーによく読まれているか"、"どれくらいページの下のほうまで読まれているか？"といった情報を教えてくれる機能です。

このヒートマップ機能を用いることで、「どんなふうに記事を構成すれば、記事は最後まで読んでもらえるのか？」といった分析が可能になります。

■ 取得できる主なデータ

ページビュー数、ユニークユーザー数、滞在時間、精読率、リピート率、ソーシャルメディアの言及数、コンバージョン（成約数）もしくはアシストコンバージョン（間接的な成約数）など。

4 GinzaMetrics

GinzaMetricsは、Ginzamarkets株式会社が提供するアクセス解析ツールです。
最大の特徴は特定キーワードの**検索順位**をウォッチできることです。
そのほか、アクセス解析に必要なさまざまな機能が用意されています。

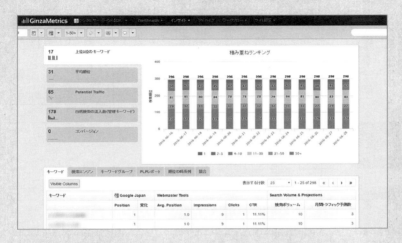

■ 取得できる主なデータ
検索順位、ページビュー数、ユニークユーザー数、滞在時間、ソーシャルメディアの言及数、検索結果上でのCTR、リピート率、コンバージョン（成約数）もしくはアシストコンバージョン（間接的な成約数）など。

episode
05

秩序なき引用、失われたオマージュ

オウンドメディア運営では、**「PDCAサイクル」**を素早く回し、コンテンツをどんどん改善していくことが大切です。
だから、アクセス解析の画面はこまめに見るようにしましょう。

PDCA・・・？

あっ、「PDCAサイクル」とは「**Plan**（企画）」「**Do**（実行）」「**Check**（評価）」「**Act**（改善）」という4つのステップの略です。

413

記事が思うように見られていない場合には、その記事を改善するための施策を考えます。
そして、その施策を実行したあと、きちんと成果が出ているかを分析します。

その分析の結果、もし、期待していた成果が出ていなければ、さらなる改善の準備をします。
この４つのステップを繰り返すことにより、記事をどんどん改良してゆけるんです。

episode
05

秩序なき引用、失われたオマージュ

なるほど・・・。

私からの解説は以上です！

高橋さん、すごくわかりやすかったです・・・！
ありがとうございました・・・！

高橋くん、もう立派なWebディレクターね。

マツオカでの日々はムダにはなっていなかったようだな。

へへへ・・・。ま、ボーンのアニキの直接指導を受けた身としては、これくらいのディレクションはできないとな。

このあんちゃん、黒いベストのセンスはどうかと思うけど、すげーじゃねーか。

・・・高橋、ライターの手配はすでに心当たりがあると言っていたが、まかせても大丈夫なのか？

フフフ、当たり前ですよ。
まかせてください。

・・・。
よし、ライターの手配を含め、「みやび屋」のオウンドメディアの運営指揮はひとまず高橋にまかせる。

episode
05

秩序なき引用、失われたオマージュ

了解っ！！

あ・・・！

サツキさん、どうしたの？

あ、あの、今思い出したんですが・・・。
実は昨日、いろんなホームページを見ていて
すごく気になったことがあったんです。

気になったこと・・・？

episode
05

秩序なき引用、失われたオマージュ

はい、たまたまかもしれませんが、ボーンさんのおっしゃった「キュレーションサイト」というホームページに、うちや、須原の旅館の紹介がされていなかったんです・・・。
それもいろいろなホームページで・・・。

あ・・・。やっぱりアネキもそう思ったか？
あれって、やっぱりおかしいよな・・・？

どういうことかしら・・・？

「TRAVEL UP」の記事にも、須原の旅館の情報が一切掲載されていませんでした。
・・・というか、削除されたみたいな・・・。

・・・「TRAVEL UP」のサイトを見せてみろ。

高橋、運営会社情報のページを見せてくれ。

運営会社情報だな、りょ、了解！

このサイトの運営会社は・・・。
バイソンマーケティング・・・。

バイソンマーケティング？
この代表者の名前は・・・。

・・・遠藤・・・！

episode
05

秩序なき引用、失われたオマージュ

遠藤・・・　遠藤・・・。
あああっ！！
・・・ボーンのアニキ、この遠藤って・・・。

episode
05

秩序なき引用、失われたオマージュ

・・・元ガイルマーケティング社の遠藤。
まだWebの世界で生き残っていたとはな。

？？
遠藤って、ボーンのオッサンたちの知り合いなのか・・・？

・・・。

この手口・・・。マツオカのときとそっくりだな。
懲りんやつらだ。

ただ、今回の嫌がらせ、
以前とは規模が違う気がするわね・・・。

・・・。
裏にはヤン・タオがいるというわけか。

ボーン、時間よ。
私たちはチップを探しに行かないと。

・・・ああ。

あっ！
今日は私たちも手伝います！

そうだぜ、結局、オレたち、まだ一度も手伝えてないからな・・・。今日はお客さんがいつもより少ないし、2時間くらい宿から離れても大丈夫さ。

ありがとう。
じゃあ、手伝いをお願いしようかしら。

はいっ！！

ボーンのアニキ、じゃ、とりあえずオレはライターの手配に動くぜ。

ああ、頼む。

episode
05

秩序なき引用、失われたオマージュ

episode
05

秩序なき引用、失われたオマージュ

高橋。

ん?

・・・。
いや、なんでもない。
オウンドメディアはまかせたぞ。

おうっ、大船に乗ったつもりでまかせてくれよ!

思えば、マツオカの件では、高橋にはライター探しのノウハウを教えたことがなかったな。
今のこいつなら、大丈夫だとは思うが。

・・・。

——その夜、
某所にて

ちゅーす！

ん・・・？

むしゅしゅしゅしゅ！！
誰ですか、あなた・・・？

・・・あれっ・・・。
もう忘れちまったんですか！？

歌舞伎町の夜をいっしょに過ごしたじゃないですか？
オレですよ、オレ。

と言っても、この人たちに強制的に
連れて行かれたんだけど・・・。

・・・もしかして、高橋か・・・？

むしゅしゅしゅしゅ！！
高橋くん、そうだ、高橋くんでしゅよ！　久々でしゅね～！！

嗚呼、高橋、君は一皮剥けたようだね。
お肌が剥きたてのゆで卵みたいにプルップルじゃないか。

・・・お前、このバズボンバーに何の用だ？

episode
05

秩序なき引用、失われたオマージュ

フフフ・・・。
今日は皆さんに頼みたいことがあってやって来ました。

episode
05

秩序なき引用、失われたオマージュ

チップのGPS作動停止まで
あと…

episode
05

秩序なき引用、失われたオマージュ

次回予告

ついにみやび屋のオウンドメディアが始動する・・・！

シンガポールから帰国した高橋の指示のもと、須原の未来を懸けオウンドメディアを運用することになったサツキたち。
サツキたちの記事は大衆の心を動かすのか？

一方、高橋はバズボンバーと名乗る怪しい男たちのもとを訪れていた。

バズボンバーとは一体何者なのか？
そして、ボーンたちはチップを見つけ出すことができるのか？

物語は転調を繰り返しながら、クレッシェンドしていく。

episode 06　次回、沈黙のWebライティング第6話。
「嵐を呼ぶインタビュー」
今夜も俺のタイピングが加速するッ・・・!!

ヴェロニカ先生の特別講義

オウンドメディアに必要なSEO思考

コンテンツマーケティングとは、"コンテンツを通して、新たな気付きを与える"マーケティング手法。そして、オウンドメディアを運営することは、気付きを増やすことにつながる。ここでは**SEOを軸としたコンテンツマーケティング**について整理するわね。

episode 05
秩序なき引用、失われたオマージュ

■ ページは大きく分けて7つのパターンに分かれる

ビジネスサイトを作る際、各ページの目的や役割は以下の表のA～Gのように、大きく7つのパターンに分類できます。

パターン	CV	啓蒙	リンク獲得	企画の難易度	上位表示のしやすさ
A	○	○	○	9	10
B	○	○		3	5
C	○		○	10	6
D	○			1	1
E		○	○	5	8
F		○		2	5
G			○	3	3

CV：コンバージョン（成約）につながるページ
商品販売ページ、商品の検索結果ページ、お問い合わせページ、メルマガ登録ページ etc...

啓蒙：ユーザーに気付きを与え、知識を啓蒙するページ
すぐにはコンバージョン（成約）につながらないが、将来的なコンバージョン（成約）につながるよう、アクセスしてきた人の知識レベルを上げるためのコンテンツを取り上げたページ

リンク獲得：外部からリンクを集めるページ
Twitterをはじめとしたソーシャルメディア上でシェアされることを目的として作られたページ

たとえば、上の表にあるパターンAは「CV×啓蒙×リンク獲得」の項目が満たされており、コンバージョン（成約）につながりつつ、ユーザーに気付きを与え、外部からのリンクを獲得するというページを指します。

また、パターンEはコンバージョン（成約）には直接つながらないものの、ユーザーに気付きを与え、外部からのリンクを獲得するページです。
　表にある「企画の難易度」とは、そのページの目的（CV、啓蒙、リンク獲得のいずれか）を成功させるための難易度を表わしています。
　パターンCが「10」と最も難しくなっているのは、通常CVとリンク獲得を同時に満たすページは、啓蒙にもつながることが多いからです。このため、パターンCに該当するページが成立することは非常に希であるため、最も難易度が高くなっています。
　「上位表示のしやすさ」という指標は、SEOを意識してページを作成した際に検索エンジンで上位表示されやすいかどうかを示しています。
　啓蒙に力を入れたページはノウハウを取り上げることになりやすいため、検索ユーザーの疑問や質問に答えるページになりやすく、ユーザーの検索意図と合致することで上位表示されやすい傾向にあります。また、そこに外部からのリンク獲得が加われば、ページの信頼性は高くなり、さらに上位表示されやすくなります。
　ちなみに、コンバージョン（成約）のみを意識したページの場合、競合が非常に多いため、上位表示は最も難しくなります。

　これら7つのパターンのうち、コンバージョン（成約）につながりやすい2つのパターンを取り上げ、実際にどんなページが該当するかを紹介します。

パターンE（啓蒙×リンク獲得）の例

　図1はサイトがアクセス過多になると表示される「503」というエラーメッセージについて解説した記事です。多くのサイトオーナーが、この「503」というエラーメッセージに悩まされているため、その原因と対応策をまとめたこの記事はソーシャルメディアで話題となりました。

図1　パターンEとして成立した事例

知らないと損をするサーバーの話「503エラーを防ぐ！Web屋が知っておくべき503エラーの原因と対処」
http://www.cpi.ad.jp/column/column01/

パターンA（CV×啓蒙×リンク獲得）の例

[図2]は「SEOに強いコンテンツ」を作るためのノウハウを、プレゼンテーション形式で解説した記事です。サイトオーナーの多くがSEOに興味をもっているため、この記事もソーシャルメディア上で話題となりました。

また、このページでは、ウェブライダー社のコンサルティング業務などへの導線があり、コンバージョン（成約）向け記事としても機能しています。実際、この記事が話題になったことで、ウェブライダー社への問い合わせも増加したようです。

図2　パターンAとして成立した事例

ウェブライダーLab.「コンテンツSEOを成功させる！検索エンジンとユーザーに評価されるコンテンツ制作術」
http://www.web-rider.jp/blog/seo-writing-slide/

■「啓蒙」により、ユーザーの新たな検索行動を誘発する

ユーザーの啓蒙を狙うページを作り、そこでユーザーが知らない知識を伝えることで、新たな検索行動を誘発できます。たとえば、次の図を見てください。

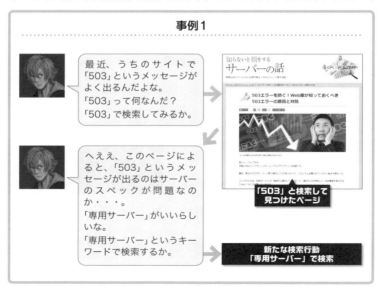

事例2

明日からいよいよ女将としての仕事が始まる。緊張するわ・・・。挨拶って大事だけど、自己紹介は苦手だし・・・。「自己紹介　苦手」で検索してみよっと。

「自己紹介　苦手」と検索して見つけたページ

ええっと、私の長所は勉強好きで、短所は人見知りっと。・・・人見知りは直さなくちゃな。「人見知り　原因」でも検索してみよう。

新たな検索行動「人見知り　原因」で検索

このように、ユーザーを啓蒙するページを作る際は、**「次にどんなキーワードで検索されるか？」**ということを踏まえておくと、そのキーワードの受け皿となるページを先回りして用意しておくことができます。

ページのプランニングを進めるための8つの要素

サイトをプランニングする際には、サイト内にどんなページを作るかを考える必要があります。その際、先ほどの7つのパターンに沿って、各ページの目的や役割を決めていくとよいでしょう。またそれと同時に、各ページの成果を最大限に高めるために、以下の要素も考えておきます。

ページのプランニングを進めるための8つの要素

1. ページの目的
そのページをどういった目的で制作するか？
「コンバージョン（成約）」「啓蒙」「リンク獲得」、それぞれの掛け合わせから生まれる全7パターンの中からひとつを選ぶ。

2. ターゲットユーザーの選定

そのページを見せたいユーザーの属性。カンタンなペルソナ (※) を設定してもよい。

3. 上位表示を狙うキーワード

そのページで上位表示を狙うキーワード。

4. 月間検索回数

上位表示を狙うキーワードの月間検索回数を「Googleキーワードプランナー」を用いて取得した数値。

5. ベンチマーク先

上位表示を狙うにあたり、すでに現在上位表示されていて、競合となりそうなページの情報。

6. ベンチマーク先の強み

競合ページが「なぜ上位表示しているのか？」を考え、競合の強みを分析する。

7. ページ (記事) の仮タイトル

「1」〜「6」を踏まえた上で、ページ (記事) の仮タイトルを決める。

8. 感情フレーズ

ページ (記事) をソーシャルメディアで拡散させる場合は、ページ (記事) のタイトルの頭に共感を誘発させるようなフレーズを付けるとよいため、そのフレーズを考える (感情フレーズに関しては後述)。

※ペルソナとは、ターゲットとするユーザーをシミュレーションするために設定する人物像のこと。たとえば、ユーザーの年齢はいくつで、どんな価値観や趣味嗜好をもっているのかなどを設定する

次の表は「コンテンツSEO」というテーマに関するページのプランニングです。この8つの要素を実例に落としこむと次のようになります。

1. ページの目的	CV×啓蒙×リンク獲得
2. ターゲットユーザーの選定	・運営サイトのSEOの成果を上げたいWeb担当者 ・「コンテンツSEO」とは何か？を知りたがっているSEO初心者 ・コンテンツSEOに関するセミナーに積極的に参加したものの、どこも似たようなノウハウばかりで、悶々としているアフィリエイター
3. 上位表示を狙うキーワード	コンテンツSEO コンテンツSEOとは
4. 月間検索回数	720 90

5. ベンチマーク先	http://www.seohacks.net/blog/contents/zukaidewakaru_content_seo/
6. ベンチマーク先の強み	・コンテンツSEOの考え方を網羅的に理解することができる ・SEOのプロであるSEO会社が制作しているため、専門性＆権威性が高い ・グラフが多用されており、コンテンツSEOの効果を視覚的に理解しやすい ・事例がアクセス解析の情報といっしょに紹介されている ・コンテンツSEOの在り方について、ひとつの結論を出している ・引用がしやすいように、丁寧かつシンプルに言語化されている
7. 仮タイトル	コンテンツSEOを成功させるためのプランニングのコツ
8. 感情フレーズ	もう失敗しない！ 成功させる！

■ 「タイトル」を考える上で大切な要素と演出

先ほどの8つの要素にて、仮タイトルを決めるステップがありましたが、SEOにおいてページの「タイトル」は最も重要な要素のひとつです。

ページのタイトルは、Googleが"そのページに何が書かれているのか？"を判断するための指標となるだけでなく、**検索結果におけるユーザーのクリック率にも影響**します。また、タイトルの見せ方ひとつで、ソーシャルメディアでの拡散のされやすさも変わってきます。

タイトルに重要な3つの要素

タイトルを考える際は、次の3つの要素を意識しましょう。

> ❶ ユーティリティ要素を意識する
>
> ❷ そのページから得られるベネフィット（恩恵）をハッキリ見せる
>
> ❸ 感情フレーズを頭に付ける

前述の3つの要素に関して、次のページタイトルを元に説明します。

> 例：コンテンツSEOを成功させる！検索エンジンとユーザーに評価されるコンテンツ制作術

①の「ユーティリティ要素」とは、ページのユーティリティ（機能）が伝わる内容にするということです。例に挙げたタイトルでは、「SEOを成功させるためのコンテンツの制作方法を学べる」ということがひと目でわかります。

また、②の「ベネフィット（恩恵）」については、そのページにアクセスするとどんなメリットがあるのか？が伝わる内容にすることです。

たとえば、グルメに関する記事であれば、「美味しい」ということが伝わるタイトルにすればよいでしょう。例では「SEOの成功」という言葉がベネフィット（恩恵）に該当します。

そして、③の感情フレーズは、ソーシャルメディア上でその記事がシェアされた際、ほかのユーザーからの共感を得られるようなフレーズを指します。例では「成功させる！」というフレーズが感情フレーズに該当します。

感情フレーズをタイトルの頭に付けると、ソーシャルメディアでページをシェアしたユーザーが、あたかもそのフレーズを話しているように見える効果もあります 図3。

図3 感情フレーズが頭に付いたタイトルがシェアされた場合
Twitter上でシェアしたユーザーが、そのフレーズをしゃべっているように見えるため、フォロワーの共感を得られやすくなり拡散につながる

タイトルに重要な10パターンの演出

タイトルは非常に奥が深く、言い回しや表現を少し変えるだけで、そのページに興味を示すユーザー層への訴求力が変わります。たとえば、次の10パターンの見せ方は憶えておくとよいでしょう。

パターン	内容	タイトル例
①自分事化	読み手のターゲットを絞る	自己紹介が苦手な人に読んでほしい！自己紹介を成功させる事前準備とポイント
②「自分の周り事」化	読み手の「周りの人」にターゲットを絞る	話がわかりにくいあの人に教えてあげたい！ロジカルシンキングのトレーニング法まとめ
③意外性	「話者」の意外性を訴求する	現役ニートが教える東大合格勉強法
	「情報（ノウハウ）」の意外性を訴求する (1) 多くの人が常識だと思っていたことと違うことを訴求 (2) 今まで知らなかったことを訴求	「羊」を数えても眠くならない理由が判明！不眠症を防ぐ快眠の極意
④数字の魔力	数字を入れる →数字はどんな言葉よりも強烈な説得力をもつ	(1) コンバージョンが2.7倍アップする！売上が劇的に改善するEFO講座 (2) 14ヶ月で月間237万PVを集めるメディアに成長させたSEOノウハウ
⑤網羅性	この記事さえ読めば大丈夫だと印象付ける	コンテンツマーケティングを成功させるためのSEO全知識
⑥即効性	「すぐに」「カンタンに」効果が出ると印象付ける	今日から使える！記事の滞在時間を10％アップさせるリライトのコツ
⑦代弁	ユーザーの心の中にある「言いたくても言えない気持ち」を代弁する	男性にこそ読んでほしい！つらい生理痛の原因と症状まとめ
⑧結果	そのノウハウを試して、どんな結果が生まれたのかを書く →人は結果を知ると、なぜその結果が出たのかの「理由」を知りたくなる	3ヶ月で20万PV達成！ブログ初心者でも簡単に結果を出す3つのコツ
⑨注意喚起	そのノウハウを知らないと、どんなデメリットがあるのかを書く →人は「損失回避の法則」に沿って行動しやすく、得られるものよりも、失うものに価値を大きく感じる。	知らないと恥をかく！入院時の「お見舞い品」選びの新常識
⑩行動提案	そのページの活用法を提案する →ユーティリティ要素の強化につながる	(1)【今すぐシェア】見ているだけで幸せになるモフモフ猫画像10選 (2)【永久保存版】わかりやすい文章を書くためのウェブライダー式Webライティングノウハウまとめ

ヴェロニカ先生の特別講義 — オウンドメディアに必要なSEO思考

SEOにおけるリンクの重要性

SEOは、大きく内的SEO（内部対策）と外的SEO（外部対策）に分かれます。内的SEOはサイトの構造やページの中身、すなわちコンテンツを調整する施策を指し、外的SEOはそのサイトやページに対する外部からの評価を高めるために、外部からのリンクを増やす施策のことを指します。

これまで取り上げてきたSEOの話は、前者の内的SEOに関するものでした。ここからは、後者の外的SEOについても取り上げていきます。

	詳細
内的SEO （内部対策）	検索エンジンのクローラーがサイト内のページをクロール・インデックスしやすいよう、サイト構造などを調整する。 また、ページ内のコンテンツを、検索ユーザーの検索意図に合った内容に調整する。
外的SEO （外部対策）	そのサイトが外部から評価されているということを検索エンジンに伝えるため、外部からのリンクを増やすこと。 ただし、「ペイドリンク」と呼ばれる、金銭と引き替えにリンクを人工的に増やそうとする行為はNG。 外的SEOには、Twitterをはじめとしたソーシャルメディア上でシェアされやすくするために、コンテンツを調整する作業も含まれる。

このふたつの対策はどちらも重要なため、どちらか一方ではなく、両方をバランスよく進めていく必要があります。ただ、**内的SEOは自社サイト内で完結できる**一方で、外的SEOは原則として、ほかのサイトから自然にリンクを集める必要があるため、**他者を動かさなければならない対策**です。

それを踏まえた上で外的SEOを成功させるには、「**人はどんなコンテンツなら、紹介したいと思うのか？**」という、人間心理を意識したプランニングが必要です。

外的SEOで重要なこと

外的SEOで重要なことは次の5点です。

❶ 質の高いサイトやソーシャルメディアから、自然にリンクを張ってもらう

❷ 関連性の高いジャンルのページやサイトからリンクを張ってもらう

❸ ユーザーが「クリックしたくなる」リンクの張り方をしてもらう

❹ 各ページに集まったリンク効果を集約させるため、サイトのドメインはできるだけ、ひとつに統一する

❺ 「ペイドリンク」などの人工リンクに頼らない

②については、たとえば、あなたのサイトが「ダイエット」に関するサイトだとすると、同じダイエットというジャンルを扱うサイトや、それに近いジャンルである「美肌」や「筋トレ」といったジャンルを扱うサイトからリンクを張ってもらうとよいでしょう。

関連性の高いサイトからのリンクが増えることで、あなたのドメインはそのジャンルにおける"信頼できるドメイン"と判断され、専門サイトとしての評価が高まるからです。また、キュレーションサイトなどで関連性のあるまとめページに、あなたのサイトがまとめられることでも評価は高まります 図4 図5 。

図4 「まとめ」記事として紹介されリンクを獲得している例

NAVERまとめ内に作られたダイエットに関する「まとめ」で紹介されたもの。Webサイト「ナースが教える仕事術」内にある記事ページが紹介されている
http://matome.naver.jp/odai/2144873370335278401

図5 「ナースが教える仕事術」内の記事はキュレーションサイトからのリンクを多数獲得している

■ リンク元として存在するキュレーションサイト群

　従来は、リンクを獲得するためには、Twitterをはじめとしたソーシャルメディアで「バズ」を起こす以外に、なかなかよい方法がありませんでした[※1]。しかし最近では、キュレーションサイトが増えたことにより、コンテンツが引用されることによるリンクが手に入りやすくなっています。

　何かのまとめの中で、コンテンツがポジティブな意図で引用されるのは、**そのコンテンツが信頼されているという証明**でもあります。サイトをプランニングする際は、**引用されやすいサイト**を意識してもよいでしょう。

　キュレーションサイトは他者のコンテンツをまとめることでコンテンツを作っていることから、著作権侵害をしているのでは？といった批判を受けることもありますが、SEOの観点からは貴重なリンク元となります。

　その一方、昨今のGoogleでは、網羅性の観点からキュレーションサイトが上位表示されやすく、あなたが作成したコンテンツがいかに優れたものであっても、そのコンテンツを引用したキュレーションサイトのほうが上位表示されてしまうケースがあります。また、本編でボーンが指摘したように、キュレーションサイトは自社のビジネスのために、外部へトラフィックを流さないようなリンクの張り方をしているケースも多々あります。

　そういった状況を考えると、キュレーションサイトで引用されることは必ずしも手放しでは喜べないことが残念です 図6 。

※1 Twitterからのリンクには「rel="nofollow"」という属性が入っているため、Googleから評価されないリンクとなりますが、Twitterで話題となることで、TwitterのAPIなどを用いているサイトなどからのリンクが得られます

図6　キュレーションサイトを巡るトラブルは絶えない
「ナースが教える仕事術」のサイトで掲載しているオリジナルのイラストを、キュレーションサイトが自社の集客のために無断利用したケース

■ キュレーションサイトからのリンク獲得につながる施策

　キュレーションサイトのモラルに関する話はさておき、キュレーションサイトをSEOに有効なリンク元と考えた際、どのようなコンテンツを作るとリンク

が獲得しやすくなるかを解説します。

キュレーションサイトの目的は、いかにして「魅力的なまとめ」を作りPV（ページビュー）を獲得するか、にあります。そのため、あなたのコンテンツがその「魅力的なまとめ」作りの一翼を担えばよいのです。

そこで、以下のような要素を意識しておくことをオススメします。

- ❶ オリジナルな情報・ノウハウを扱う
- ❷ オリジナルな画像（イラスト、写真、図表、グラフ）を用意する
- ❸ 「～とは？」という用語解説のコンテンツを用意し、どこよりもわかりやすく解説する
- ❹ ほかのサイトと同じ情報・ノウハウを扱っていても、ほかにはない「言葉の表現」を用いて解説する

キュレーションサイトの中には、「キュレーター」と呼ばれるたくさんの「まとめ作成者」がいて、彼らはほかの「まとめ」にはない、自分だけが見つけたような情報を好みます。ほかの「まとめ」と同じような情報ばかりでは、まとめの差別化ができず、PVが増えないからです。そうしたキュレーターの心理を突いたコンテンツプランニングを行うとよいでしょう。

ほかのサイトでも扱っているような情報・ノウハウであっても、7話の解説で取り上げる「たとえ表現」などを用いれば、あなたのサイト独自のオリジナリティを加えることができ、引用される確率が上がります（P617参照）。

また、キュレーターによっては、検索結果上位のサイトから情報を引用するケースも多くあります。検索結果で上位表示できていないサイトは引用されにくいことになりますが、逆に言えば、検索結果で上位に入りさえすれば、半永久的にキュレーションサイトからの引用リンクが増えることになります。

■ ソーシャルメディアでの「シェアされやすさ」も大切

外部からのリンクを獲得するためには、ソーシャルメディアでシェアされやすいコンテンツを考えることも大切です。本書の前作『沈黙のWebマーケティング』でも、シェアされやすいコンテンツのパターンについて解説しましたが、本書では第7話の特別講義で解説を行います（P608参照）。

ただ、シェアされやすいコンテンツのアイデアを考えることは比較的カンタンです。Twitterを使い、多くの人がシェアをしているコンテンツの傾向を探ったり、「はてなブックマーク」を使って、多くの人がブックマークしているコン

435

テンツの傾向を探ったりすればよいのです。
　もし、リンク獲得につながるコンテンツプランニングを深く知りたい方は、Web上でも公開されている『沈黙のWebマーケティング』第5話、6話、7話を読んでみてください。

「はてなブックマーク」をチェックするクセをつけよう

　「はてなブックマーク」とは、現在、日本国内で最も影響力のあるソーシャルブックマークサービスのひとつです。

　ソーシャルブックマークとは、自分が気に入っているサイトのリストをオンライン上に公開できるサービスのこと。ブラウザのお気に入り機能などとは違い、他人のお気に入りサイトの情報などがわかるため、コミュニケーションツールとしても使われます。

　はてなブックマークを使ってブックマークされることを「はてブされる」といい、ページに付いたはてなブックマークの数を「はてブ数」とも呼びます。たくさんのユーザーに「はてブ」されているサイトは、それだけ人気があることになり、はてなブックマークがたくさん集まっているページを知っておくことで、リンクが集まりやすいコンテンツのパターンを知ることができます。

　はてなブックマークには「人気（ホッテントリ）」のコーナーと「新着」のコーナーがあります。このふたつは、直近で勢いよく「はてブ」が集まっているページが紹介されるコーナーで、公開されて間もなく「はてブ」をたくさん集めるような、話題性のあるページが取り上げられることが多いです。ふたつのコーナーをチェックしておくことで、今、インターネット上でどんなコンテンツが話題になっているのかを知ることができます 図7 。

図7　はてなブックマーク
検索窓でキーワード検索すれば、過去に「はてブ」されたページの中から、そのキーワードに関するコンテンツのリストを確認できる。「タグ」「タイトル」「本文」それぞれにキーワードが入っているページの中から絞り込み検索できるほか、はてブ数の多い順にソートすることも可能
http://b.hatena.ne.jp/

■ 検索ユーザーの行動マップ

　SEOを意識したサイトを立ち上げるときは、検索ユーザーの行動に合わせた情報の見せ方がとても大切です。一般的な検索ユーザーがどういった行動をとるかを、次ページにカンタンな図でまとめてみました。

❶ 具体的なキーワードで検索
　（例：503　サーバーエラー　原因　対処）

❷ 曖昧キーワードで検索
　（例：503）

検索

検索結果における比較要素

- 順位
- タイトル
- 要約文（description）

アクセス

各ページを見たあと、以下の指標で各ページを評価・比較

- 情報（網羅性、専門性）
- 見やすさ、わかりやすさ
- 信頼性（話者、運営元、ドメイン）

アクション

- ○ **共有**
  - Twitterへのツイート
  - Facebookへのシェア
  - 画面キャプチャ後、LINEなどで送信
- ○ **保存**
  - ブックマーク
  - 画面キャプチャ
  - 紙で印刷
  - PDFで保存
- ○ **離脱**
  - 検索結果に戻り、別のページへ移動
  - 検索結果に戻り、別のキーワードで検索
  - 新しいウインドウを開き、今見ているページを参考に、別のキーワードで検索
- ○ **成約**

効果検証とブラッシュアップ

サイトの運用を開始したら、Google Analyticsなどを用いて、**各ページ（記事）ごとの効果測定**を行います。

たとえば、次の数値を各ページ（記事）ごとにチェックし、毎月のレポートとしてまとめ、目標設定していた流入数や検索順位に満たない場合は、ページ（記事）をブラッシュアップするようにしましょう　図8 。

図8　ウェブライダー社の効果測定レポートの例

Googleスプレッドシートを用いて、各記事の月ごとのレビューを行っている。3ヶ月経過しても検索順位が低い記事や、文字数に対して滞在時間が短い記事に関しては、ブラッシュアップ対象としている。逆に、文字数に対して滞在時間が長い記事に関しては「なぜ、滞在時間が長いのか？」を考え、仮説を立てたのち、ほかの記事のブラッシュアップに役立てている

●効果測定する項目例

❶ 検索エンジン経由の流入数（直近30日）

❷ 平均ページ滞在時間（直近30日）

❸ ツイート数（累計）

❹ はてなブックマーク数（累計）

❺ 上位表示を狙うキーワードの検索順位

文字数とページ滞在時間の関係

通常、ページ（記事）内の文字数が増えれば増えるほど「ページ滞在時間」は伸びます。5,000字ほどの記事であれば、4分30秒以上。7,000字ほどの記事であれば6分以上、10,000字ほどの記事であれば、8分以上の滞在時間は目指したいところです。

ただ、扱う情報によっては、文字数に対して「ページ滞在時間」が異常に短くなる場合があります。その現象が起こるケースは以下の3つです。

❶ ユーザーが求める情報が限定的なため、その情報にプラスαの情報を載せても興味をもってもらえないケース
　→例：ダイエットの方法を知りたいユーザーに、ダイエットの歴史などを伝えても興味をもってもらえない

❷ 文章が読みづらい、わかりづらいケース
　→行間が詰まっている、文字のサイズが小さい、やたらと色数が使われているケースなど。
　→PCでは読みやすかったが、スマホでは読みづらいケースなど

❸ ファイルサイズが大きすぎて、読み込まれる前に離脱されるケース
　→非常に重い写真などを載せている場合

　もし、文字数に対してページ滞在時間が短い場合には、上記の3つのケースを参考にしつつ、**必要に応じて文章を調整したり、情報の掲載順を変えたりする**など、ページのブラッシュアップを検討しましょう。

ヴェロニカ先生のまとめ

1. ビジネスサイトを作る際は、「コンバージョン（成約）」「啓蒙」「リンク獲得」の3つの軸を掛け合わせて、ページの内容を考える。
2. 啓蒙することにより、ユーザーの新たな検索行動を誘発することができる。
3. 「タイトル」を考える上では、「ユーティリティ要素」「そのページから得られるベネフィット（恩恵）」「感情フレーズ」の3つを意識する。
4. SEOにおいては内的SEO（内部対策）と外的SEO（外部対策）が重要。
5. キュレーションサイトで引用され、リンクが張られるケースが増えている。
6. リンク獲得のためには、ソーシャルメディアでシェアされやすいコンテンツを考えることも大切。
7. はてなブックマークをチェックするクセをつける。
8. サイトの運用を開始したら、GoogleAnalyticsなどで各ページ（記事）ごとの効果測定を行い、必要に応じてページをブラッシュアップする。

[前回までのあらすじ]

「オウンドメディアのタイトルは"みやび旅"でいきましょう！」

そう叫んだ高橋。
Webディレクターとしてたくましく成長した彼は、
ボーンからみやび屋のオウンドメディアのプランニングを任される。

そんな中、競合のキュレーションサイトの運営に元ガイルマーケティング社の
遠藤が関わっていることが判明する。
遠藤との間に、因縁のようなものを感じざるを得ないボーンは、
その拳を静かに握りしめていた。

そんなボーンを横目に高橋がとった行動は、
Webライター集団「バズボンバー」の元への訪問だった。

高橋の真意とは一体・・・？
物語は風雲急を告げるッ・・・！

episode
06

嵐を呼ぶ
インタビュー

episode **06**

嵐を呼ぶインタビュー

高橋・・・。
オレたちに頼みたいことって何だ?

・・・伊藤さん、今日は"あるオウンドメディア"に投下する記事の制作をお願いしに来ました。

・・・オウンドメディアだと?

はい。
実はオレ、今、ある旅館のWeb集客をお手伝いしているんですが、その旅館が今度、新しくオウンドメディアを始めることになったんです。

で、そのオウンドメディア用の記事を、
ぜひバズボンバーの皆さんにも書いていただきたいんです！

・・・そのメディアのプランニングは終わってんのか？

はい！

いいだろう。
どんなメディアか聞かせてもらおうじゃねえか。

ありがとうございます！
そのオウンドメディアはですね・・・。

episode
06

嵐を呼ぶインタビュー

―― その頃

遠藤・・・。
話が違うではナイか。

は・・・！？

みやび屋の集客が回復していると聞いたアル。

！？　あっ、あれはですね、
ただ偶然が重なっているだけでございます！

episode
06

嵐を呼ぶインタビュー

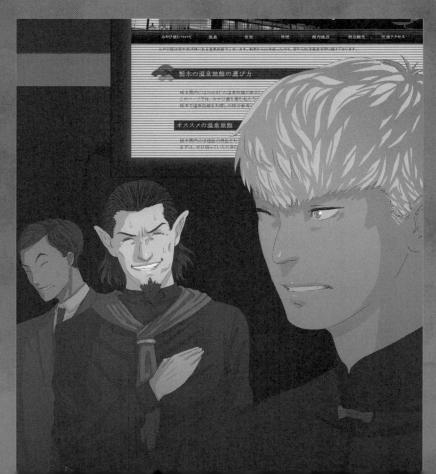

所詮は悪あがき。あいつらは自分たちのサイトの中で
コソコソ行動しているに過ぎません。
もう少しお時間をいただければ、みやび屋がつぶれるのも
時間の問題かと・・・！

なあ、井上！？

は、はい！
みやび屋がつぶれるのは時間の問題でございます！

というのも、今、我々のメディアの手によって、
須原を訪れる観光客は日ごとに減っております！
須原の観光客が減れば、みやび屋がいかに踏ん張ろうとも、
なす術はないかと・・・！

フフフ・・・。
我々が運営しているメディアのうち、「TRAVEL UP」のページ
ビューは今や月間1,000万を超え、旅行業界に大きな影響力
をもちはじめております。

そして、「TRAVEL UP」では須原の情報を一切載せておりま
せん。

「TRAVEL UP」で取り上げられない観光地は、
もはやこの世に存在していないのも同じ。
「TRAVEL UP」だけではありません。我々が運営するほかの
メディアにおいても、須原の情報は扱っておりません。

観光客が集まらなくなった須原にて、みやび屋は
"絶望"という言葉の本当の意味を知ることでしょう。

フッフッフ・・・。

何がフッフッフ、アルか！！
メディアのページビューなんて
どうでもいいアル！

お前たちの会社に私が発注している理由を
忘れたわけではアルまいな！？
そんな手間のかかる方法ではなく、もっと早く
みやび屋に引導を渡すアル！
みやび屋を徹底的に追い詰め、
サツキを失意のどん底にたたき落とすアルッ！

は、ははーっ！

・・・で、一体、誰がみやび屋に入れ知恵してるアルか？

・・・は？？

隠すのはやめるアル。
みやび屋が屈しないのは何か理由があるはずアル。
・・・おそらく何者かが入れ知恵をしているのでは
ないアルか？

い、いや、え・・・　と、何者とおっしゃいましても・・・。

episode 06

嵐を呼ぶインタビュー

episode 06 嵐を呼ぶインタビュー

く、くそ・・・。
ヤンめ、なんてカンの鋭いやつなんだ・・・！

・・・「ボーン・片桐」のしわざでございます。

・・・ボーン・片桐？

こ、こら、井上！！
お、お前、何を勝手に・・・！

遠藤様、ここはヤン様にも事態を共有しておいたほうが
よろしいかと。
ご安心ください。私がうまく説明してご覧にいれます。

・・・ボーン・片桐。
そいつは何者アルか？

はっ！
世界最強のWebマーケッターを名乗る男でございます。
表舞台にはけっして姿を見せず、弱者のための救世主などと名乗り、
競合となるWebサイトの集客を徹底的に邪魔するとんでもない
やつでございます。

世界最強のWebマーケッター？
そんなやつがなぜみやび屋に肩入れしているアルか？

・・・これは非常に申し上げづらかったのですが、
ヤン様には正直にお伝えしておきます。

おそらく、ボーン・片桐は、
サツキとただならぬ関係があるのではないかと。

た、ただならぬ関係だと・・・！！？

・・・フフフ・・・。やるではないか、井上よ。
ボーンをヤンの恋敵に仕立て上げるということか。

・・・フフフ。

episode
06

嵐を呼ぶインタビュー

な、なるほどアル・・・！
サツキが私の求婚に応じなかったのは、
その男の存在が原因だったアルか・・・！

はい、おそらく・・・。

ボーン・片桐・・・。

遠藤、井上、
その男も徹底的につぶすアル！！
カネはいくらかかってもかまわん！

この私に勝負を挑むなど、
数億年早いことを思い知らせるアル！！

そして、サツキから一切の希望を奪い、
この私なしでは生きていけぬようにするアル！！！

ははーっ！！！

◆
◆
◆

くっ、それにしても、ヤンのやつめ・・・。
我々のメディアのページビューなんて
どうでもいいだと・・・。

まあまあ、遠藤様。
ここは辛抱でございます。

我々の目的としては、「TRAVEL UP」をはじめとしたメディアの運営を経たのち、タオ・パイ社もひれ伏す巨大メディアを作り上げることですから。

今は資金を貯めるために多少のことはガマンし、最後に我々が高らかに笑いましょう。

フッ・・・。
そうだったな。

しかし、井上、お主もワルよのう。
ヤンにあえてボーンの存在を教えることで、追加予算を引き出すとは。

フフフ・・・。

もはやボーンは我々にとっての敵ではございませぬ。
むしろ、我々のビジネスのために利用すればよいのです。

ボーン・片桐よ。
お前には散々苦汁をなめさせられたが、
最後に笑うのはどうやら我々のようだ。
滅びゆく須原の地で無様な姿をさらすがよい。

ハッハッハ。ハーッハッハッハ！！！

episode
06

嵐を呼ぶインタビュー

――同じ頃、
　バズボンバーの
　オフィスでは

episode
06

嵐を呼ぶインタビュー

・・・というオウンドメディアなんです。
ここはぜひ、バズボンバーの皆さんの力をお貸しいただければと！

高橋は自身がプランニングしたオウンドメディア「みやび旅」について、伊藤たちに熱く説明していた。

・・・バズボンバー、ネットで話題のバズコンテンツメーカーの筆頭。この人たちが味方に加わってくれれば、こんなに頼もしいことはない。

説明しよう！

バズボンバーとは、おもしろコンテンツに特化した
国内屈指のコンテンツ制作集団である。

彼らが作るコンテンツはソーシャルメディアで圧倒的な人気を誇る。以前、高橋はボーンたちといっしょに、マツオカのサイト改善の一件でバズボンバーのコンテンツと競い合ったことがあった。

う、うわあああ！！
な、なんだよ、このシェア数！！！

彼らがコンテンツに懸けるこだわりはすさまじく、ボーンが認める数少ないコンテンツ制作集団である。

episode
06

嵐を呼ぶインタビュー

episode
06

嵐を呼ぶインタビュー

元々は敵であったバズボンバーだが、ボーンは高橋に彼らのコンテンツに対する姿勢を学ばせるため、高橋をインターンとして送り出す。
最初はダメ出しばかりされていた高橋だったが、バズボンバーはやがて高橋をひとりのクリエイターとして認め、そのノウハウの一部を教えたのだった。

バズボンバーとボーンたちとのエピソードは、前作『**沈黙のWebマーケティング**』にて語られている（P6参照）。

・・・伊藤さん、いかがでしょうか・・・？

・・・なるほどな。須原の旅館で働く人たちにインタビューするコンテンツってわけか。

はい！
そうなんです！

普通の人が旅行について語るよりも、旅館で働くプロの人たちが語ることで、旅行の新たな楽しみ方を伝えられるのではないかと思っています。

・・・高橋、わりぃが、その仕事はパスだ。

・・・え？

オレたちはその仕事を請けねえ。

・・・！！

episode
06

嵐を呼ぶインタビュー

むしゅしゅしゅ、どんな企画かと思えば・・・
ガッカリでしゅね〜。

嗚呼、高橋、君がインターンとして我々といっしょに過ごした
あの時間は一体何だったのだろう・・・。

えっ・・・！？
い、いや、そ、そんな・・・。

わりーが、帰ってくれ。
また、別の仕事があったら相談に乗ってやっから。

伊藤さん・・・！

い、一体何が・・・。
オレの企画のどこが悪かったんだ・・・！？

その頃、ボーンとヴェロニカはチップを探し、須原の地を巡っていた。

チップ、一体どこにあるのかしら・・・。

・・・。

サツキさんたちにもチップの捜索を手伝ってもらっているけれど、今のところ、いい連絡はないわね。

そうか・・・。

この須原に来てからすでに40日が過ぎたわ。
チップが停止するまで、あと52日。

焦っても仕方がないのはわかっているけれど、もしものときのことは考えておいたほうがよさそうね・・・。

**・・・チップが見つからないときは、
チップ自体を破壊するしかない。**

！？
チップが見つからないのに、どうやって破壊するの？

『キャッシュオールクリア』を使う。

キャッシュオールクリア・・・！？

episode
06

嵐を呼ぶインタビュー

episode
06

嵐を呼ぶインタビュー

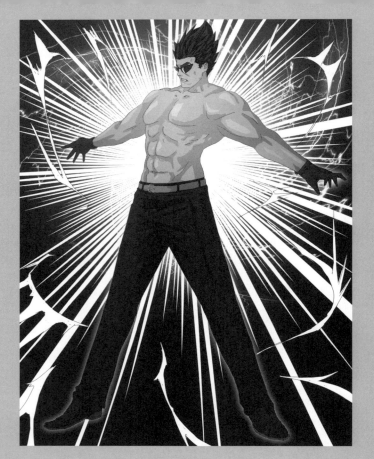

オレの身体の中を流れる微弱な電流を瞬間的に増幅させ、強烈な電磁波を起こし、半径300m以内のあらゆる電子機器の回路をショートさせる技だ。

・・・！！　そんな技が・・・。

ただ、その技はオレの肉体に大きなダメージを与える。それだけではない、この須原の電気系統にも異常が起き、数日はこのあたり一帯の営業が停止するだろうな。

・・・できれば使いたくはない。

あなたの身体のことはもちろん心配だけれど、それ以上に、プロのWebマーケッターが何の罪もないお店の営業妨害をするなんて、あなたの誇りに大きな傷をつけることになるわね・・・。

・・・ああ。
しかし、もしものときは話が別だ。
あのチップが誰かの手に渡ってしまうということは、この国、いや、この世界の未来を危機に陥れることを意味する。それを防げるなら、オレの誇りが傷つくことなど大したことではない。

ボーン・・・。

・・・親父。
あなたが命を懸けて守ろうとしたモノは、オレが・・・ 守り抜く・・・！

episode 06

嵐を呼ぶインタビュー

episode 06
嵐を呼ぶインタビュー

さて、と。明日は8件の予約が入っていたわね。
がんばらなくっちゃ！

ボーンのアドバイスによって、みやび屋はかつてのにぎわいを取り戻しつつあった。
そして、みやび屋で働くサツキたちにも、明るい笑顔が戻ってきていた。

ふう・・・。まさか、バズボンバーのみんなに断られるなんてな・・・。サツキさんたちを期待させてしまった分、報告しづらいな・・・　どうしよっか・・・。

あっ！
高橋さん、おかえりなさい！

・・・！！
サ、サツキさん！　高橋、ただいま戻りました！

高橋さん、私たちのためにライターさんに掛け合っていただき本当にありがとうございます・・・！
"とっておき"とおっしゃっていたライターさんの反応、どうでしたか？

あっ！！　・・・え、えと、なかなかの好反応で、
明日また詳しいことを打ち合わせする流れになりました！

そうだったんですね！　そのライターさん、お仕事、
引き受けていただけそうでしょうか・・・？

も、もちろんですよ！！
泣く子も黙るこの僕が声をかけたんですからね。
フフフ、期待しておいてくださいよ。

ありがとうございます・・・！

episode
06

嵐を呼ぶインタビュー

たはーっ・・・。ああは言ったものの、
バズボンバーに断られたのは痛かったな・・・。

それにしても何が悪かったんだろ・・・。
オレの頼み方? それとも、オレがあまりにもイケてる男になっていたがゆえの嫉妬・・・!?

まあ、いいや・・・。
とにかく時間がないし、次の候補に連絡するか。

フフフ。
このライターもなかなか突き抜けているな。

いろいろなメディアに寄稿しているようだし、ブログの
名前も聞いたことがあるし、実績は申し分ない・・・
この人でよさそうだな!
対面での打ち合わせも問題ないとのことだし、一度来てもらうことにしよう。

460

――そして、2日後

サツキさん、ムツミさん、この方が今回ライティングを担当してくださる「サーロイン杉本」さんです!

この方がライターさん・・・!

さすがプロのライター、ただものではないオーラをビシバシ感じるぜ・・・!

ハッハ! サーロイン杉本です。
よろしくお願いいたします。

episode
06

嵐を呼ぶインタビュー

461

はじめまして！　みやび屋の女将の宮本サツキと申します。このたびはこちらこそよろしくお願いいたします。

ハッハ！　これは美しい女将さんですな。
私、いつも以上に張り切ってしまいそうでございます。

あ、あの・・・。
サーロイン杉本さんってすごく迫力のある名前ですよね。
もしかして、サーロインステーキが好物だったり？

ハッハ。そうであります。**ステーキは素敵を生み出すエッセンス。**私の座右の銘でございます。

素敵を生み出すエッセンス・・・！

なんだかよくわかんねーけど、熱いソウルを感じるぜ！

ハッハ。
わたくし、普段はグルメに関する記事を多く書いておりまして、個人ブログも所有しております。
そのブログのページビューは月間200万ほどでございます。
ハッハ。

月間200万ページビュー！！
すげえ・・・！！

あっ、サーロインさんはグルメ系ブロガーとして有名な方なんですが、実はグルメだけでなく、さまざまなジャンルの記事を複数の媒体で書いていらっしゃるライターさんでもあります。

episode 06
嵐を呼ぶインタビュー

ハッハ。そうでございます。
最近ではグルメ探訪のための旅好きが高じ、旅行に関する記事を書かせていただくことも増えてまいりました。
なにせ、食と旅は切っても切り離せない関係でございますから。

そうなんですね！　そんな方に記事を書いていただけるなんて光栄です。どうぞよろしくお願いいたします！

ハッハ。こちらこそよろしくお願いいたします。
お力になれるよう、尽力する所存でございます。

・・・というわけで、サーロインさんには早速ひとつ目の記事を書いていただこうと思っています。
サーロインさん、事前にお伝えしていたとおり、今回の記事は"取材"がベースとなっています。
詳しくは後ほど打ち合わせさせてください。

ハッハ。
承知いたしました。

あ、高橋さん、頼まれていたリストをお渡ししますね。
取材を引き受けてくださる方のリストと、それぞれの方に向けた記事のアイデアリストです。

このリストの中でいえば、松戸屋のご主人が一番早く取材を受けてくださるかもしれません。
さっき電話でお話ししたときは、明日でも明後日でもOKだとおっしゃっていました。

episode **06**

嵐を呼ぶインタビュー

463

サツキさん、ありがとうございます。
それでは、このリストをもとに諸々進めてまいりますね。

ハッハ。なんなら、明日取材をし、明後日には原稿を完成させますよ。ハッハ。

ええっ、すごいです！ 実績のあるライターさんの手にかかれば、そんなに早く記事が完成してしまうものなんですね。楽しみにしています！

へえ～、プロのライターってさすがだなあ。

—— そして、3日後

・・・。

マ、マズイ・・・
まさかこんな記事が上がってくるとは・・・。

episode 06

嵐を呼ぶインタビュー

・・・なんだろう・・・。
勢いはあるのだけれど、記事全体を包み込む、この違和感・・・。

ハッ！
これはまさに"サーロイン杉本 on ステージ"じゃないか・・・。

これは・・・　インタビュー記事ではないっ！！
この内容じゃあ、どっちがインタビューを受けているのかわからないな・・・。

465

ハロー！ホットスプリングス！
さすらいの旅行ライター「サーロイン杉本」です。

突然ですが、みなさんは恋人と温泉旅行へ出かけることはありますか？
もし、出かけるとしたら、どんな基準で温泉旅館を決めていますか？

「貸切露天風呂」や「露天風呂付き客室」があってロマンチックな時間を過ごせそうな旅館を選んじゃう？
もしくは、手に取った旅行雑誌をトランプのカードを切るようにパラパラとめくり、偶然目に止まった旅館のページに運命を感じて決めちゃう？
さらには、休日に何気なくTVでみた旅番組の「悠久の時を奏でる～」的なナレーションに感化されて、そこで紹介されていた旅館に問い合わせちゃう？

あ、高橋さん。
こちらにいらっしゃったんですね。

あっ！
サ、サツキさん！

サーロイン杉本さんの記事の進捗、いかがでしょう？

え、えとですね、サーロインさんからもう少し時間がほしいと言われてまして、今、原稿をお待ちしているところです。

そうなんですね。
さすがに2日では仕上がらないですものね。

は、はい、僕も記事の完成を心待ちにしてまして・・・。

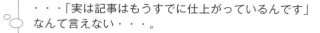
・・・「実は記事はもうすでに仕上がっているんです」
なんて言えない・・・。

では、私、これから少し外出しますので、
引き続きよろしくお願いいたします。

はい!
お疲れさまです!

・・・ふう・・・。しかし、この記事、どうすっかな・・・。書き直してくれって言うにしても、何をどう書き直してもらえばいいのかうまく伝えられる自信がねー・・・。

高橋、どうかしたか?

ギャアッ!!!

ギャアッて・・・。
高橋くん、驚きすぎ。

そこにあるのが、お前が頼んだライターの初回原稿か？

ボーンは高橋のデスクの傍らに置かれたプリントアウトされた原稿に目をやった。

い、いやいやいや、こ、これはただのメモ書きさ、そうメモ書き。

メモ書きにしては、しっかりした原稿に見えるけれど。

えっ！ あ、あの、え、えーと・・・。
・・・。

高橋、詳しく話してみろ。

・・・えっ・・・。あ、ああ・・・。
実は・・・。

・・・ということなんだ・・・。

なるほどね。
本当はバズボンバーに記事を頼みたかったけれど、彼らに断られた。
そして、仕方なしにネットで見つけたライターに仕事を頼んだものの、上がってきた原稿がイメージと違う、と。

そ、そうなんです・・・。

そのライターの記事を見せてみろ。

あ、ああ・・・。

須原「松戸屋」の主人が選ぶ、大切な人とカップルで訪れたいオススメの温泉旅館 7選

ハロー！　ホットスプリングス！
さすらいの旅行ライター「サーロイン杉本」です。

突然ですが、みなさんは恋人と温泉旅行へ出かけることはありますか？
もし、出かけるとしたら、どんな基準で温泉旅館を決めていますか？

「貸切露天風呂」や「露天風呂付き客室」があってロマンチックな時間を過ごせそうな旅館を選んじゃう？
もしくは、手に取った旅行雑誌をトランプのカードを切るようにパラパラとめくり、偶然目に止まった旅館のページに運命を感じて決めちゃう？
さらには、休日に何気なくTVでみた旅番組の「悠久の時を奏でる〜」的なナレーションに感化されて、そこで紹介されていた旅館に問い合わせちゃう？

旅館の選び方は人それぞれですよね〜。

てなわけで、あらためましてこんにちは。
さすらいの旅行ライター「サーロイン杉本」です。

私、普段はグルメ系ブロガーとして活動しているのですが、食と旅は切れない関係。

まだ見ぬ食を求め全国を旅し続けた結果、旅の疲れを癒やしてくれる温泉旅館の魅力にどっぷりハマり、それがきっかけで、旅行関係の記事を書かせていただくことが増えてまいりました。

そんな私が、今回、"日本国内の上質な旅を再発見するメディア"である『みやび旅』にて、栄えある第１回目の記事を書かせていただくことになりました。

『みやび旅』のコンセプトは**「上質なものはその道のプロに聞け」**とのことで、今回私は、須原にて大正から続く老舗旅館を営んでおられる「松戸良太郎」さんにお話を伺いましたよ。

てなわけで、松戸屋さん、よろしくお願いいたします！

こちらこそよろしくお願いいたします。

いや〜、それにしても感慨深いです。
温泉旅館好きが高じて７年。
こうして、著名な旅館のご主人と対談できるなんて。
今回は"大切な人とカップルで訪れたい温泉旅館特集"とのことで、旅館のプロであるご主人からたくさんの情報を引き出したいと思います。

了解しました。
お手柔らかにお願いします。

早速ですが・・・。
もし、私が来週、恋人とラブラブツアーをするとして、どこかの温泉旅館を予約するとしたら、どこがよいでしょうか？
予算はふたりで一泊３万円ほど。
２食付きだとうれしいです！

一泊３万円ですか・・・？
条件をハッキリ決められているんですね・・・。

episode
06

嵐を呼ぶインタビュー

471

まあ、あくまでも私の希望条件ではありますがね。
・・・おっと、いけない、いけない。
早速このメディアを私物化するところでした。

では私の希望条件は置いておいて、ズバリ、ご主人が考える、カップルにオススメの温泉旅館はどちらでしょうか！？

そうですね、私がオススメしたい温泉旅館は7つあります。最初にご紹介したいのは、兵庫県の山谷温泉にある『聚楽（じゅらく）』さんです。

episode
06

嵐を呼ぶインタビュー

『聚楽（じゅらく）』ですか！？
私、これでも温泉旅館に詳しいほうだと自分では思っておりましたが、その旅館の名前は初耳です。

聚楽、聚楽・・・。
この言葉の意味を調べてみると「皆で集まって楽しむ」という意味があるようですね〜。
素敵な名前ですね。

472

はい。
この聚楽さんは、温泉通の間で語り継がれている、知る人ぞ知る温泉旅館です。
温泉の質や料理が素晴らしいことはもちろん、それ以上に、ホスピタリティが素晴らしいんです。

ホスピタリティ？
病院のことですか？

い、いえ、ホスピタリティとは、
カンタンにいえば「おもてなし」のことです。

ほほう、おもてなしですか。

はい、このおもてなしが生み出す"空気感"がとても心地よくて。

"空気感"・・・ですか？

はい。私は常々、いい温泉旅館には"空気感"こそが大事だと思っています。

（〜以下、省略〜）

なるほど。

episode
06

嵐を呼ぶインタビュー

episode 06
嵐を呼ぶインタビュー

ボーンのアニキ、教えてくれ・・・。
このライターさんの記事を手直ししたいんだが、
どこからどう手を付けていいのかがわからないんだ・・・。

手直しはムリだな。

え・・・。

これだけ特徴のある文体だ。
おそらく、本人としては自分の文章に強いプライドを
もっているはずだ。
大きな手直しの指示は、このライターのやる気を削ぎ、
記事の勢いを殺すことになるだろう。

そ、そんな・・・。

そして何より、
このライターは"取材"に慣れていない。

取材をベースとした記事をこれ以上書かせるのも
よくないだろう。

や・・・　やっぱり・・・。

このライターはあくまでも"自分が主役になる文章"を
書くことを得意としている。

自己顕示欲が強すぎるのか、それとも、取材時に相手からあまり情報を引き出せなかったのか、どちらにしても、取材には失敗している。

・・・。

どんな名文を書くライターにも"向き・不向き"がある。このライターは、今回のような"聞き役"に徹する必要があるコンテンツには向いていないのだろうな。

episode
06

嵐を呼ぶインタビュー

取材の際、相手の話以上に自分の話をペラペラ話しちゃうタイプみたい。

ああぁ・・・。

そういや、最初に会ったときから、そんな感じがしてたんだよな・・・。

高橋、焦って人選を誤ったな。

面目ねえ・・・。
バズボンバーのみんなにさえ、断られなければ・・・。

バズボンバー・・・。

高橋くん、どうしてあなたは、そこまでして
バズボンバーに記事を書いてもらおうとしているの？

えっ・・・！？
だ、だって、あの人たちの人気を借りられれば、「みやび旅」
は一気にスタートダッシュできるはずですよ・・・？

ふふふ。
そんなに上手くいかないわよ。
だって、今回のような記事は彼らの得意分野じゃないもの。

得意分野じゃない・・・？

さっき、ボーンも言ったけれど、
ライターには"向き・不向き"があるの。

今回の記事に一番必要なのは、須原の地で働く人たちの中に眠るコンテンツをうまく引き出すことよ。
そのコンテンツをうまく引き出すことさえできれば、記事に過度な演出なんて要らないの。

バズボンバーはタレント集団みたいなもの。
自分たちが主役になることで、魅力的なコンテンツをたくさん生み出している。
それは逆に、自分たちといっしょに仕事をする相手の個性をつぶしてしまう恐れもあるのよ。
今回のサーロインさんのようにね。

バズボンバーの伊藤くんはそれを知っているから、高橋くんの依頼を断ったのかもね。
自分たちの弱みを知り、苦手な闘いを回避するのもプロの能力よ。

そ、そうだったのか・・・！

ひとまず、問題はさっきの記事だな。
高橋、お前が手配したライターは、松戸屋の主人の中に眠るコンテンツをほとんど引き出せていない。

ううう・・・。

episode
06

嵐を呼ぶインタビュー

episode
06

嵐を呼ぶインタビュー

くそーっ、オレも取材に立ち会うべきだった・・・。
サーロインのオッサンに完全に任せっきりにしちまったものな・・・。松戸屋の主人も、忙しい中、せっかく時間をとってくれたってのに・・・。

うう・・・。
サツキさんに大見得切ったあげく、こんな記事しか見せられないんじゃあ、面目ねえにも程がある・・・。

・・・。

松戸屋はどこにある旅館だ？

え・・・？
ここから200mほど行った先にある旅館だけど・・・。

200mか。

ヴェロニカ。
・・・頼む。

OK、ボーン。
松戸屋さんに今日泊まれるかどうか聞いてみるわ。
ついでに、チップ捜索につながる手がかりがないかも調べてくるわね。

・・・???

お前をWeb集客のプロとしてサツキたちに紹介した手前、初回の記事でつまずき、お前への信用を失わせるわけにはいかんからな。
今回の記事はヴェロニカに書いてもらうことにする。

えっ!!?
ヴェロニカさんが・・・!?

フフフ、こう見えて、
取材記事のライティングは得意なのよ。

ヴェ、ヴェロニカさんって一体・・・。

忘れたのか?
ヴェロニカはオレのパートナーだぞ。
Webマーケティングに関する施策には一通り精通している。

なんだか申し訳ないです・・・。
オレの不甲斐なさが原因でご迷惑をかけてしまって・・・。

高橋くん、心配しないで。
あなたはまだ経験が少ないだけ。

episode 06
嵐を呼ぶインタビュー

この間のプランニングシートを見れば、あなたが一人前のWebディレクターを目指すためにどれだけ頑張ってきたかわかるわ。

ヴェロニカさん・・・。

**松戸屋の主人には、二度目の取材を受けてもらうことになるな。
主人には申し訳ないがなんとか協力してもらうしかないだろう。**

きっと大丈夫よ。私は松戸屋に宿泊するわけだし、宿泊客からの頼みという形なら、少しは時間をとってもらえるはずよ。
ただ、松戸屋さんのお仕事の邪魔をすると悪いから、取材はさくっと切り上げるわね。

まかせたぞ。

ヴェロニカさん、よろしくお願いします・・・！！

── そして、3日後

episode **06**

嵐を呼ぶインタビュー

この記事、とっても素敵ですね・・・！
さすが、高橋さんが選んでくださったライターさんです！

須原「松戸屋」のご主人が選ぶ、カップルや夫婦にオススメの温泉旅館 7選

「旅館を選ぶときは、みんな、部屋・食事・温泉の3点で選ぼうとするんだけど、実は"空気感"こそ大事なんだ」

そう話してくださったのは、須原にある温泉旅館「松戸屋」のご主人、松戸良太郎さんです。

はじめまして、「みやび旅」のライター、一ノ瀬みやびです。

このサイト「みやび旅」は、須原にある温泉旅館「みやび屋」が運営する"日本国内の上質な旅を再発見するメディア"。
「上質なものはその道のプロに聞く」のポリシーのもと、須原で働く旅のプロフェッショナルに教えていただいた"旅に関するとっておきの情報"をご提供していきます。

今回、とっておきの情報を教えてくださったのは、須原にある温泉旅館「松戸屋」のご主人、松戸良太郎さん。

松戸屋さんは大正時代から続く旅館。
華やかさをまとった大正ロマン漂う建物は、全国にファンが多く、須原の名所としても有名です。
松戸良太郎さんはそんな歴史ある「松戸屋」の5代目。

今回私は、松戸良太郎さん（以後：良太郎さん）に、**"カップルや夫婦で訪れたいオススメの温泉旅館"**についてお話を聞くことができました。

大切な人との旅行先を探している方にぜひお読みいただきたい記事です。

● 今回のインタビューに答えてくださった方
松戸良太郎さん

須原温泉にある老舗旅館「松戸屋」の5代目。
温泉旅館を経営する傍ら、時間を見つけては全国の温泉旅館を渡り歩き、「心から安らぐ旅館とは何か？」を探求し続けている。
奥様との最初の旅行先は有馬温泉。
宿泊した旅館のおもてなしが素晴らしく、それがプロポーズ成功のきっかけになったとか。

>> 松戸良太郎さんの旅館「松戸屋」のサイトはこちら

episode **06**

嵐を呼ぶインタビュー

◆ 目次 ◆
1. 松戸良太郎さんが考える、カップルや夫婦で訪れたい温泉旅館に必要な要素
2. 松戸良太郎さんがオススメする温泉旅館 7選

　1）山谷温泉「聚楽（じゅらく）」
　2）地乃浦温泉「山楽庵」
　3）間白温泉「御宿　間白」
　4）茶岳温泉「秀麗館」
　5）竹村温泉「彩の宿　竹々亭」
　6）衣駆温泉「お宿　瑞宝」
　7）鼓立温泉「旅亭　まつ井」

1. 松戸良太郎さんが考える、カップルや夫婦で訪れたい温泉旅館に必要な要素

「大切な人と美味しいご飯を食べに行ったときに記憶に残るのは、そのご飯の味ではなく、ふたりで楽しく時間を過ごしたことだったりする。
旅も同じさ。
泊まる旅館の設備や食事の美味しさ、温泉の泉質といったこと以上に、**"そこで過ごしたふたりの時間が楽しかったかどうか"** ということのほうが大事なんだ」

483

そう語り始めた良太郎さんは、そばにあったアルバムを開き、各地の旅館で奥様といっしょに撮った写真を見せてくれました。

「どの写真もいい笑顔だろ？
嫁さんと行った旅館の中には、正直二度と行きたくないような旅館もあった。
そういう旅館では写真を撮らねえようにしてるから、この写真に写っている旅館は、すべて、オレが心から気に入った旅館さ」

そう言って笑った良太郎さん。
そして、次のように語られました。

「旅館を選ぶときは、みんな、部屋・食事・温泉の3点で選ぼうとするんだけど、実は"空気感"こそが大事なんだ」

空気感？
ピンと来ていない私に、良太郎さんは続けて言いました。

「どれだけ部屋や食事が立派でも、空気感がよくない旅館は多いもんだ。
いい旅館には、心地よい風が吹いている。
足を踏み入れ、そこで働く人の笑顔に触れた瞬間、**"ああ、ここで働いている人たちは、この旅館が好きなんだろうなあ"**ってのがわかるんだ。

空気感は、人が作り出すもんだ。
そして、旅館ってのは、人が人をもてなす場所だ。
だから、旅館の質ってのは、そこで働く人の質で変わるのさ。

大切な人と過ごす大切な時間だからこそ、その時間を心から託せる人たちのいる旅館を選んだほうがいい。
今回は7つ旅館を紹介するが、どの旅館にもいい風が吹いていたぜ」

そして、良太郎さんは、次の旅館を教えてくれたのです。

2. 松戸良太郎さんがオススメする温泉旅館 7選

1) 山谷温泉「聚楽(じゅらく)」

「聚楽(じゅらく)」は兵庫県の名湯「山谷温泉」にある温泉旅館です。部屋数は5つと、とても小さな温泉旅館なのですが、初めてこの旅館に宿泊された良太郎さんはビックリされたそうです。

「煎茶へのこだわりにビックリしたよ」

(〜以下、省略〜)

サツキさん、喜んでくださってうれしいです。
この調子で第2弾、第3弾の記事もアップしていきますね。

あ、ライターさんのお名前が「**サーロイン杉本**」さんではなく、「**一ノ瀬みやび**」さんになっていたのですが、サーロイン杉本さんはどうされたんですか・・・？

あっ・・・！！
サーロイン杉本さんは、あ、あれです！

サーロインステーキの食べ過ぎで夏バテならぬ肉バテになってしまったようで、今回急遽、私の知り合いの「一ノ瀬みやび」さんにお願いしたんです。

サーロインさんに期待してくださっていたのに、すみません・・・！

episode
06

嵐を呼ぶインタビュー

いえいえ！　問題ありません。
代打の一ノ瀬さんがこんなに素敵な記事を仕上げてくださったんですから。高橋さんにすべてお任せします。

それにしても、サーロインさん、
ご体調大丈夫なんでしょうか・・・？

き、きっと大丈夫です！
安心してください！

・・・しかし、今回はヴェロニカさんに助けられたな・・・。
まさかヴェロニカさん、ライティングもこんなに得意だったなんて。

高橋くん、松戸屋のご主人から興味深い話をたくさん
聞いてきたわよ。

ありがとうございます・・・！！

今回、松戸屋のご主人には、私がインタビューに伺った
ことを内緒にしてもらう約束を交わしたわ。

サーロインさんの取材が失敗していたことは、サツキさんたちにはバレないと思うから、安心して。

そ、そんな配慮まで・・・！！
本当にありがとうございます・・・！！

episode 06

嵐を呼ぶインタビュー

高橋くん、せっかくだから、今回、私が松戸屋さんへの取材で使ったノウハウを教えておくわね。

ノウハウ・・・？

そう。
取材のノウハウよ。

487

この間ボーンも言ったようにインタビュー記事はね、取材時に相手の中に眠るコンテンツをどれだけ引き出せるかで勝負が決まるといっても過言ではないの。

サーロインさんの記事はおもしろかったんだけれど、彼の記事は明らかな**「取材力」**不足だった。

取材力・・・？

そう、取材力がないと、
相手の中に眠るコンテンツをうまく引き出せないのよ。

・・・！

取材は、取材前の**「準備」**と取材中の**「空気作り」**のふたつが大事。
サーロインさんは、後者の「空気作り」が苦手だったのかも。

空気作り・・・。

空気作りは、音楽にたとえると、"アンサンブル"ね。
アンサンブルは、何かひとつの楽器が主張しすぎると崩れてしまう。

いいアンサンブルを奏でるためには、いっしょに演奏する相手のトーン、リズム、フレーズに合わせて寄り添う必要があるの。

なるほど・・・。

サーロインさんは、松戸屋の主人と、いいアンサンブルを奏でられなかったんですね・・・。

サーロインさんはたとえるなら"ソロミュージシャン"って感じね。

自分がステージの中央に立って、誰かに伴奏をしてもらわないといけないタイプ。

だから、伴奏者に徹しなければならないインタビューには向いてなかったのよ。

・・・！

今回は私が記事を書いたけれど、次回以降は別のライターさんに書いてもらうことになるわ。

インタビュー向けのライターの人選をする際は、今から私が教える取材のノウハウを念頭に置きつつ、"取材力"のある人を選ぶようにしてね。

はいっ！！

episode 06
嵐を呼ぶインタビュー

取材を成功させるためのポイント

取材はね、大きく分けて、取材前、取材当日、取材後の3つのプロセスに分かれるの。

どのプロセスにおいても配慮すべきポイントがあるから、それを覚えておいてね。

■ 取材前（準備）

1 ライターの手配

ライターを選ぶ際は、取材経験豊富なライターを選ぶに越したことはないけれど、もっと大事なのは**第一印象のいいライター**を選ぶことよ。

なぜなら、第一印象で悪い印象をもたれてしまうと、相手に警戒感を抱かれてしまって、なかなか話を引き出せなくなるからなの。

イケメンや美人を選ぶというわけではなく、明るく打ち解けやすい印象をもった人を選んでね。

また、そのライターが過去にどんなインタビュー記事を書いてきたか、ということも大事よ。

今回のサーロインさんの場合、彼の経歴をよく調べてみれば、過去にインタビュー記事を書いた経験がなかった。

どれだけいい文章を書くライターさんでも、インタビュー記事の案件においては、取材の経験があるかどうかは大事なの。

2 写真撮影の事前許可

もし、取材時に写真撮影をしたいのであれば、事前に取材相手にその旨を伝えておいてね。

でないと、当日、取材相手が**「撮影向きではない服装」**で現場に現れるなんてケースもあるから。

また、カメラマンを手配するのであれば、そのことも相手に伝えておいてね。

もし、ライターひとりで写真撮影まで行う場合は注意が必要よ。

カメラマンを同行すれば、取材中でも写真が撮れるけれど、ライターだけで訪れている場合、取材中にライターがカメラを取り出すと、取材の流れが切れてしまう。

そうならないよう、ライターが写真を撮る場合には、取材後に撮らせてもらうようにしましょう。

3 下調べをしっかりしておく

取材当日までに、取材相手に関する情報をできるだけ集めておくことは大切よ。

「えっ!? そんな情報も知っているんですか?」と、相手が驚くくらいに細かく調べておいて損はないわ。

取材する側が相手のことをしっかり調べたということは、その行為自体が**相手に対する敬意の表れ**になるの。

以前、高橋くんも読んだと思うけれど、デール・カーネギーの『人を動かす』という本は、取材力を上げる上でもオススメよ。

この本の中には、人に好印象をもってもらうための極意が書かれている。

たとえば、**「相手に誠実な関心を寄せる」**という極意は、まさに今、私が話した"取材相手に関する情報をできるだけ集めておく"ということにつながるわね。

4 取材の目標を立て、質問リストを作っておく

取材で大切なのは、**「この取材を行ったのち、どんな内容の記事を書くか？」**ということをあらかじめ考えておくことよ。

つまり、**「取材の目標」**を立てておくことが大切なの。

"取材をする前から記事の内容を考えておく"というのは変な話かもしれないけれど、目標を立てておかないと、どんな質問をすればいいかの方向性が決まらないわ。

また、取材の目標が決まっていれば、その目標を事前に相手に伝えておくことができ、相手も何のための取材かがわかって、心の準備ができるでしょ？

目標というのは、たとえば、今回の私の松戸屋さんへの取材だったら・・・。
「温泉旅館で働くプロの人たちに、それぞれがオススメする温泉旅館を教えてもらうことで、一般の人たちが普段気付かないような温泉旅館の楽しみ方を啓蒙したい。そして、その結果、インタビューを受けてくださった人たちのブランディングにもつなげたい」
というものになるわ。

こういった目標を立てておけば、どんな質問をすればいいのかが決まってくる。

たとえば、「温泉旅館のプロだからこそ、ほかの温泉旅館に泊まった際に気になるポイントは何ですか？」とか、「一般の人が露天風呂に入る際、気を付けたほうがいいポイントはありますか？」といった質問は、さっきのように目標を立てるからこそ、自然と浮かび上がってくるの。

そして、質問の候補が出揃ったら、事前にカンタンな**「質問リスト」**を作っておくといいわ。

その「質問リスト」があれば、取材相手に事前に**「当日、こんな質問をします」**ということを知らせることもできる。

また、もし、そのリストを渡した相手から**「この質問はNGでお願いします」**という返事があれば、事前に対処できるでしょ？

さらには、じっくり考えないと返答できないような難しい質問が含まれている場合には、当日までに答えを考えてきてくれるかもしれない。

なにより、質問リストがあれば、取材をする側も変に緊張しなくていいの。

取材は台本どおりに進んでいくものではないから、場合によっては、時間が押してしまうこともある。

そんなとき、質問リストに質問の**"優先度"**をつけておけば、慌てないで済むでしょ？

■ 取材当日（空気づくり）

1 レコーダーを使っていいかの許可をとる

相手の話を聞きながらメモをとっていると、メモをとっている間、相手の話を聞き逃してしまう恐れがあるわ。

そうなると、相手と会話が噛み合わなくなって、現場の雰囲気も悪くなってしまう。

だから、そうならないように、相手の話はレコーダーで録音しておくのがいいわね。

そうすれば、会話中は相手の話を全力で聞けるし、会話をレコーダーに残しておけば、あとから**「言った・言わない」**のトラブルも避けられる。

ただ、レコーダーを使う際は、必ず事前に相手に許可をとってね。
自分の話が録音されている状況を気味悪く感じる人も多いから。

レコーダーを取り出す際は、**「記事を書く際に今日のお話を振り返るための録音ですので、けっして悪用はしません。ご安心ください」**と伝えておくといいわ。

episode 06 嵐を呼ぶインタビュー

❷ 現場の緊張を緩和するために、雑談から始める

もし、相手が取材に慣れていない場合には、まずは相手の緊張を解くことが大切よ。

その上でオススメなのが、最初に軽く**"雑談"**をすることなの。

「天気」「健康」「食べ物」「芸能」「家族」「ペット」、そういったネタで雑談をすれば、誰とでも盛り上がりやすい。

また、雑談が思わぬトークに発展して、そこからおもしろい話が聞ける場合もある。

雑談は、取材におけるスパイス的な意味でもうまく取り入れてね。

❸ 「類似性の法則」を発動するために、共通点を探す

心理学にはね、**「類似性の法則」**という法則があるの。

これは、**"人は自分と共通点をもつ相手に心を開きやすい"**という法則よ。

この類似性の法則をうまく使えば、現場の雰囲気がフランクになりやすい。

たとえば、相手と住んでいる場所が近いとか、年齢が近いとか、大学時代の専攻が同じとか、好きな食べ物が同じとか、好きなアイドルが同じとか。

共通点はなんでもいいわ。

相手が企業だったら、極端な話、その企業の資本金と自分の誕生日の数字が似ている、なんてことでもいいの。

ちょっとしたことでも共通点が見つかれば、相手は取材する側に親近感を感じるようになる。

ぜひ、試してみてね。

■取材当日(取材中のあいづちや質疑応答)

1 相手とペースを合わせる(ペーシング)

取材中は相手が話しやすいように**"会話のペース"**を調節することが大事よ。

取材で大事なのは、リズムをうまく作ること。
相手がリズムに乗れば、言葉はどんどん湧き出てくる。
逆に、リズムに乗れなければ、話はどこか噛み合わなくなる。

あいづちを打つタイミングひとつでリズムは変わってくるの。

相手とペースを合わせることを**「ペーシング(pacing)」**と呼ぶんだけど、相手の話のスピードに合わせて、最適なタイミングであいづちを打ったり、質問を投げかけたりするのが大事よ。

もし、質問した際、相手が退屈そうにしている場合は、もしかすると、その質問は相手にとっては過去に何度も聞かれている質問なのかもしれない。

その場合には、質問の内容を大きく変えてみることも大事よ。

2 「話をしっかり聞いています」感を出す

取材が進んでいくと、相手によっては、**「自分の話っておもしろいのだろうか…?」**ということを気にし出したりする。

だから、聞き手は相手を不安にさせないよう、**「私はあなたの話をしっかり聞いていますよ、あなたの話はおもしろいですよ」**ということを要所要所で意思表示する必要があるのね。

その際に使えるテクニックが、**「なるほど…! そうなんですね…!」**と大きくあいづちを打ったり、相手の話を要約して**「なるほどです! つまり〜〜ということなんですね」**と発言することなの。

また、**「先ほどおっしゃっていた、あのことなんですが…」**と少し前の話題を振り返ることもオススメよ。

episode 06 嵐を呼ぶインタビュー

「この人は自分の話をしっかり覚えてくれている」と感じてもらえるから。

とくに、相手の話を振り返ることは、取材する側が取材相手の話を間違えて解釈していないかという確認にもなるの。

③ 相手が考え込んでしまったときは、沈黙を恐れず、じっくりと待つ

質問したあとに相手が考え込んで黙ってしまったとしても、焦って答えを求めてはダメよ。

その沈黙は、相手が答えを出すためにじっくり考えているということ。

取材ではペーシングが大事だから、たとえ長い沈黙が続いても、相手のペースに合わせて、焦らず、ゆっくり待ってあげてね。

ただ、相手が答えにくそうにしている場合には、あえてさらに深く切り込んでもいいかもよ。

相手が答えにくい質問にこそ、ほかでは話していない金脈が眠っていたりするから。

④ 基本的に、こちらが"教えを乞う"スタイルで取材にのぞむ

取材のときに一番やっちゃいけないこと。

それは、**"取材相手と対等な立場で話をする"**ということよ。

取材する側は**「相手から教えを乞う＝教わる」**という立場で、相手を立てつつ取材にのぞむことが大切なの。
とくに、年齢差があるような相手や社会的な地位が高い相手の場合はね。
そういう人たちは「教えてください」と目を輝かせる弟子のような人を好む傾向にあるの。

だから、取材する側も、そのような姿勢で取材にのぞめば、いい結果が得られるわ。

5 相手の言ったことを深掘りする

相手が話したことに対して、常に**「Why（なぜ？）」**で考えるようにすれば、相手の話をどんどん掘り下げることができる。

ただ、あまりにも「Why（なぜ？）」が多すぎると相手が疲れちゃうから、ほどほどにね。

6 「オープンクエスチョン」と「クローズドクエスチョン」を使い、質問にリズムを作る

「オープンクエスチョン」というのは、回答が自由な質問のこと。
たとえば、「あなたが好きなタレントは誰ですか？」といった質問のことよ。

一方、**「クローズドクエスチョン」**とは、回答が「Yes（はい）／No（いいえ）」の2パターンに分かれるような、あらかじめ回答パターンが決まっているような質問のこと。
たとえば、「あなたはオードリー・ヘップバーンが好きですか？」といった質問のことよ。

「クローズドクエスチョン」の場合、回答がシンプルなので、回答者の脳が疲れにくいメリットがあるわ。

取材の場合、ほとんどの質問が「オープンクエスチョン」になるんだけど、ときどき「クローズドクエスチョン」を交えることで、相手の脳の負担を下げてあげることができるの。

■取材後

1 記事が公開されるまでのフローを伝える

取材が終わったあとは、その取材に関する記事が、いつどんな形で公開されるのかを相手に伝えてね。
記事が公開されるスケジュールを伝えておけば、相手が記事内容の確認などを手伝ってくれやすくなるから。

episode
06

嵐を呼ぶインタビュー

2 取材後の雑談にも気を抜かない

取材を終えたばかりのリラックスした相手と話していると、思わぬ情報を得られることがある。

だから、取材する側は取材後もリラックスせず、相手に対してアンテナを敏感に張っておくといいわ。

3 編集・脚色の許可をもらう

取材した内容によっては、どうしてもおもしろい記事を作るのが難しい場合がある。

たとえば、質問の答えが思っていたよりも普通だったりするとき。

そのときは、取材した内容を"事実に反しない範囲"で少し色づけする可能性があるということを伝えておくといいわ。

もちろん、脚色はあくまでも脚色よ。
事実とかけ離れたような内容にしてはダメよ。

4 録音や、撮影した写真を確認する

取材が終わったら、録音したファイルや撮影した写真を必ず確認してね。

もし、うまく録音できていなかった場合、もう一度聞いておきたい内容があれば、その場でお願いしてもう一度話してもらうことも大切よ。

また、よい写真が撮れていなかった場合も、その場で撮り直しをさせてもらえる場合があるから、あきらめないで。

5 御礼メッセージを送る

取材が終わったら、できればその日のうちに御礼メッセージを送っておいてね。

相手はあなたのために貴重な時間をとってくれたわけだから、その相手に対する感謝の気持ちはできるだけ早く示したほうがいいの。

マナーを大切にする人だということを相手に印象付けておくことで、次回、同じ相手を取材することになっても、いい雰囲気で進められるはずよ。

6 記事を作成する

取材で得た情報は、いったんは**「マインドマップ」**などで整理するといいわ。情報を整理することで、記事の構成も決まってくる。

インタビュー記事を作成する際の一番の注意点は、**会話をそのまま記事にしない**ということ。

取材時の会話をそのまま記事にしてしまうと、余計な言葉がたくさん入ってしまって読みづらくなってしまうの。

また、検索エンジンにも評価されにくい記事になるわ。

もし、会話を入れる際は、適度な量を意識しつつ、読みやすさに配慮した編集を行うようにしてね。

episode 06 嵐を呼ぶインタビュー

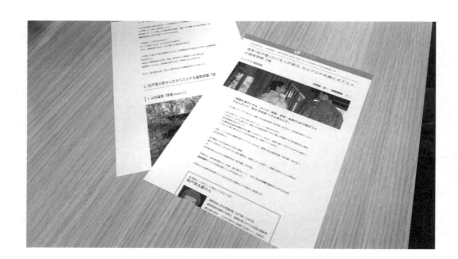

episode 06
嵐を呼ぶインタビュー

ヴェロニカさんに教えてもらったことを踏まえて
この記事を見返すと、あらためて素敵な記事だと感じる。

ほんとこの記事、いい記事だなあ。

この記事を読むと、紹介されているどの温泉にも
足を運びたくなりますね。

そしてなにより、この記事のインタビューを受けている
松戸屋の主人のことも気になってくるよな。

**「"空気感"を大切にするご主人が経営している松戸屋って、
きっと素敵な旅館なんだろうな・・・」ってな。**

そうなりゃ須原にも興味が湧いてくる。
まさにアネキの狙い通りだぜ!
さすがだな。

ううん、この素敵な記事は、高橋さんのおかげよ。
高橋さん・・・　本当にありがとうございます！！

 へ、へへへ〜。

 次回の記事もまかせてください！　次回も"取材力"のある、
素敵なライターさんをアサインしますから。

 楽しみにしています！

episode
06

嵐を呼ぶインタビュー

 よし、では、
オウンドメディア「みやび旅」を公開するぞ。

　はいっ！！！

　──10日後

501

episode 06

嵐を呼ぶインタビュー

な、なんだ、このメディアは・・・！？

「温泉旅館 カップル」で検索すると上位に表示されています・・・。

なぜ、この検索ワードで、こんなに少ない記事数のメディアが上位に食い込んでいるのだ・・・！？

みやび旅・・・！？ こ、このメディア、みやび屋のドメイン内で運用されているようです・・・！

ということは、みやび屋のオウンドメディア・・・！？

・・・！！！ おのれ、ボーン・・・！！！
あくまでも我々の前に立ちふさがるつもりか・・・！！

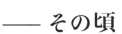

―― その頃

 よし、もう一度チャレンジだ・・・。

 一度断られちまうと、二度目は緊張するもんだな・・・。
ううう、男を見せろ、高橋！

episode 06

嵐を呼ぶインタビュー

episode 06

嵐を呼ぶインタビュー

 高橋、もう一度、バズボンバーのところへ行ってこい。

 えっ！？
オレ、仕事を断られたんだぜ・・・！？

 それは当然だ。
お前があいつらのことを理解できていなかったからな。

お前がバズボンバーでインターンをして学んだことは
何だったんだ？ あいつらの作るコンテンツの"源"に
ついて、何かを学んだはずだ。

 ・・・！！

何かを学んだはずだって言われても・・・
歌舞伎町に連れ出されたり、顔中に落書きされたり・・・。
あれ・・・何を学んだんだっけ・・・。

お前、あいつらを自分の物差しで判断していないか？
思い出せ。
あいつらは普通のライターの器に収まるような男たちではないぞ。
お前が"リミッター"をかけていい相手ではない。

・・・！！

開放するんだ。あいつらの可能性を。

開放・・・！！？

バズボンバーの皆さん、いらっしゃいますか？

・・・？　高橋か？

むしゅしゅしゅ？？
あれ、高橋くん、また来たよ。

嗚呼、この私の美貌を拝みたくなり、
再び訪れたのではなかろうな。

スーッ

伊藤さん！　田中さん！　山本さん！
バズボンバーにしか作れないコンテンツで、
みやび屋を・・・。須原を救ってください！！

むしゅしゅ？？？

まさかの再依頼？

・・・高橋、おめー、何言ってんのか、わかってんのか？

はい！！　オレ、バズボンバーの作るコンテンツの
いちファンだってことを思い出したんです。

バズボンバーが作るコンテンツはどこよりも突き抜けてて、
そして、おもしろくて・・・。
誰かが思いつくような企画で縛っちゃえるような人たちじゃ
ないってことに気付いたんです。

だから・・・　コンテンツの企画もすべてお任せします！
須原を救う、とびっきりのコンテンツをよろしく
お願いします！

言っちゃった・・・。

 むしゅしゅ。

 フッ・・・。

 いいのか？　高橋？
オレたち・・・ぶっ飛んだの作っちまうかもしれねーぞ。

 ・・・はい！
ぶっ飛んだの、ぶちかましちゃってください！！

episode 06

嵐を呼ぶインタビュー

・・・そこに座っときな。
見積書を作ってやる。

チップのGPS作動停止まで
あと…

episode
06

嵐を呼ぶインタビュー

・・・ボーン・片桐とやら。
お前はこの世でもっとも敵に回しては
いけない男の怒りを買ってしまったアル。

12号、そこにいるアルか？

はっ！

 ボーン・片桐を・・・消せ。
やつはみやび屋に宿泊し、ヴェロニカと名乗る女性と共に行動をしているらしい。

・・・その女性といっしょに行動している男を消せばよいのですね。

 そうアル。

・・・仰せのままに。

episode
06

嵐を呼ぶインタビュー

次回予告

ヴェロニカの協力によって完成した取材記事。
その記事は遠藤たちに衝撃を与え、みやび屋のオウンドメディアの
華々しい第一歩となった。

そして、ついに動き出すバズボンバー。
彼らが作り出すコンテンツとは一体どんなものなのか・・・？

みやび屋に追い風が吹く中、ボーンたちの背後に忍び寄る黒い影。
その影は彼らにどんな試練を与えるのか・・・！？

episode 07　次回、沈黙のWebライティング第7話。
「今、すべてを沈黙させる・・・！！」

今夜も俺のタイピングが加速するッ・・・！！

ヴェロニカ先生の特別講義

SEOに強いライターの育成法

第6話に登場したサーロイン杉本さん、個性的な文章を書くライターだったけれど、インタビュー記事は苦手だったみたいね。
どんなライターも得意・不得意はあるわ。そう、SEO向け記事の執筆が得意なライターさんもいれば、苦手なライターもいるの。
この解説では**SEO**向け記事の執筆が得意なライターさんの見つけ方と、ライターさんの**マネジメント**について解説するわね。

■ 検索ユーザーは「読みたい」のではなく、「情報」を知りたい

　本編ではインタビュー記事の作成に強いライターについて触れましたが、Webサイトへの集客においては、SEOに強い文章を書けるかどうかは重要です。
　SEOを意識したライティングを行う際に忘れてはいけないことがあります。それは、検索エンジン経由でコンテンツを見に来る人の多くは、文章を読みたいわけではなく、**"情報を知りたいだけ"**だということです。
　もちろん、ユーザーは情報を得るために文章を読むのですが、文章は**"あくまでも情報を伝える手段のひとつでしかない"**ということを理解しておかなければいけません。
　情報を伝える方法は文章だけではなく、動画や写真などさまざまなものがあります。つまり、SEOを意識した文章を書くならば、相手に情報を伝えるにふさわしい文章になっているかを意識する必要があるのです。

　本節の最初にこの本質をお伝えしたのは、往々にしてこの本質を無視したライティングが行われがちだからです。

■ SEOを意識したライティングにおいて重要な要素

　第4話の解説（P335参照）でも取り上げましたが、ここで再び、SEOを意識したライティングにおいて重要な要素を整理してみます。

① 検索ユーザーの検索意図に合っている

② 検索意図を満足させるような専門的な知識を、どこよりもわかりやすく解説している

③ 検索ユーザーが求める知識を網羅的に扱っており、ほかのページへ移動する必要がない

④ コンテンツで扱う情報は、信頼できる文献や機関を参考にしている

　この4つの項目を見ればわかるように、SEOを意識したライティングは本来とても地味な作業です。誰にでもわかりやすく解説するということは、誰にでもわかるような表現を用いるということ。

　一部の人にしかわからないようなマニアックな表現は使えませんし、場合によっては、自分の個性を消さないといけないこともあります。また、いろいろな人の意見を参考にして、文章をブラッシュアップしていかねばなりません。多くの人の意見を聞きすぎると個性がなくなると危惧されるかもしれませんが、SEOを意識したライティングは、むしろ、できるだけ多くの人の意見を聞き、その**"最大公約数"的なアプローチ**を取り入れないといけないのです。

　つまり、自分の個性を出すより前に、まずは上記の4つの要件を満たした文章にする必要があります。

　そうはいっても、記事が実際に上位表示されればたくさんの人に記事を見てもらえるわけですから、その喜びは大きいでしょう。また、ソーシャルメディア上で花火のように一瞬だけ拡散されるコンテンツと比べ、SEO向け記事は検索結果から継続的なアクセスを得られ、長期にわたって読んでもらえる利点もあります。

　さらに、この『沈黙のWebライティング』や『沈黙のWebマーケティング』のように、SEOを意識しつつ、個性を打ち出した読み物系コンテンツを展開することも可能です。

■ ひとつのテーマの情報を深く掘りさげる「探究心」と「忍耐力」

　SEO向け記事の多くは**「情報の網羅性」**が大切です。なぜなら、情報を網羅しておくことで、検索ユーザーのムダな行動を減らすことができるからです（ただし、ひとつの記事の中で網羅的に情報を取り上げたほうがよいか、複数の記事に分けたほうがよいかは、ケースバイケースです）。

ヴェロニカ先生の特別講義　SEOに強いライターの育成法

511

そのためには、ひとつの情報を深く掘りさげていくための「探究心」と「忍耐力」が必要です 図1 。書き手が情報を深く掘りさげれば掘りさげるほど、その情報に対する理解が深まり、噛み砕いた解説ができるようになるからです。

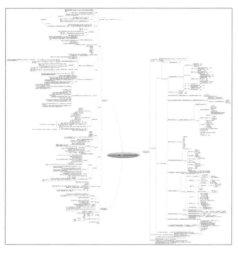

図1 ウェブライダー社の外部ライターが作成したマインドマップ

記事を執筆する前のインプットとして、ひとつのテーマの情報をかなり深く掘り下げている。こうして掘りさげた情報を、取捨選択をしたのちに記事を執筆している

SEO向け記事では、フィードバックする側の努力も大切

また、SEO向け記事では、**「論理的思考」**を必要とします。なぜなら、わかりやすい文章を書くためには、読み手に「なぜ？」と感じさせないことが必要だからです。

ただ、この論理的思考は、さまざまな立場の読み手を想定しておかないといけません。第4話の解説でお伝えしたとおり、「何を論理的に感じるか？」ということは人それぞれで異なっており、その人があらかじめ備えている「知見」によって変わってくるからです。

よって、外部のライターに記事を発注する場合は、すべてをライターに任せるのではなく、発注側も"読み手目線"で、できるだけフィードバックを行うように努めましょう。SEOを意識したコンテンツでは、フィードバックをする人の数は多いに越したことはありません 図2 図3 。

図2 記事に対するフィードバックの例

ウェブライダー社の例。Googleスプレッドシートを使って、複数人体制でフィードバックを行うことが多い

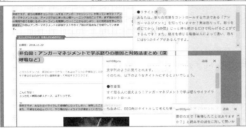

ウェブライダー社の例。Adobe Acrobatを使用した場合は、PDF上にコメントや注釈を書き込んでフィードバックしている

図3 ウェブライダー社の記事制作フロー

記事のコンセプト決め
（上位表示を狙うキーワード、記事を読ませるターゲット決めなど）

↓ フィードバックのやり取り

マインドマップでの整理
（特定のキーワードで上位表示を狙う際に必要と思われる情報をまとめる）

【監修者への確認】 ↓ フィードバックのやり取り

Wordを使って、記事の執筆

↓

Adobe Acrobatの「注釈」機能を用いたフィードバック
あるいは、Googleスプレッドシートを用いた、複数人によるフィードバック

↓ フィードバックのやり取り

Wordを使って、記事のリライト

【監修者への確認】 ↓ フィードバックのやり取り

公開
（WordPressなどのCMSへ反映）

↓

成果測定・必要に応じてブラッシュアップ

■ フィードバックでは「言語化」をすることが大切

　記事をフィードバックする際は、フィードバックする側がライターに「なぜ、ダメなのか？」「どうすればよいのか？」といったことを**言語化して伝える**必要があります。「なんとなくダメ」「なんとなく気に入らない」という伝え方では相手が困ってしまうだけですから、そのようなフィードバックは避けるべきです。

　ひとつひとつのフィードバックの言語化は大変かもしれませんが、第三者に対してわかりやすく言語化することによって、そのフィードバックがノウハウとして蓄積されていきます。ノウハウになれば、再現性が生まれます。

　つまり、次回以降、同じようなフィードバックをする際に、スピーディーに対応することができるようになるのです。あとあと苦労しないためにも、「なぜ、ダメなのか？」をしっかり言語化しておきましょう。

　図4 は「ナースが教える仕事術」内にある「アンガーマネジメント」に関する記事です。執筆時点で、この記事は「アンガーマネジメント」という検索キーワードで上位表示しています。

　参考までに、この記事を作成する際に、筆者から記事を執筆した外部ライターに向けて、フィードバックした内容を紹介します。取り上げるのは、あくまでも「記事の冒頭のみ」のフィードバックですが、300文字ほどの文章に対して、フィードバックは1,000文字ほどになっています 図5 。

　フィードバックの文章は長いほどいいわけではありませんが、こちらの意図をしっかり伝えるためには、ある程度長い文章でフィードバックする覚悟も必要です。

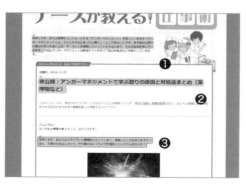

図4　記事へのフィードバック例
現在の記事タイトルは「すぐ怒る人に教えよう！アンガーマネジメントで学ぶ怒りやイライラのコントロール」

図5 図4 の①〜③で示した部分へのフィードバック内容

① 最初に目にする文章のため、読者の興味喚起をしたい。
そのためには、本編で扱っている「アンガーマネジメント」のノウハウの中から、読み手の知的好奇心を刺激する内容を前にもってくる。

● リライト例
　あなたは、怒りの感情をコントロールする方法である「アンガーマネジメント」を知っていますか？ 実は怒りって、怒りを感じてから「6秒間」じっと待ち続けるだけで和らげることができるんです！ また、怒りを感じる理由は人によって違い、怒りには6つのタイプがあるんですよ。

② このタイトルですが、SEO向けタイトルとしてはありなのですが、初期のソーシャル拡散では弱いと思います。
ソーシャル拡散では以下の要素を踏まえてタイトルを考えてください。

1. 自分事
2. シェアしたくなる意外性
　（オレ、こんな記事を見つけたんだぜ、と思わずシェアしたくなる）
3. 明らかにSEOの成果を狙っている記事だと思わせない
　（キーワードの詰め込み過ぎや不自然な文章は避ける）

上記を踏まえると、現タイトルだと「アンガーマネジメントで学ぶ怒りの原因と対処法まとめ（深呼吸など）」という文字列がSEO目的の文字列のように見てとれます。
そのため、以下のようなタイトルにするとよいでしょう。

●改善案
　すぐ怒る人に教えよう！アンガーマネジメントで学ぶ怒りやイライラのコントロール

ちなみに、SEO向けタイトルとして考えた場合、元々の記事で採用されていた「怒りっぽい」などのワードよりも「すぐ怒る」のほうがテールワードを含めた検索回数が多かったので、「すぐ怒る」がいいかなと思いました。

○怒る関連キーワード検索数

すぐ怒る	1300	怒りっぽい	1300
すぐ怒る人	720	怒りっぽい人	590
すぐ怒る彼氏	590	怒りっぽい原因	170
（略）…		（略）…	
合計	9000	合計	6710

③ 最初の文で「後悔したことはありますか？」と読み手の過去に対して問いかけているのに、続く文章では「ため込んでいて〜たまっていたり」と、現在進行系で問いをしているため、読み手としては時系列がわかりづらく、共感しづらくなってしまいます。
よって、現在進行形だけでよいのではないかと思いました。…（以下略）

ヴェロニカ先生の特別講義　SEOに強いライターの育成法

■ SEO向け記事の執筆に向いているライター像

ここまでSEOを意識したライティングに必要な姿勢についてお話ししてきました。これまでの話を総合すれば、SEO向け記事の執筆に向いているライター像が見えてきます。たとえば、以下のような書き手は、SEO向け記事の執筆に向いているといえるでしょう。

- ❶ ロジカルシンキングが得意
- ❷ 調査や研究が好き
- ❸ 定石や法則を考えるのが好き
- ❹ 精神的に打たれ強い
- ❺ 素直な人
- ❻ 自分に過度な自信をもっていない

④と⑤の要素は非常に重要です。なぜなら、SEOで効果を上げる記事の内容を突き詰めていく過程では、たくさんのフィードバックが生じるからです。

はじめから完璧な文章を書ける人なんていません。どんなに実力や実績のあるライターであっても、**SEO向け記事ではたくさんのフィードバックが発生する**でしょう。もちろん、実際の案件には納期がありますから、無限にフィードバックをすることはできません。それでも、納期までにできるだけ多くのフィードバックを行い、記事のクオリティを上げることは大切です。

それを考えると、度重なるフィードバックに耐えられる精神力を備えていること、そして、記事を書く目的をしっかり見据え、ともに切磋琢磨してゆける存在はとても大切です 図6 。また、実績豊富なライターの場合、その方独自のクセやこだわりが邪魔をしてしまうケースがあります。実績が豊富だとしても、冷静に判断して発注するようにしましょう。

図6 ウェブライダー社が発注している外部ライターのイメージ

記事の執筆を依頼する際に気を付けること

SEO向け記事の執筆においては、前述したようにライター側のオリジナルな表現力よりも、まずは**情報を徹底的にわかりやすく整理していく作業**が必要です。そのため、ライターからすると、苦労が多いわりにおもしろくない案件と受け取られることがあります。最悪のケース、フィードバックの量によっては、相手は嫌気がさして、案件を辞退してしまうかもしれません。

ですから、SEO向け記事の執筆を発注する際は、相手が万全の状態で取り組んでくれるよう、こちらも次のことを意識しておく必要があります。

・**ギャランティをしっかり払う**
　（ウェブライダーの場合は1記事3万円から）

・**最初はテスト案件から始め、向き不向きがあるということを念押ししておく**
　（相手のプライドを守り、変にこじれないように防波堤を築いておく）

・**最初から全力でフィードバックする**
　（途中からフィードバックを強くすると、相手の中にネガティブな感情が生まれやすい）

・**相手との相性が悪そうであれば、ムリはさせず、こちらから身を引く**
　（SEO向け記事の執筆には向き不向きがあります。よって、相手が自社の案件に合っていないと感じた場合は、ギャランティを支払った上で、こちらから身をひき、別のライターの方を探したほうがよいでしょう）

ジャンルに精通したライターがベストとはかぎらない

特定のジャンルに関するSEO向け記事が必要になる場合、そのジャンルに詳しいライターに発注することがよくあります。しかし、ターゲットが幅広いSEO向け記事においては、「わからないことをわかりやすく解説する」ために、「**わからない人」の視点で記事を書けるライター**の存在が重要です。

というのも、そのジャンルに詳しい人ほど、論理をショートカットする傾向があるからです。一方で、素人だからこそ書ける記事があります。そのため、必ずしも、そのジャンルに詳しい書き手がよいわけではありません。

場合によっては、そのジャンルにまったく詳しくないライターが、そのジャンルに関する知識を身に付けながら生み出すコンテンツこそが、検索ユーザーにとって有益になるケースもあるのです。

episode 06 嵐を呼ぶインタビュー

ヴェロニカ先生のまとめ

1. 検索エンジン経由でコンテンツを見にくる人の多くは、文章を読みたいわけではなく、「情報」を知りたいだけ。
2. SEOを意識したライティングにおいては、ひとつのテーマの情報を深く掘りさげる「探究心」と「忍耐力」が必要。
3. SEOを意識したコンテンツでは、フィードバックする側の努力も大切。
4. フィードバックをする際は、わかりやすく「言語化」をすることが大切。
5. SEO向け記事の執筆に向いているライターには特徴がある。
6. SEO向け記事の執筆においては、ライター側のオリジナルな表現力よりも、まずは情報を徹底的にわかりやすく整理していく作業が必要。
7. そのジャンルに詳しいライターがベストとは限らない。詳しくない書き手ほど「わからない人」の視点で記事を書ける。

[前回までのあらすじ]

「須原を救いたい！」

その思いのもと、みやび屋が始めたオウンドメディア「みやび旅」。

その「みやび旅」は、ボーンたちの協力のもと、徐々に軌道に乗りつつあった。
そして、高橋は「みやび旅」をさらに加速させるべく、
国内屈指のコンテンツ制作チーム「バズボンバー」とコンタクトをとる。

そんな中、ある刺客の脅威がボーンに迫っていた。

みやび屋、そして須原に流れる闘いの旋律は、
最終楽章を奏でようとしていた・・・！

episode
07

今、すべてを沈黙させる・・・！！

episode
07

今、すべてを沈黙させる・・・!!

遠藤ッ！！！
これはどういうことアルかッ！！？

は、はあ・・・。

お、おい！！
井上、どうなってるんだ！

あ、あの・・・ ですね、私が調査したところによりますと、
どうやらバズボンバーがみやび旅に寄稿した記事のようです・・・。

はあああ！？
バ、バズボンバーだと・・・！！？

おいっ！！！　遠藤、井上！！
お前たち、私の話を聞いているアルかッ！？

はっ、はいっ！！

episode
07

今、すべてを沈黙させる・・・！！

「なぜ、あのキュレーションサイトには『須原』の記事がひとつもないのか？　その理由を徹底的に調べてみた」

なんだこの記事はッ！！
こんな記事を書かれてしまっては、須原の知名度が上がってしまうアル！！

いや、そんなことよりも、もし、我がタオ・パイグループがこれらのキュレーションサイトに関与していることがバレてしまっては大変なことになるアル・・・。

この記事を書いている「バズボンバーの伊藤」とかいう人物、こいつは一体何者アルか！？

Web メディアのほとんどは我々の息がかかっているというのに、こいつの頭は正気アルか！？

お、恐れながら、バズボンバーは月間数千万 PV の独立系の Web メディアをもっており、伊藤をはじめとしたバズボンバー社員一人ひとりの Twitter のフォロワー数も数万に達しています。

そのため、大手広告代理店でも自由に操れないコンテンツ制作会社として有名でして・・・。

はあああああ！？
そんなに影響力のあるやつらだとますますマズイアル！！
な、なぜ、そいつらを監視していなかったアルか！？

か、監視と言われましても・・・。まさか、バズボンバーが
みやび屋の味方につくとはまったくの想定外でして・・・。

そんなの言い訳アル！！

episode
07

今、すべてを沈黙させる・・・!!

クビアルッ！！！　お前たちとの契約は
今この瞬間をもって解除するアルッ！！！

えええええっ！！！？
そ、そんな・・・！！！

そんなもこんなもないアルッ！！！

お前たちは今後、我々に一切関わらないように
するアルッ！！！

もし、タオ・パイグループとの関係を少しでも
口にするのなら、命はないものと思えッ・・・！！！

えええええ！？

さあ、早くこの部屋から出て行くアルッ！！！

あ、あの・・・。今月分の業務委託料はどのように請求させていただけばよろしいでしょう・・・？

はあああ！？
何を血迷ったことを言っているアル！！
本来なら、お前たちが賠償金を支払う立場アルッ！！！

そ、そんな・・・！！

episode 07

今、すべてを沈黙させる・・・！！

おい、お前ら、早く出て行くんだ。

な、なんだお前は！！
お、オレを誰だと心得る・・・！？

ヤン様はお忙しいんだ、失せろ、ダニめ。

ダ、ダニ・・・！？
や、やめろ、離せ・・・！！

ヤ、ヤン様ーッ！！！

◆
◆

くっ・・・。サツキめ・・・。
ここまで私を愚弄するとは許さないアル・・・。

フフフ・・・。いいだろう・・・。
今は勝利の余韻に浸っておくがいいアル・・・。
この代償は高くつくアルよ・・・。

◆
◆

episode 07

今、すべてを沈黙させる・・・!!

―― その頃、みやび屋では

しっかし、この記事・・・ めっちゃバズってますね・・・。

はい・・・。
さすがバズボンバーというところです・・・。
まさか、彼らがこんな記事を上げてくるとは思っていませんでした・・・。

今、すべてを沈黙させる・・・!!

なぜ、某キュレーションサイトには「須原」の記事がひとつもないのか？ その理由を徹底的に調べてみた

episode 07 今、すべてを沈黙させる…!!

みなさん、こんにちは。
バズボンバー伊藤です。

最近参加した合コンで、「あなたの顔、セミの抜け殻に似てますね」と言われました。

その発言が何を意図したものかは不明ですが、夏も終わりに近づき、まさにセミファイナルな今日この頃、あなたはお元気でしょうか?

さて、このたび、私は温泉好きが高じて、この「みやび旅」というメディアに記事を寄稿させていただくことになりました。

温泉好きが加速した結果、日々「混浴 初心者 オススメ」と検索する日々を送っている私ですが、最近、ネット上で温泉に関する情報を検索していると、あることに気付いたのです。

それは、**"いくつかの旅行系キュレーションサイト"で、なぜか「須原」の情報が掲載されていない**という事実です。

須原とは、温泉マニアにとって、まさに聖地というべき温泉地。
その清らかな泉質の魅力は言うまでもなく、日本の原風景を感じさせる歴史ある宿もたくさんあります。

そんな温泉の名所の中の名所が掲載されていない！

なんで？？

須原を掲載しないなんて、**リクームのいないギニュー特戦隊、サンジのいない麦わらの一味、シン・ゴジラから芯が抜けた普通のゴジラみたいじゃねーか！**

そこで、今回、私は、国内にある50の旅行系キュレーションサイトを分析し、須原に関する情報が掲載されているサイトと、掲載されていないサイトとの違いをまとめてみました。

須原が掲載されていないサイトはいくつあるのか？
そして、なぜ、須原は、それらサイトに掲載されていないのか？

謎が謎を呼ぶ風雲急。

今回、Webの世界で名を轟かせる**20人の切り込みクリエイター陣**にも本件に関するご意見をいただきました。
この記事を読んでどう思われるかはあなた次第です。

（〜以下、省略〜）

episode
07

今、すべてを沈黙させる・・・!!

須原がキュレーションサイトから嫌がらせを受けていることに気付いて、それをネタに記事を書くなんて・・・。

私も驚きました・・・。

―― 3日前

高橋、記事が完成したから確認してくれ。

・・・！！！　こっ、この記事は・・・！！！

episode
07

今、すべてを沈黙させる・・・!!

むしゅしゅしゅ。須原のことを調べていたら、どうも不自然なことがたくさん見つかったのでしゅ。

思わず笑っちまったぜ。
須原って場所は一体、何をしでかしたんだ？ キュレーションサイトから、軒並み締め出されてるみたいじゃねーか。

いえっ、須原は何も悪くないんです・・・！
実は・・・

まあ、理由はどうでもいいさ。
オレたちゃ、とにかく"権力"ってやつが大キライでな。
人前ではいいカッコしている大企業さまが、こんな子供みてえな嫌がらせをしているとあっちゃあ、オレたちバズボンバーの導火線に火がつくのも時間の問題だったってわけさ。

episode
07

今、すべてを沈黙させる・・・!!

伊藤さん・・・！

嗚呼、インターネットとは本来、日陰に生きる者に光を当てるための力のはず。その力を悪用し、逆に日陰を増やそうとする輩には、天罰を受けてもらうしかないのです。

山本さん・・・！

むしゅしゅしゅ。なんだか、
オレたち正義の味方っぽい感じになりましたねぇ。

田中さん・・・！

episode 07 今、すべてを沈黙させる・・・!!

みなさん・・・　あ、ありがとうございます！
た、ただ・・・。

ただ？

こんな記事を書いたら、バズボンバーのみなさんが狙われてしまうのでは・・・？

だから、おもしれーんだよ。
こういう輩は権力と圧力で何でも押さえ込めると勘違いしてやがる。
その思い上がりを言葉の力で粉々に打ち砕いてやるのさ。

へへへ、楽しいじゃね〜か。
言葉の武器としての可能性をこんなに試せる機会はね〜ぜ。

ひ、ひええぇ・・・。

あ、あと心配なのが、今回のコンテンツから受ける印象です。
いつものバズボンバーさんみたいなおもしろコンテンツじゃないことが気になっていて・・・。
バズボンバーさんのブランディング的に
大丈夫なんでしょうか・・・？

ああ？
ブランディング、なんだそれ？
・・・高橋、おめー、オレたちのこと、何も理解してねーな。

へ？

オレたちの理念は「**バズでボンバーでハッピー**」よ。

バ、バズでボンバーでハッピー・・・？

むしゅしゅしゅ。ブランディングも何も、オレたちはたくさんの人がハッピーになれるコンテンツを、ただバズらせたいだけなのです。

嗚呼、我々がおもしろコンテンツを作ることが多いのも、笑いこそが幸せを生むと信じているからなのだ。

そ、そういえば・・・。バズボンバーが作っているおもしろコンテンツって、誰かをバカにしたり、傷つけたりして笑いをとってないな・・・。

笑いこそが幸せを生む・・・。
そうか、そういうことだったんだ・・・！

その理念で言えば、今回のコンテンツはオレたちの理念に何にも反してねえ。

コンテンツの可能性を邪魔する既成概念、権力、圧力。

この記事がそういったものを取り払うきっかけになれば、もっとハッピーな世の中が期待できるだろ？

むしゅしゅしゅ。世の中を不幸せにするルールこそ、バズコンテンツの力で吹き飛ばしてやればいいのでしゅ。

episode **07**

今、すべてを沈黙させる・・・!!

嗚呼、それこそが、「バズでボンバーでハッピー」。

みなさん・・・！

episode
07

今、すべてを沈黙させる・・・！！

―― そして、
　　現在のみやび屋

バズでボンバーでハッピー・・・。

バズボンバーのすごいところは、本当にコンテンツを爆発的にバズらせちゃうところだな・・・。

それにしても高橋さん、今回の記事、なぜこんなに
バズっているんすか？
バズボンバーって人たちはそんなに人気があるんすか？

あ、ま、まあ、バズボンバーさんはWeb界隈ではそれなりに
人気がある人たちなのですが・・・。
私もまさかここまでとは・・・。

**今回は彼らの影響力だけで
バズっているわけではない。**

 ボーンのオッサン！！

 バズボンバーの影響力だけでバズっているわけではない･･･？
それってどういうことだ？

 **あいつらは今回の記事で、
バズらせるための演出をしっかり行っている。**

episode
07

今、すべてを沈黙させる･･･!!

 演出･･･？

 **あいつらが今回の記事で意識していることを
説明してやろう。ムツミも聞いておけ。**

 あ、ああ！

今回、バズボンバーが意識していること

今回、バズボンバーは以下の3つのポイントを意識してコンテンツを設計している。

- ❶ 共感層の巻き込み
- ❷「客観性」の担保
- ❸ コミュニケーションにつながる演出

episode **07**

今、すべてを沈黙させる・・・!!

共感層の巻き込み・・・?

そうだ。やつらは今回の記事で、
"世の中のキュレーションサイトによい感情をもっていない層"を巻き込むことに成功している。
Twitterで言及しているユーザーたちのプロフィールを見てみろ。その多くがコンテンツクリエイターだろう。

た、たしかに・・・! デザイナーやライターの人たちが拡散してくれてる!

バズボンバーは、彼らが日頃抱いているもやもやした感情を刺激することによって、バズを起こすことに成功しているんだ。

「自分たちのコンテンツの著作権を侵害しがちなキュレーションサイトが、さらに悪どいことをしているなんてもう許せない」、そういった感情をかき立て、ソーシャルメディアの拡散につなげているんだ。

キュレーションサイトすべてが悪というわけではないが、コンテンツクリエイターへの敬意を欠いているものが多いことは確かだからな。

そ、そういえば、今回の記事では、バズボンバーの伊藤さんがクリエイターの意見を取り上げる形で、デザイナーやライターの人たちのコメントを多数掲載していました。
この時点ですでに**「巻き込み」**作戦が発動していたんですね・・・!

ああ、そうだ。
記事で取り上げられたデザイナーやライターは、記事が公開されればいっしょになって拡散してくれるからな。
初期露出の方法としては鉄板だ。

これが巻き込み戦略か・・・！
もし、自分に発信力がなくても、ほかのひとの発信力を借りることでバズを狙えるってことか・・・。

そして、2つ目のポイントだ。
バズボンバーは記事上で第三者の「巻き込み」を行うことによって、記事に多数の話者の視点を入れることに成功した。
つまり、記事の「客観性」を担保したのだ。

客観性・・・？

バズボンバーはWeb界隈では名が知られているが、彼らが書く記事を初めて見る人たちからすれば、彼らの意見は見知らぬ他人の意見に過ぎない。
つまり、カンタンに信用するわけにはいかない。
そこで彼らが考えたのは、さまざまなクリエイターの意見を掲載することだ。

信用が「個」に紐づいていない状態なら、
「数」で担保すればいいのだ。

episode 07

今、すべてを沈黙させる・・・!!

信用を「数」で担保する・・・！

今回の記事では、バズボンバーの伊藤を含め、21人の話者が登場して意見を述べている。
この数を見れば、客観的に見ても、読者は信用を感じざるを得ないだろう。

へええ・・・。たしかに、目の前の人ひとりが言うより、「みんなが言っていた」って言われるほうが信じてしまうもんな。

そうだ。

そして、3つ目のポイントは、「コミュニケーションにつながる演出」を意識している点だ。

コミュニケーションにつながる演出・・・！？

高橋、TwitterやFacebookで記事がシェアされる理由を憶えているか？

あっ・・・、たしか以前マツオカのサイトリニューアルのときに教えてもらったな。

えっと・・・。思い出したぜ！ "記事を通して、ほかの人とコミュニケーションをとりたいから"だ！

そうだ。バズボンバーの記事では、ふとしたところにコミュニケーションにつながる演出が隠されている。

たとえば、
「たとえ話」や「メタ的な視点誘導」などがな。

「たとえ話」や「メタ的な視点誘導」・・・！？

バズボンバーの記事の冒頭には、次のようなフレーズが入っていた。

"須原を掲載しないなんて、リクームのいないギニュー特戦隊、サンジのいない麦わらの一味、シン・ゴジラから芯が抜けた普通のゴジラみたいじゃねーか！"

これは、ドラゴンボール世代やワンピース世代、そして、シン・ゴジラという映画を観た人たちにとっては、思わずクスリと笑ってしまうたとえ話だ。

そして、そういったたとえ話は、記事の内容如何を問わず、ソーシャルメディアに投稿されやすい。
誰かとコミュニケーションする際のネタとしてな。

コミュニケーションのネタ・・・！？

・・・！

episode
07

今、すべてを沈黙させる・・・！！

なるほど、たしかに、**「シン・ゴジラから芯が抜けた普通のゴジラって、シン・ゴジラのシンはその"芯"じゃねーだろ!」**とかツッコんでしまいそうだもんな・・・。

で、そのツッコミの投稿を見たほかの人たちもクスっと笑ってしまうってわけか。

そうだ。
拡散を意識した文章は、お堅い文章を書くよりも、外野がツッコミやすい"隙"を入れておくといいのだ。

"隙"・・・!

また、この記事は、読者が心置きなくツッコめるように、「メタ的な視点誘導」も意識している。

「メタ的な視点誘導」・・・!?
メ、メタってどういう意味なんだ・・・?

「メタ」とは「超越した」という意味を指す。

読者を自分たちと並列に扱うのではなく、読者を自分たちよりも上のレイヤーへ誘導し、読者が発言しやすい機会を与えているのだ。

発言する機会を与える・・・!?

そうだ。

たとえば、今回の記事の場合、バズボンバーは結局のところ、自分たちの結論を述べていない。

「今回の記事を読んで、あなたはどう思われますか？」という形で、結論を読者に委ねている。そういう形で記事を締められると、読者は自分の意見を発言したくなる。

それこそがまさにメタ的な視点への誘導だ。

な、なるほど・・・！

さらにいえば、バズボンバーが書くほとんどの記事は、記事の冒頭で自分たちの存在を小さく見せる演出を入れることが多い。

今回の記事でいえば"セミの抜け殻に似ていると言われた"という表現が、まさにその演出だ。

自分の存在を小さく見せることで、読者に"上から目線"をもたせられる。

そうなれば、読者は思い切ってツッコミやすくなる。

へえええ・・・。

そして、その演出は、「こいつは偉そうだ」という読者の感情を和らげることにつながり、その結果、自分が不必要に"叩かれる"危険性も減る。

episode 07

今、すべてを沈黙させる・・・！！

人間というものは、偉そうにしている人物、ドヤ顔の人物に対して攻撃的になる傾向があるからな。
そういった人間の感情を見越しての演出だ。

・・・！！！
あの最初の文章にそんな狙いがあったなんて・・・。
ふざけて書いているだけだと思っていた・・・。

"記事をいかにして気持ちよく読んでもらうか？"
バズボンバーはその点にこだわり続けている。

バズボンバーってすげえな・・・！

そうだ。
そしてなにより、そういった演出を"わざとらしく感じさせない"ライティング力こそがやつらの強みだ。
演出家の狙いが透けてしまう演出ほど
サムイものはないからな。

へえええ。

た、たしかにバズボンバーのコンテンツはすごい。
でも、そのバズボンバーの狙いを的確に分析し、
理解しているボーンのアニキもやっぱすげえや・・・。

ちょ、ちょっと！！！
みんな、大変なの！！！

 アネキ！？ どうしたんだ！？
そんなに慌てて・・・？

 さっきから、みやび屋を取材したいっていうメールが殺到しているのよ！

 えっ！？

episode 07

今、すべてを沈黙させる・・・！！

episode **07**

今、すべてを沈黙させる・・・!!

バズボンバーさんが書いてくれた記事を見て、須原やうちの旅館に興味をもってくださった方が大勢いらっしゃって。

ニュースサイトの記者さんやブロガーさんから、「もっと詳しく話を聞きたい」って問い合わせが殺到しているの！！

そいつはすげーや！！

いい流れね。
ただ、ここは少し落ち着いたほうがいいわ。
これから先、あなたたちが発信するあらゆる意見はいろいろなメディアに載ることになる。
中にはあなたたちの意見をゆがめて発信するメディアも出てくるかもしれない。

だから、対応は慎重に考えていきましょう。

そ、そうですよね・・・！

サツキちゃん、いるかい?

 この声は・・・?

 サツキちゃん、急に押しかけてすまんね。

episode **07**

今、すべてを沈黙させる・・・!!

三桜館の旦那さん・・・ と、須原の旅館の皆さん！！

えーと・・・。
サツキちゃん、オレさあ、たたもうと思ってた旅館、実はもう一度、がんばってみようと思うんだ。

えっ・・・？

episode
07

今、すべてを沈黙させる・・・!!

実はさ、この間、うちの旅館にひとりのお客さんが泊まってよう。
そのお客さんに「どうしてうちの旅館のことを知ったんですか？」って聞いたら、「みやび屋」のホームページの中にあった記事を見たって言うんだ。

あっ！
「栃木 温泉」で上位表示している記事のことかも・・・！

サツキちゃん、須原の集客のためにいろいろと
がんばってくれていたんだな。

そ、そんな・・・。

こんなに若い子らが須原のためにがんばってくれてんだ。
オレたちもまだまだがんばんなきゃいけねえって思い始めてよ。

544

そうさ、オレたちも、この須原を盛り上げるためにがんばるぜ！ サツキちゃんたちばかりにがんばらせるわけにはいかねーもんな。

皆さん・・・！！

それで・・・ 相談があるんだ。よかったら、サツキちゃんたちのやっている・・・ そのあれだ、Webマーケティングってやつをオレたちにも教えてくれねーか？

えっ・・・！？

ボーンさん、ヴェロニカさん・・・ どうしましょう？

・・・。

いいんじゃない？
ひとりはみんなのために、みんなはひとりのために、よ。
須原がいい方向に向かうのなら、ノウハウを皆に共有することは賛成よ。

ありがとうございます・・・！！

皆さん、ありがとうございます！
あ、あのですね・・・。

episode
07

今、すべてを沈黙させる・・・!!

オレからひと言、言わせてもらおう。

な、なんだ、あんたは・・・！？

サツキとムツミ、このふたりは、旅館を営む中、ムリをしてでも時間をつくってオレのノウハウを体得した。
こいつらが自分たちの大切な時間を使って、お前たちにノウハウを教えようというんだ。
中途半端な覚悟でのぞむんじゃないぞ。

episode
07

今、すべてを沈黙させる・・・!!

ボーンさん・・・！

わ、わかってるとも・・・！！ サツキちゃんたちに苦労をかけないよう、必死でついていくぜ！

みなさん・・・！
一緒に須原を盛り上げていきましょう！

おおーっ！！！

546

―― その夕方

episode
07

今、すべてを沈黙させる・・・!!

・・・ジェイク、オレだ。

ボーン、どうだ？
チップは見つかったか？

・・・いや、まだだ。

そうか・・・。

もし、このままチップが見つからない場合・・・
破壊することも考えている。

・・・破壊・・・？

ああ。
「キャッシュオールクリア」を発動する。

キャッシュオールクリア・・・だと！？
お、お前、あの技は・・・！

・・・わかっている。
できることなら使いたくはない。

今、オレのまわりにいる者たちが一緒になってチップを探してくれている。なんとかチップを見つけられるよう、最善を尽くすつもりだ。

おいおい・・・。
まさかおめー、チップの秘密をバラしてねーだろうな・・・？

大丈夫だ。
チップの秘密までは明かしていない。安心しろ。

だったらいいけどよ・・・。

じゃあ、電話を切るぞ。

ああ。

――その夜

 ふう・・・。しかし、チップ、ほんとに見つからねーな・・・。
これだけ探しても見つからないなんて・・・。

 ・・・今夜も手伝わせてしまって、ゴメンなさいね・・・。

ヴェロニカとムツミは、みやび屋近くの車道にてチップを探していた。

 いやいやいや！　ゴメンなさいだなんて、そんな・・・。

 オレたちのほうこそ、ヴェロニカさんたちには本当に感謝してるんだぜ。みやび屋が復活したのは、ヴェロニカさんとボーンのオッサンのおかげだもんな。

 あっ、ヴェロニカさん、
そこ、さっきオレがチェックしたとこ。

 あ、そうだったかしら。
だんだん、探す場所もなくなってきたわね・・・。

episode
07

今、すべてを沈黙させる・・・!!

episode 07

今、すべてを沈黙させる・・・!!

それにしても、ヴェロニカさんとふたりで「チップ探し」って、なんだかデートみたいだな。

このままチップが見つからないほうがうれしかったりして・・・。

・・・って、いやいや、何を考えているんだ、オレ！ヴェロニカさんのためにしっかりチップを探すぞ。

・・・ムツミさん、前から聞きたかったことがあるの。

えっ？
な、何だい？

もしかして、恋人はいるの？的な質問だったりして・・・。

音楽活動って・・・　もうしないの？

えっ？
音楽活動・・・？
あ、ああ、もうきっぱりあきらめたぜ。
東京で好き放題させてもらったし、未練はないさ。

そうなのね。
なんだかもったいないわ。

もったいない・・・？

だって、音楽には音楽のよさがあるじゃない。ライティングだけでは伝わらないものがこの世にはたくさんあるのよ。

えっ・・・？

よかったら今度、ムツミさんの音楽を
聞かせてくれないかしら。

あ、ああ。

episode 07

今、すべてを沈黙させる・・・!!

・・・？

どうかしたのか？

あの停車している車の運転手・・・？
さっきからこっちを見つめているような・・・。

episode
07

今、すべてを沈黙させる・・・!!

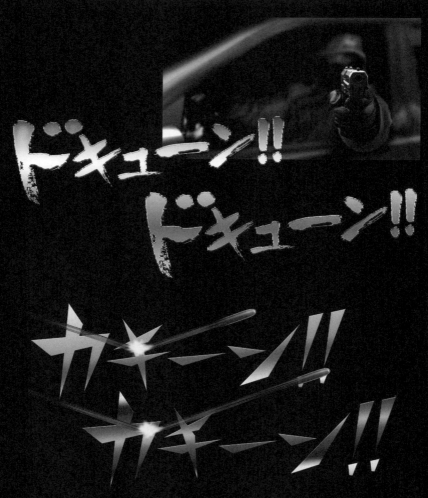

ドキューン!!
ドキューン!!

ガキーン!!
ガキーン!!

わわわわわ！！！

銃撃！？　ムツミさん！！　ケガはない！？

あっ、ああ、バッグに入れておいた、ボーンのオッサンがくれたキーボードが防いでくれたみたいだ・・・。

episode 07

今、すべてを沈黙させる・・・！！

・・・って、な、何者だよ、あいつ！！？なんで銃で狙ってくるんだ！！？

・・・銃弾を跳ね返しただと・・？　よかろう。

エンジンがかかった！？

危ないっ！！

episode
07

今、すべてを沈黙させる･･･!!

ヴェ、ヴェロニカさん！！

ま、また向かってくる！！

 茂みに逃げ込みましょう！

 お、おうっ・・・！

 ！！ ちっ・・・ 見失ったか・・・。

 仕方がない。仕切り直しだ。

episode
07

今、すべてを沈黙させる・・・！！

ブロロロロ・・・

 い、行ったみたいだ・・・。

い・・・ 一体なんなんだ、あいつ・・・！？
銃で狙ってきたり、車で轢こうとしてきたり・・・。

・・・・！？

・・・痛っ・・・。

episode
07

今、すべてを沈黙させる・・・！！

ヴェ、ヴェロニカさん！！！！？

episode **07**

今、すべてを沈黙させる・・・!!

ヴェロニカは大丈夫か？

ボーンさん！
は、はい、さっきお医者さまに診てもらいました。

・・・ボーン！

あっ！
ヴェロニカさん・・・！

心配かけてごめんなさい・・・。

・・・ヴェロニカ。

episode
07

今、すべてを沈黙させる・・・!!

ヴェ、ヴェロニカさんは俺をかばってケガしたんだ・・・。
本当に申し訳ねえ・・・!

大丈夫よ。軽い捻挫だったし。
ムツミさんが轢かれなくてよかったわ。

ムツミの話によると、何者かがお前たちの命を狙った
ということだな。

ええ。ただ、私ではなく、
ムツミさんだけを狙っているようだったわ。

ムツミを・・・?

で、でも、一体誰が・・・。

 お、おれ、世間の人に恨みを買うようなことしてねーからな！

 銃を撃ってくる時点で普通じゃないわ・・・。ボーン、もしかして・・・。

 ・・・ああ・・・。

episode **07**

今、すべてを沈黙させる・・・!!

 ・・・。はああ・・・。

 遠藤様、ため息などをつかれていると、ラーメンが伸びてしまいますよ。

井上・・・。
オレたちって、なんでこう、うまくいかないんだろうな・・・。
あのバズボンバーの記事が原因で、ほかのクライアントも
取引中止を伝えてきた・・・。

まあまあ、遠藤様。どんなときも不屈の闘志をもち続けるのが
我々の強みだったではありませんか？
さあさ、元気を出して、また新しい事業を考えていきましょう。

ふっ・・・。お前にはいつも励まされるわ。
なるほど、新しい事業・・・か。

episode
07

今、すべてを沈黙させる・・・!!

まだ懲りずに悪だくみをするつもりか？

そう、懲りずに悪だくみを・・・。

episode
07

今、すべてを沈黙させる・・・!!

ボーン、な、何の用だ・・・!?
な、なぜ、我々がここにいることを知っている・・・!?

**お前たちの会社に足を運んだら、
社員が教えてくれたぞ。**

な・・・、余計なことをしおって・・・!

ボーンよ、貴様、タオパイグループに見捨てられた我々を
笑いに来たのだろう・・・?

タオパイグループから見捨てられた・・・?

episode 07

今、すべてを沈黙させる・・・!!

・・・ムツミの命を狙ったのは、お前たちだろう？

ムツミの命？
何のことだ・・・？

おい！ 井上、ムツミって誰のことだ！？

あっ、みやび屋の女将の弟でございます・・・！

ああ、あのサツキとかいう女将の弟か。

そのムツミだか、ツボミだかよくわからんやつが
どうしたっていうんだ？

・・・。

・・・こいつらの目はウソをついていない・・・。
・・・ということは、ヤンか。

おいっ！
貴様、私の話を聞いているのか！？

お前たち、これからは真っ当なビジネスを
するんだな。

は、はああ？？

 あ・・・ おい！ どこへ行く！？
私を無視するな！

◆
◆

episode
07

今、すべてを沈黙させる・・・!!

 **ちょ、ちょっと！！ なんですか、あなたは！？
勝手に入ってこられては困ります・・・！！！**

episode
07

今、すべてを沈黙させる・・・!!

・・・!? お前は・・・!?

お前がヤンだな・・・。

・・・貴様、何者だ?

俺の名はボーン・片桐。
みやび屋の宿泊客だ。

ボーン・片桐・・・？
・・・そうか、お前アルか！！
みやび屋に泊まりこみ、オレとサツキとの間を
邪魔をしている Web マーケッターは！！

・・・なぜムツミを襲った？

ムツミ・・・？
ああ、みやび屋のサツキの弟アルか。
襲ったとは一体何のことアルか？

シラを切るな。
お前たちはヴェロニカも傷つけた。
オレのパートナーを傷つけた罰を受けてもらう。

はっはっは！！！ そうだったアルね！
ヴェロニカという女はお前をかばったらしいアルね！
余計な邪魔をしなければ、痛い思いはしなかったと
いうのに。

オレをかばった・・・？
こいつら、ムツミをオレと間違えて襲ったのか。

12号はお前を仕留めるのに失敗したが、そのお前が
ノコノコと足を運んでくれるとは好都合・・・。

サツキはお前には渡さないアルッ！！

episode 07

今、すべてを沈黙させる・・・！！

episode
07

今、すべてを沈黙させる‥‥!!

 者どもであえっ！！！
こいつをやつざきにするアルッ！！！

   はははっ！！

ボーンとやら。
この私に挑んだことを後悔させてやるアル。

今日が貴様の命日になるアルよ！

**へっへっへ・・・。
どう料理してやろうか〜。**

これだけの人数を相手にビビって言葉も出ね〜か〜。

まずは腕から折っちゃおうかな〜。

ヒャッハー！！！

・・・。

貴様らにはもったいないが、この技をくれてやろう。

・・・はああああああ！！！！！

オレの校正を受けて、人生を更生してこい。

episode 07

今、すべてを沈黙させる・・・！！

episode
07

今、すべてを沈黙させる‥‥!!

フィードバック!!!

うぎゃああああ！！！！

フィードバック!!!

フィードバック!!!

episode
07

今、すべてを沈黙させる・・・!!

も、もう、校正は十分・・・。

です・・・。

バタバタバタッ

なっ、なんだとっ・・・！！！！？

こ、こいつは何者アル・・・！？

お、お前、ただのWebマーケッターではないアルな・・・！？

オレは"世界最強"のWebマーケッターだ。

せ、世界最強のWebマーケッターだと・・・！？

フ・・・。
フハハハハハ！！！

episode
07

今、すべてを沈黙させる・・・!!

来るアル！！　12号！！

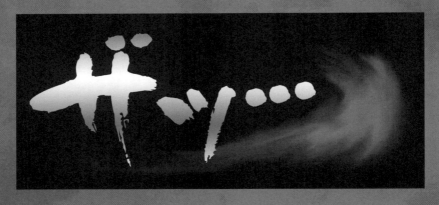

お前は・・・？

・・・。

こいつの名は「12号」。我が社が抱える殺戮マシンアル。

何・・・？

貴様はWebマーケッターらしいが、
この12号は元ライターアル。

こいつは前職で記事のライティングのしすぎで腱鞘炎になって以降、タイピング恐怖症となり、二度とタイピングができなくなったアル。
しかし、タイピングで鍛えた強靱な腕力があったため、我がタオ・パイグループが刺客として雇ってやったアル。

ライター出身の刺客はこいつで12人目アルが、こいつは歴代の刺客の中でも最強アルよ。

元ライターの刺客・・・。

こいつがお前を墓場に連れていってくれるアル。
覚悟するアル。

さあ！！　やってしまうアル！　12号！！

仰せのままに・・・。

・・・言葉の力で光を紡ぐはずのライターが
悪の道へ染まるとは、世も末だな。

episode
07

今、すべてを沈黙させる・・・!!

ふっ・・・。今や Web ライティングの世界は、
記事の量産につぐ量産で、阿鼻叫喚の地獄と化している。

オレはヤン様に雇ってもらったことで、
その地獄からすくい上げてもらったのだ。

・・・。

最強の Web マーケッターと名乗る男よ。
お前には地獄で苦しむライターたちの恨みを込めた、
我がライティング拳法で沈んでもらおう。

・・・！

こいつ・・・　できる・・・。

全力で行くぞ。 ・・・来い。

episode **07**

今、すべてを沈黙させる・・・!!

バシィッ!!!!!!

・・・!?

オレの推敲校閲衝を止めた・・・ だと・・・!?

・・・はぁああああああ!!!!!

フィードバックループ!!!

バシバシィッ!!!!!

episode
07

今、すべてを沈黙させる・・・!!

ぐわあああああああああッ！！！！！

グフッ・・・。まさかオレの推敲と校閲を
さらにフィードバックしてくるとは・・・。

フィードバックに終わりはない・・・　か・・・。

ガクッ・・

episode
07

今、すべてを沈黙させる・・・!!

・・・今度は光の道を歩く
ライター(Lighter)に生まれ変われ。

・・・!! くそっ・・・!!!

12号め、やはり元使い捨てライターだけあって、
肝心なときに役に立たないアル!!

・・・ヤン・タオ、
お前はライターへのオマージュに欠けている。
多くのメディアを所有していようが、ライターに敬意を払わぬやつに、メディアを運営する資格はない。

はああ？

お前に使い捨てられてきたライターたちの恨み、その身で受けよ。

はあああああ・・・！！！

・・・！！！

フィードバックルー・・・　！！！

ぎゃ、ぎゃあああああ！！！！！

ちょ、ちょっと待つアル！！！！！

・・・。

episode
07

今、すべてを沈黙させる・・・!!

episode 07

今、すべてを沈黙させる・・・!!

ここにきて命乞いか？

う・・・　うぅぅぅぅ・・・。

ヤン・タオよ。

は、はいっ・・・！！！

サツキたちから手を引け。

くっ・・・！！！　そ、それは・・・！！

これまでのお前との会話はすべて録音した。

もし、お前がこのまま手を引かないというのなら、この録音ファイルをお前の息のかかっていないライターたちへ回し、今回の一件を記事にしてもらう。

記事・・・！！？

言葉は**クチコミ**となり、ネット上に残り続ける。
そうなれば、お前の会社は終わりだな。

くっ、くそっ・・・！！

オレが【沈黙】を守り続けるかどうかは、
お前の回答にかかっている。

episode
07

今、すべてを沈黙させる・・・！！

ち、沈黙・・・！？

3秒以内に答えろ。
3・・・　2・・・。

あ、わわわわ、わかったアルッ！！！
サツキにはもう手を出さないアルッ！！！

く、くそーっ・・・！！！

・・・よし、それでは、その引っ込めた手を、
今度は別のことに使ってもらおう。

べ、別のこと・・・？

── 3日後

episode 07

今、すべてを沈黙させる・・・!!

あっ、ボーンさん、この3日間どこへ行かれていたんですか？
ヴェロニカさんが気にされていましたよ。

・・・ちょっとな。

・・・サツキ。
もう、ヤンにビクビクする必要はないぞ。

えっ・・・？

このサイトを見てみろ。

こ、これは・・・！

episode
07

今、すべてを沈黙させる・・・!!

「TRAVEL UP」に須原の特集ページのバナーが・・・!?

へっ・・・!?
こ、このサイトってたしか・・・。

須原の情報が消されていたサイト・・・。
ど、どうして急に須原をPRするようなページが・・・!?

**「TRAVEL UP」はしばらくの間、須原に関する
PR記事をアップし続けるだろう。**

へっ!!?

episode
07

今、すべてを沈黙させる・・・!!

い・・・　一体何が・・・。

ヤンに少しお灸をすえてやったまでだ。
「TRAVEL UP」の運営はタオ・パイ社に移行され、須原のPRに全面的に協力してくれることとなった。

そして、ヤンは日本法人を残し、本社へ戻った。
もうお前に手を出すことはないだろう。

えっ・・・！？

な、なんだかよくわからねえが、ヤンがアネキから手を引いたってことは本当にうれしいぜ！！

あ・・・　ありがとうございます！！

ボーンのオッサン・・・。
ありがとな。

・・・俺はとくに礼を言われることはしていない。
ヴェロニカの仇を討ったまでだ。

ボーン！

ヴェロニカ、ケガの調子はもういいみたいだな。

サツキさんとムツミさんが
適切な応急処置をしてくれたおかげよ。

いえいえ・・・！　そんな・・・！
ヴェロニカさんが元気になられて本当によかったです・・・！

・・・あの　・・・ボーンさん。
戻られてすぐで恐縮なんですが、おっしゃっていた
チップの捜索期限まで日がなくなってきています。

さっき、ヴェロニカさんともお話ししていたんですが、
私たち、これまで以上にチップの捜索をお手伝いしたいと
思っているんです。

そうさ・・・！！　オレたちのためにここまでしてくれた
んだから、絶対にチップを見つけてやるぜ！！

サツキさん、ムツミさん、ありがとうね。

・・・。

ボーンのアニキ！

episode
07

今、すべてを沈黙させる・・・！！

オレをシンガポールから呼んだのも、チップを探すための時間が必要だったからだろ？　だったら、みやび屋のWebまわりはオレにすべてまかせてくれ！

高橋・・・。では、たのむぞ。

了解っ！！

episode
07

今、すべてを沈黙させる・・・!!

ボーンさん、私もムツミも、今から時間がとれます！
すぐにチップを探しに行きましょう！

**よし。まだ探していない場所がいくつかある。
手分けして探すぞ。**

はいっ！！

―― そして、チップを探す日々は続いた

チップのGPS作動停止まで
あと…

3日

ムツミ！
このあたりって探した？

ああ！ もうそのあたりは捜索済みだぜ。あっちのほうは
まだ見てないから、アネキはあっちを頼む！

わかった！

私はこっちを探すわね！

はい！

episode
07

今、すべてを沈黙させる・・・!!

こ、この風はっ！！？

episode
07

今、すべてを沈黙させる・・・!!

ボ、ボーン！？　なぜ、こんなところで
エモーショナルライティングを・・・！？

わかった！ 空中でタイピングをすることで、指先から風を起こして草を飛ばし、チップを見つけやすくするつもりなんだ・・・！

さすがボーンさん！
まさに草の根を分けてまで探すということなんですね！

で、でも、この風だとチップも吹き飛んでしまうわ・・・！

・・・たしかに。

episode
07

・・・エモーショナルライティング！！

・・・エモーショナルライティング！！！

・・・エモーショナルライティング！！！！

・・・。

サツキさん、ムツミさん、チップが空を舞うかもしれないから、足元だけでなく、空も見上げながら作業して！

はっ、はいっ！！！

今、すべてを沈黙させる・・・！！

ボーン・・・　焦りすぎよ・・・！

episode
07

今、すべてを沈黙させる・・・!!

ふうっ・・・。結局、今日もチップは見つからなかったな・・・。
・・・捜索期限まであと３日か。

でも、ボーンのオッサンも焦って探すほどのチップって、
一体何のチップなんだろう・・・。

ま、チップの正体はともかく、ボーンのオッサンたちには
すげーお世話になったんだ。
絶対に見つけてやらなくちゃな。

・・・それにしても、みやび屋は、ボーンのオッサンが手伝っ
てくれた記事、高橋さんが見つけたライターが書いた記事、
そして、バズボンバーが書いた記事。
ライティングの力で救われたな。

そういや、ヴェロニカさん・・・。

だって、音楽には音楽のよさがあるじゃない。
ライティングだけでは伝わらないものがこの世には
たくさんあるのよ。

えっ・・・？

episode
07

ヴェロニカさんが言っていた"ライティングだけでは
伝わらないもの"って・・・。

ま、いいや。
なんにしても、オレは音楽をやめたんだからな。

今、すべてを沈黙させる・・・!!

episode
07

今、すべてを沈黙させる・・・!!

とはいえ、まだこいつを大切に持ってるってことは、
オレも未練が残ってんのかな・・・。

・・・そろそろ、こいつともお別れして、
旅館経営に真剣に向き合わないとな。

・・・そういや、結局、バンドの解散前に買った
このエフェクター、一度も使わなかったな。

ああ、いけねえ、いけねえ。
もう、オレは音楽をやめたんだぜ。

・・・決めた。今からこいつを弾いて最後だ。

こいつを弾き終えたら、
オレは音楽から完全に離れることにする。

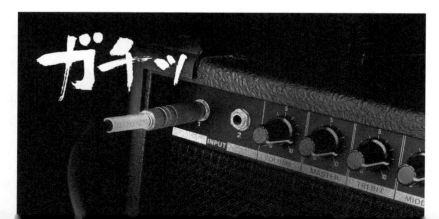

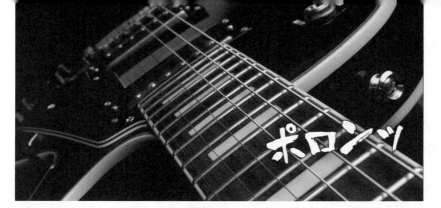

episode
07

今、すべてを沈黙させる・・・!!

あら・・・？　ギターの音色・・・。
ムツミさんかしら・・・？

！！？

ボーン、GPSが作動したわっ！

！？

 こ、これはっ・・・！？　みやび屋・・・！？
ムツミさんの部屋を指している・・・！

ムツミの部屋だと・・・？

episode
07

今、すべてを沈黙させる・・・!!

ムツミ、入るぞ。

ど、どうしたんだ、ふたりとも!?
そんな真剣な顔をして・・・。
あ、すまねえ、オレのギターの音がうるさすぎたか?

ムツミさん、ちょっと失礼するわね。
ボーン!
GPSはこの小さな箱みたいな機械の中で
反応しているみたい。

・・・! エフェクターか。

？？？

ムツミ、そのエフェクターの中を
開けさせてくれないか？

こ、このエフェクター？
べ、別にいいけど・・・。

ボーン、これ・・・！

ああ、チップだ。
まさか、こんなところにあったとはな・・・。

えっ？　えっ・・・？

ムツミ、このエフェクター、どこで手に入れた？

ど、どこで手に入れたって・・・。半年くらい前、
秋葉原にあったカスタムメイドのギターショップでだよ。

店主がギークな人で、どっからかパーツを仕入れてきては、
マニアックなエフェクターを作っているお店さ。

秋葉原・・・。

もしかして、あの爆発後の現場を片付けた業者が、チップ
を見つけて、何かの部品かと勘違いして秋葉原のパーツ屋
に流したのかもしれないわ。

それをギターショップの店主が見つけ、プリント基板か
何かと勘違いして、このエフェクターに組み込んだ・・・

そのようだな。

？？？

episode 07

今、すべてを沈黙させる・・・!!

・・・ムツミ、そのエフェクター、
俺たちに譲ってくれないか?

こ、このエフェクターかい?
こんなのでよければ、プレゼントするぜ。

・・・感謝する。

ボーンのオッサン、ヴェロニカさん、
さっきから話しているチップって・・・。

ああ、これだ。

えっ!!!??　えええぇっー!!!!!?

―― 2日後

ボーンさん、ヴェロニカさん、
行ってしまわれるんですね・・・。

**ああ。
お前たちのおかげでチップは無事に回収できた。**

いえいえ！　私たちのほうこそ、ボーンさんたちには
本当にお世話になってしまって・・・。

このみやび屋、そして、須原がよみがえったのは、
ボーンさんとヴェロニカさんのおかげです。
なんてお礼を言えば・・・。

いいのよ。
私たちにとっても素敵な出会いだったわけだから。

**サツキ、ムツミ。
みやび屋のオウンドメディアは軌道に乗った。**

**だが、闘いはこれからだ。他社に負けないよう、
記事を投下していくことを忘れるな。**

お、おう！！

**高橋、もうしばらくは
サツキとムツミのサポートを頼むぞ。**

ああ、あとは俺に任せてくれよな！

episode
07

今、すべてを沈黙させる・・・！！

episode 07

今、すべてを沈黙させる・・・!!

サツキ、ムツミ。みやび屋が完全に復活するかどうかは、これからのお前たちのがんばり次第だ。

・・・そこで、俺からの最後のアドバイスを伝えておく。

最後のアドバイス・・・!

「言葉の力」を過信するな。

"言葉の力を過信するな"・・・!?

ああ。
お前たちは、オレの教えのなかで
言葉の強さを知った。
しかし、この世には万能なものなどない。

たとえば、この須原に来る外国人旅行者のことを考えてみろ。日本語の深みは、日本語に慣れていない外国人旅行者には通じない。
だから、彼らには言葉よりも、ビジュアルやサウンドなど、言葉以外のコンテンツでこの須原の魅力を伝える必要があるのだ。

そもそも、須原に広がる雄大な自然の美しさ、
谷川の心地よいせせらぎ、そういったものの魅力を
言葉で表現するのは難しい。

言葉で表現できないものは、
言葉以外で表現すべきなのだ。

"言葉で表現できないものは、言葉以外で表現すべき"・・・。

たとえば、写真や音楽の力などでな。

写真や・・・。

音楽の力・・・！

episode
07

今、すべてを沈黙させる・・・!!

episode
07

今、すべてを沈黙させる・・・!!

なんとかチップを期限内に回収できたな。

ほんとね。よかったわ。

ジェイク、遅くなってすまない。

おお、ボーン!!
チップは本当に見つかったんだろうな!?

ああ。

かーっ!!! 心配したぜっ・・・!!!
ナイスだな!!

明日の飛行機でそちらへ向かう。

わかった。

600

・・・いよいよ始まるな。
オレたちの本当の闘いが。

・・・ああ。

episode
07

今、すべてを沈黙させる・・・!!

―― 数週間後

ボーン、ジェイク、準備ができたわ。

いよいよ、始めるんだな。

ああ、そうだ。
・・・この世界を救うために・・・。

episode 07
今、すべてを沈黙させる・・・!!

・・・あら？

・・・何かあったか？

ムツミさんからメールが届いたわ。

・・・ふふふ、ムツミさん、
最近、須原のテーマソングを作曲したそうよ。
音楽の力でも須原の魅力を発信していきたいって。

ムツミさん、今は旅館経営の傍ら、音楽プロデューサーとしても活動していて、須原を拠点として活動しているミュージシャンのプロデュースもしているみたい。

そうか。

あら、添付ファイルがあるわ。

"ボーンのオッサンへ。
ライティングに悩む人たちを救うために、ボーンのオッサンから得た学びを曲にしてみた。ぜひ聞いてみてくれ"って。

ムツミさんの作った曲、流してみる？

ああ。オレたちの闘いのプレリュードとなる曲ならいいんだがな。

ふふふ。

episode
07

今、すべてを沈黙させる‥‥‼

Eternal Writing

作詞・作曲・編曲：宮本ムツミ

episode 07

今、すべてを沈黙させる・・・‼

(I'm) looking for the words giving my soul
紡いだ思いは　非連続のフレーズの果てに

消えない言葉を探し歩き出した
それはリライトの歩み

文脈もなく荒れるように書き続けた
揺れる表記を抱え

目に映る輪郭線は、論理を超え誘う
Entrance to a sentence
導入　序破急　起承転結　貫くリード

(I'm) looking for the words
giving my soul
紡いだ思いは
非連続のフレーズの果てに
見出しになる

(I) wanna find the words giving my soul
張り詰めたフィードバック・ループ超えて
ずっと刻み続ける　言葉の彼方へ

伏線のないエピソード　振り払って
僕は記憶を空ける

比べることもできず　ただ立ち尽くした
それはまとめの罪過

切れ間なく奏でられた　ブレスのないメロディー
Entrance to a dungeon
冒頭　本文　補足　結論　振り向くエビデンス

(I'm) looking for the words giving my soul
隠した想いは　終わりのないメタファーの果てに
飲み込まれる

(I) wanna find the words giving my soul
止めどないフィードバック・ループ超えて
ずっと走り続ける　言葉の彼方へ

言葉の中に潜む論理の中
感情揺るがすエピソード抱いて
余白のない空は色を付けられない　Free up margin
So　推敲のムコウに

(I'm) looking for the words giving my soul
紡いだ思いは　非連続のフレーズの果てに見出しになる

(I) wanna find the words giving my soul
張り詰めたフィードバック・ループ超えて
ずっと刻み続ける　永遠に

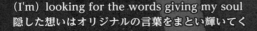

(I'm) looking for the words giving my soul
隠した想いはオリジナルの言葉をまとい輝いてく

episode 07

今、すべてを沈黙させる・・・!!

episode **07** 今、すべてを沈黙させる‥‥!!

(I) wanna find the words giving my soul
止めどないフィードバック・ループ超えて
ずっと走り続ける
コトバの彼方へ

(I'm) looking for the words giving my soul
Force out the words

■ 楽曲配信はこちら→ http://www.web-rider.jp/songs/eternal-writing/

この歌詞・・・。

歌の力で伝えるライティングの本質か。

一本とられたわね、ボーン。

ヴェロニカ先生の特別講義

バズにつながるコンテンツ作成のコツ

ソーシャルメディアで拡散されるコンテンツはたくさんのリンクの獲得につながり、外的SEOの強化につながるわ。本書の最後となる特別講義では、**拡散につながりやすいコンテンツ演出や、拡散のための施策**を教えるわね。

■ マズローの欲求5段階説

アメリカの心理学者「アブラハム・マズロー」は、人の欲求は5段階に分かれると説きました。

❶ 生理的欲求
生命を維持するための、食事・睡眠・排泄といった根源的な欲求です。

❷ 安全の欲求
安全に生きていくために、良好な健康状態や、経済的安定を欲する欲求です。生命の危機を回避するために、自分の身の安全につながるものを強く求めます。

ただ、現代の日本のように平和な国の場合、よっぽどのことがない限りは危険な状況には陥りませんので、生理的欲求や安全の欲求を強く欲する人は日本では少ないです。

❸ 所属と愛の欲求
自分が「社会や特定のコミュニティの一員である」と感じたいという欲求です。

安全を手に入れた人は、次に、社会のコミュニティにおける自分の立ち位置を気にするようになります。

他人と違うことをして嫌われないだろうか？ 他人とうまくやっていけるだろうか？ そういったことを強く思っているため、他人の意見に従ったり、流行に飛びつくといった行動が生まれます。

❹ 承認欲求
社会のコミュニティにうまく属せると、次に、「自分の存在を知ってもらいたい」「このコミュニティの中で、価値ある存在として認められたい」という欲求が生まれます。

この欲求は、他者から尊敬されたり、注目を得ることによって、満たされます。

❺ 自己実現の欲求
以上4つの欲求がすべて満たされたとしても、人間は満足できません。というのも、最終的には「自分が本当に表現したいものを」を求めて、あるべき自分の姿を手に入れようとするからです。

以下は5段階の欲求を表したピラミッドで、上へいけばいくほど、欲求のレベルは高くなります 図1 。

図1　マズローの欲求5段階説

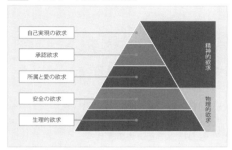

人は目的をもってコンテンツをシェアする

　人がTwitterやFacebookでコンテンツをシェアする行動には、先ほどの「**マズローの欲求5段階説**」が関係しています。コンテンツをシェアすることで、コンテンツを通して**自分の存在をアピールしたり、ほかの人とコミュニケーションをとろうとする**のです。

　人がコンテンツをシェアする目的をいくつか挙げてみます。

- **シェアしたコンテンツの評価を自分の評価へつなげたい**
  シェアしたコンテンツをきっかけとして、「おもしろいコンテンツをシェアする人だな」「素敵なコンテンツをシェアする人だな」「トレンドに敏感な人だな」と思ってもらいたい

- **シェアしたコンテンツを使って、自分の立場を表明したい**
  たとえば、自分と思想が同じ人のコンテンツをシェアした場合「この人の意見に賛同します」と意志表示したり、自分が支持できない人のコンテンツをシェアした場合は「この人の意見には賛同できない」と意思表示したりする
  →自分の立場を表明することで、自分と思想が合う人がわかり、自分のまわりのネットワークをより強固なものにしてゆける

- **シェアしたコンテンツをネタに、誰かとディスカッションがしたい**

- **自分が関わりのある人のコンテンツをシェアすることで、「返報性の原理」の発動など、何らかの見返りを期待している**

これらの行動は、「マズローの欲求5段階説」でいうところの、「所属と愛の欲求」や「承認欲求」から生まれるものです。ソーシャルメディアで拡散するコンテンツを企画する際は、ここで挙げたようなシェアする側の目的が達成できるコンテンツを考える必要があります。

■ ソーシャルメディアでの拡散につながるコンテンツ

　ソーシャルメディアで拡散しやすいコンテンツは、以下の表で示す18ジャンルに分かれます。

　たとえば、第7話でバズボンバーが作ったコンテンツは、表の最初の項目にある「オピニオン」型のコンテンツでした（P525参照）。「オピニオン」型に「ユーモア」と「怒り」の要素を掛け合わせたものだったといえます。

ジャンル	内容／コンテンツのタイトル例
オピニオン (opinion)	自分が賛同できる意見、もしくは、自分が賛同できない意見を取り上げた記事。 感情が乗りやすく、共感や反感による拡散を生みやすい。 例) 社会貢献を打ち出しておきながら、低品質なコンテンツを量産している企業は存在価値がないと思う
ユーモア (humor)	思わずクスっと笑ってしまうような、おもしろコンテンツ。 例) 鳩のフンが頭に付いたままプレゼンに出てしまったら、大口案件が取れた件・・・
インタレスティング (interesting)	自分が知らなかったノウハウや生活の知恵、お役立ちコンテンツ。 例) 人の顔は左右非対称！左右の印象が違う顔のバランスを整えるメイクのコツ
ビューティフル (beautiful)	美人の写真や美しい風景など、美しい何かを取り上げたコンテンツ。 例) 思わず言葉を失うくらいの美しさ！生命の美と癒やしを感じられる超美麗写真 7選 例) 1000年にひとりの美女をIT業界で発見したんだが・・・
プリティ (pretty)	可愛い動物や人間の子供の画像など、癒される可愛さを取り上げたコンテンツ。 また、「キモ可愛い」といった、一見気持ち悪いが可愛い文脈を兼ね備えたコンテンツもある。 例) 肉球のプニプニ感を全身で体験せよ！ ネコとのもっふもふ体験ができるイベント「猫まみれ2016」に乗り込んできた！

episode
07

今、すべてを沈黙させる・・・・!!

610

ジャンル	内容／コンテンツのタイトル例
セクシャル (sexual)	性的なコンテンツ。「性欲」は人間の三大欲求のひとつであるが、その欲求を公にアピールすることは倫理的に厳しい。 ただし、倫理的にギリギリセーフな性的なコンテンツは拡散されやすい場合がある。 例）人気AV女優の作品名から学ぶ「魅せる」キャッチコピーの重要性
感動 (impression)	心温まるようなストーリー（読み物、マンガ、動画）など。 例）20年越しに受け取った両親からの手紙を読んで、僕の涙腺は崩壊した
怒り (anger)	思わず、怒りをぶつけたくなるようなコンテンツ。 嫌悪感を抱くオピニオン。 例）これって情弱狙いの悪質なビジネスじゃないの！？3万円で買ったPCのサポートサービスを解約したら60万円の違約金を請求された件
クール (cool)	カッコイイ、渋い、オシャレなコンテンツ。 シェアをすることで、自分のセンスのよさをアピールできるコンテンツ。 例）ハイセンスな構図を学べ！映画監督がオマージュし続けるクールな名作映画7選
恐怖 (fear)	怖い内容を扱った読み物や、怖い画像、怖い動画など。 シェアをする目的としては、自分が感じた怖さをほかの人と分かち合いたいという意図と、ほかの人を怖がらせたいという意図がある。 例）【閲覧注意】「ある村」に語り継がれていた伝記を調査していたら、身の毛もよだつ真実に辿り着いた
貢献 (contribution)	社会貢献につながるコンテンツ。 例）【拡散希望】美しい須原が一部のモラルない観光客によって汚されています
応援 (cheer)	誰かを励ましたり、応援することになるコンテンツ。 激励のためのシェアだけでなく、「返報性の原理」を意識してシェアされることもある。 例）【転職しました】10年務めたA社を辞めて、B社へ転職した理由
ニュース (news)	何かの最新情報、ニュース。 例）iPhone7がついにリリース！バッテリー時間が伸び、CPUは「6」の2倍と超パワフル！
アート (art)	シェアする人の心の琴線に触れる、写真やイラスト、音楽といったアーティスティックなコンテンツ。 例）【PV】言葉がなくても伝わるものを目指した、バンド「TARGET BLANK」の音楽

ヴェロニカ先生の特別講義 ── バズにつながるコンテンツ作成のコツ

ジャンル	内容／コンテンツのタイトル例
フード (food)	「食欲」は人間の三大欲求のひとつのため、食に関するコンテンツはシェアされやすい。 また、食に関するコンテンツは「美味しさ」を前面に出したほうがよい。 例）モッチモチの生地が美味しすぎる！ピザ好きが行列をつくる代官山「TSUO-MA」に行ってきた！
あるある (possible story)	思わず「あるある」「わかるわかる」とうなずきたくなるコンテンツ。 シェアをする人の中にある「体験記憶」を刺激するコンテンツ。「たとえ話」なども該当する。 例）アイスクリーム本体よりも、アイスクリームのフタについたアイスのほうが美味しく感じる現象を何と呼ぼう 例）すべての新人社員はアリアハンで時間を潰すな！レベル1でロマリアまで行く勇気をもて！
ノスタルジー (nostalgia)	若い頃に体験したことを取り上げた懐古的なコンテンツ。懐かしのテレビ番組や、学生時代の思い出など。 例）学生時代の遠足、オカンの作ってくれた弁当は冷めても美味しかった
自分事、自分に関する出来事 (their events)	今の自分を何かの形で表現したコンテンツ。占いや性格診断の結果など。 どこかで自分もしくは、自分のコンテンツが紹介されている、といった事実もコンテンツになる。 例）ボーン・片桐さんの動物占いの結果は「ライオン」です

拡散されるには「見やすさ」と「わかりやすさ」が必要

　どんなコンテンツもソーシャルメディアで拡散するためには**「見やすさ」**と**「わかりやすさ」**が必要です。そのため、第3話の解説でも取り上げた「システム1」と「システム2」の思考を常に意識し、コンテンツをプランニングしていきましょう（P241参照）。

● **見た目で興味が湧くこと**
　　→システム1を意識する（タイトルの内容や、アイキャッチ画像など）

● **読み始めて興味が湧くこと**
　　→システム1とシステム2を意識する（読みやすい文章演出や、わかりやすい論理展開）

コンテンツの「見た目」において重要となるのが**「タイトル」**と**「アイキャッチ画像」**です。タイトルを考えるときは、第5話の解説で取り上げた「3つの要素」と「10パターンの演出」を意識するとよいでしょう（P429～431参照）。

タイトルに重要な3要素

① ユーティリティ要素を意識する
② そのページから得られるベネフィット（恩恵）をハッキリ見せる
③ 感情フレーズを頭に付ける

10パターンの演出

① 自分事化
② 自分の周りの人事化
③ 意外性
④ 数字の魔力
⑤ 網羅性
⑥ 即効性
⑦ 代弁
⑧ 結果
⑨ 注意喚起
⑩ 行動提案

■ 拡散されやすいアイキャッチ画像

「アイキャッチ画像」とは、コンテンツの内容を端的に表した画像のことです。コンテンツのタイトルなどに比べて軽視されがちですが、アイキャッチ画像にこだわることによって、より拡散されやすくなります。

WordPressなどのCMS上で記事に設定したアイキャッチ画像ではなく、

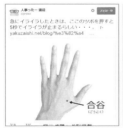

図2　SNSでの拡散を意識したアイキャッチ画像の例

Twitter、Facebookの投稿とともにシェアされる際にアイキャッチ画像は重要。アイキャッチ画像があるだけで、シェアのされやすさは大きく変わる

TwitterやFacebookでの拡散を意識したアイキャッチ画像を別に用意し、記事の紹介と合わせて投稿する方法もオススメです 図2 。

ただ、アイキャッチ画像は作り方を間違えると拡散につながりません。そこで、拡散につながりやすいアイキャッチ画像と、そうでないアイキャッチ画像の傾向をお教えします 図3 。

図3 理想的なアイキャッチ画像の例

拡散されやすいアイキャッチ画像

- **情報がわかりやすくまとまっている画像**
  何らかのノウハウを箇条書きでシンプルにまとめている。
  (Twitterのタイムラインは流れるスピードが早いため、情報をできるだけシンプルにまとめたもののほうが拡散されやすい)
- **思わずツッコミたくなる要素がある画像**
  その画像を通してユーザー同士のコミュニケーションが生まれる。
- **アイキャッチ画像をシェアするだけで、コンテンツを見ずとも、コンテンツをシェアする目的を叶えられる画像**
  たとえば、アイキャッチ画像がすでにクールな場合、アイキャッチ画像をシェアをするだけで、自分のセンスのよさをアピールできる。

NGなアイキャッチ画像

- **情報量が多く、何を伝えたいのかがわからないアイキャッチ画像**
  情報を詰め込み過ぎているケースなど。1枚の画像に情報を詰め込みすぎると、その情報を理解するために脳の負担がかかってしまう。
- **広告的で、お金をかけて作られたように見えるアイキャッチ画像**
  アイキャッチ画像はコンテンツの訴求を強化するための画像。多くの人がそれを理解しているため、アイキャッチ画像があまりにも広告的で、お金をかけて作られたように見えると、シェアをしようとしたユーザーが引いてしまう場合がある。
- **ユーザー同士のコミュニケーションにつながらないアイキャッチ画像**
  単なる記事のキャプチャなどは、アイキャッチ画像を通したユーザー同士のコミュニケーションが生まれにくい。

■ システム1に優しい、マンガ的なコンテンツ演出

第3話の解説で、「システム1」に配慮したコンテンツの演出法として、「マンガ的な演出」がオススメと述べました（P259参照）。ここでは、使いやすいマンガ的な演出をいくつかご紹介します。

会話調

会話調の演出を使えば、「誰」が「どんな気持ち」で話しているかがわかりやすくなるため、読み手の脳の負担を軽減できます。吹き出しはあってもなくてもよいでしょう。

集中線

画像に集中線を加えることで、画像内のどこに注目すべきかを明示できます。また、画像に「勢い」を加味でき、コンテンツ全体にリズムが生まれます 図4 。

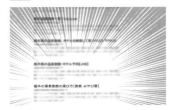

図4 集中線を効果的に使った例

フェードアウト

一枚の画像を徐々に薄くしていく（消していく）ことで余韻を残し、コンテンツのリズムを演出できます 図5 。この演出方法は普通の記事には使いにくいかもしれませんが、同じ画像に変化を付けるという方法もアリだということを憶えておいてください。

図5 フェードアウトを用いた例

「間」を表す画像や記号

コンテンツの中で大きく行間を空ける必要がある場合には、「間」を表す画像を挿入すると、記事のテンションを維持しながら行間を空けられます 図6 。

この画像を入れずに行間だけを大きく空けてしまうと、その行間を見た

図6 画像や記号で「間」を表現

読み手が、「ここで記事は終わりなんだ」と勘違いしてしまいます。もし、画像を用意できない場合は「◆」や「●」などの文字で代用してもよいでしょう。

GIF動画

文章や画像で伝えにくい情報をGIF動画で表現してもよいでしょう 図7 。GIF動画は一般的な動画に比べファイルサイズも軽く、スマートフォンのアプリなどでカンタンに作成できるのでオススメです。

図7 音声入力中の画面をGIF動画で表現

Webで公開中の「第3話」では、Vine (https://vine.co/) というサービスを用いて作られたGIF画像が埋め込まれている
沈黙のWebライティング「第3話 リライトと推敲の狭間に」
http://www.cpi.ad.jp/bourne-writing/elaboration/

スライド画像

PowerPointやKeynoteなどのスライドを作るソフトは、図表の作成などがカンタンにできます 図8 。そのため、それらのソフトで作った図表などを画像として出力し、記事に挿入することもオススメです。

図8 コンテンツ中にスライドを入れた例

ウェブライダーLab.「コンテンツSEOを成功させる！検索エンジンとユーザーに評価されるコンテンツ制作術」
http://www.web-rider.jp/blog/seo-writing-slide/

■「たとえ話」を用いて、読み手の「自分事」につなげる

　自分事化を強める表現としては、「たとえ話」を用いた演出がオススメです。読み手の記憶の中にある知見を使った「たとえ話」は、相手の脳の負荷を軽減でき、読み手が文章を理解する手助けにもなります。

　たとえば、次の文章は「免疫」という言葉について解説した文章です。
あなたにとって「読みやすい」「わかりやすい」と感じる文章はどれでしょうか？

❶ 免疫（めんえき、immunity）というのは実体的な言葉で、感染、病気、あるいは望まれない侵入生物を回避するために十分な生物的防御力を持っている状態を指す

❷ 免疫（めんえき）とは、家に帰ってくるたびに「あんた、今日もどっかで飲んできたのね！」という妻の小言に対して、いちいちムッとしなくなった状態を指す

❸ 免疫（めんえき）とは、海外ドラマ「ウォーキングデッド」を観ていて、最初は怖かったはずのゾンビにいつしか慣れてしまい、怖さを感じなくなった状態を指す

❹ 免疫（めんえき）とは、マンガ「ドラえもん」にて、いつもジャイアンに殴られているのび太が、凝りもせずにジャイアンにちょっかいを出している状態を指す

　読むとわかるように、②③④はたとえ話です。海外ドラマが好きな方は、③の文章を読むと、思わずクスッと笑ってしまうかもしれませんね。

この「たとえ話」を用いたテクニックは、読み手をワクワクさせるという点でもとても有効です 図9 。

実は、テレビなどでよく見かけるお笑い芸人のネタのほとんどは「たとえ話」。多くの人が思わず「あるある」とうなずいてしまうようなネタを、「たとえ話」を用いておもしろおかしく演出しているのです。そうすることで、**自分のネタを相手の「自分事」にしつつ**、話に引き込んでいます。

ちなみに、実力のあるお笑い芸人は、たくさんの「たとえ話」の"引き出し"をもっているといわれています。

図9 「たとえ話」を活用した記事の例
ビジネスの本質を、ドラゴンクエストに登場する武器屋にたとえて解説した記事。ネットで話題となり、ソーシャルメディアで多くの人に拡散された
「なぜ、ドラクエの武器屋はあれほど強いアイテムを売っているのに、しがない商売を続けたのか?」
https://note.mu/shigepiano/n/n5fcbf9abeb84

「たとえ話」を作るコツは、**多くの人の「体験記憶」に残っている「あるある」のエピソード**を活用することです。とくにオススメしたいエピソードは次のようなテーマに関連したものです。

- 多くの人が知っているゲーム
- 多くの人が知っているマンガやアニメ
- 多くの人が知っている映画
- 多くの人が知っているドラマ
- 多くの人が知っている音楽
- 多くの人が知っている小説
- 多くの人が「あるある」と感じる恋愛のエピソード
- 多くの人が「あるある」と感じる学生生活のエピソード
- 多くの人が「あるある」と感じる社会人生活のエピソード
- 多くの人が「あるある」と感じる家族のエピソード
- 多くの人が「あるある」と感じるペットのエピソード
- 多くの人が「あるある」と感じる旅行のエピソード
- 多くの人が「あるある」と感じる俗っぽい話題のエピソード
- 芸能人に関する話題

なぜ、ゲームやマンガなどに関係するエピソードを活用するのがいいかというと、人は自分の黒歴史や「あれって意味があったのだろうか」という過去が肯定されると、うれしく思うからです。

たとえば、学業の合間を縫って、毎日がんばってレベル上げをしたゲームの思い出などは、「あんなゲームに時間を使ってもったいなかった」と否定的に評価されがちですが、そのゲームの思い出があるからこそ理解できるネタに触れたとき「やっぱり、あのゲームを遊んでおいてよかった」と肯定感を感じます。

こういった「たとえ話」を使うコツは、日常的に「たとえ話」のレパートリーを増やしておくことです。次のような感情表現に対して、何らかの「たとえ話」が言えるようになっておくとよいでしょう。以下は、5つの感情表現を「ドラえもん」を題材にたとえ話にしたものです。

感情	接尾語	「ドラえもん」にたとえると
うれしさ	〜のようなうれしさ 〜するくらい幸せ	未来に帰ったはずのドラえもんが、「ウソ800」のおかげでまた戻ってきてくれたようなうれしさ
驚き・衝撃	〜のような驚き 〜のような衝撃	のび太が、クラスのアイドル「しずかちゃん」と結婚したことを知ったときのような衝撃
絶望感・ ガッカリ感	〜のような絶望感 〜のようなガッカリ感絶望感	ジャイアンのコンサートに招待されたときのような絶望感
悲しい・切ない	〜のような悲しさ 〜のような切なさ	さっきまでのび太と遊んでいたのに、スネ夫に誘われてあっさりついて行ってしまう「しずかちゃん」の後ろ姿を見送るのび太のような切なさ
がんばる・ あきらめない	〜くらいがんばる 〜くらいあきらめない	ドラえもんの道具の力ばかり頼っていたのび太が、ジャイアンにボコボコにされながらも自分の力だけで何度も立ち向かうくらいがんばる

初期露出経路を意識する

どんなコンテンツも露出しなければ見てもらえません。

昨今のGoogleでは、コンテンツの公開後、ある程度時間が経てば自然と検索結果に表示されるケースがありますが、やはりソーシャルメディアなどでコンテンツがシェアされたほうが上位表示までのスピードは早いです。そのため、コンテンツを作成したあとは、そのコンテンツを**どのようにして露出させるか**を考えましょう。

Twitterアカウント やFacebookページなどがあれば、それらを使って露出させることができますし、場合によっては、Twitter広告やFacebook広告を使う手もあります。

　また、本編でバズボンバーが用いた戦略のように、第三者をコンテンツに登場させることで、いっしょにコンテンツを拡散してもらう方法もよいでしょう（ソーシャルメディアを使ったコンテンツの初期露出に関しては、前作『沈黙のWebマーケティング』の第7話もお読みください 図10 ）。

図10 沈黙のWebマーケティング「第7話 真実のソーシャルメディア運用」
オーダー家具「マツオカ」のコンテンツを拡散させるために、ソーシャルメディアの使い方をレクチャーするボーン
http://www.cpi.ad.jp/bourne/story/social-media/

ヴェロニカ先生のまとめ

1. コンテンツを作る際は「マズローの欲求5段階説」における「所属と愛の欲求」と「承認欲求」を意識する。
2. 人は他者とコミュニケーションをとるためにコンテンツをシェアする傾向が強い。
3. 拡散されやすいコンテンツには「見やすさ」と「わかりやすさ」が必要であり、「タイトル」と「アイキャッチ画像」はとくに気を配る。
4. 「たとえ話」を用いれば、おもしろおかしく読み手の「自分事」につなげることができる。
5. 初期露出経路を意識する。

ボーン、チップの解析を始めるぜ？

ああ、頼む。

お前の親父から託され、隠し続けたチップ。
この中には世界の法則を変える情報が入っていると聞かされてきた。一体どんな情報なのか・・・。

epilogue

沈黙のその先に

・・・！？

こ、このデータは・・・？

えっ・・・！？
ボーンの身体のDNA配列・・・？

そ、そんなウソよ・・・。
ボ、ボーンが・・・。

サイボーグ・・・だと・・・！？

 ・・・！！

・・・！！
映像ファイルの再生が始まったぜ・・・！！

えっ！？

これは・・・！？
クラーク・ボーン社長の記録映像・・・！

epilogue

沈黙のその先に

TO JAMES...

ジェイムスよ。

お前がこの映像を観る頃には、私はこの世にはいないだろう。
そして今、お前は自分の身体の秘密を知り、信じがたい気持ちだと思う。

お前に真実を話しておく。

ジェイムス、お前は憶えていないが、お前はある事故によって一度命を失いかけた。
今お前が生きていられるのは、お前の肉体と同化した"機械細胞"のおかげだ。

私は政府が極秘裏に進めていた「COP（Cybernetic Organism Project）」というプロジェクトのメンバーだった。

そのプロジェクトでは、人体に機械細胞を埋め込むことで、人間の潜在的な力を引き出す研究がおこなわれていた。

いわゆる「サイボーグ」の研究だ。

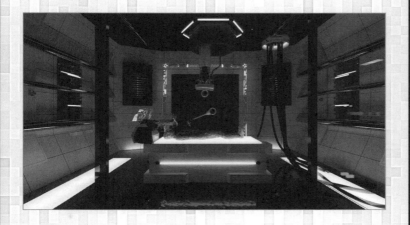

お前が事故に遭ったとき、肉体の損傷は激しく、生命活動が停止するまで時間の問題だった。
絶望する私を見て、プロジェクトのメンバーはこう言った。

プロジェクトの被験体として、お前の肉体を組織に提供すれば、サイボーグの身体を得て一命を取り留めるかもしれない、と。

私はワラにもすがる思いで、組織の力を頼ることにした。

そして、手術は成功し、お前の肉体はその30％が機械細胞に代替された。
お前の身体はサイボーグ化したが、一命を取り留めたことに、私は安堵した。

ただし、サイボーグ手術を行う上ではふたつの条件があった。
ひとつ目は、秘密の厳守だ。
プロジェクトは極秘中の極秘。
万が一の機密漏洩を考え、事故前から回復までの間のお前の記憶は消去された。

そしてふたつ目は、政府によるお前の監視だ。
プロジェクトの被験者となったお前の監視を政府は求めてきた。
そのため、お前の脳には、チップが埋め込まれた。
そのチップにはGPSが内蔵されており、お前の居場所をCOPの研究所へ送信するためのチップだ。

epilogue

沈黙のその先に

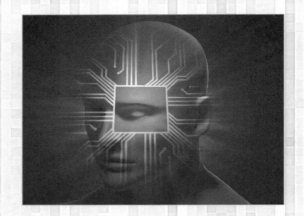

サイボーグとして生まれ変わったお前は、これまでと変わらぬ生活を送っていた。
サイボーグとはいえ、表面上は人間と同じ。
ただし、お前は機械細胞によって、常人が得られない強靭な腕力、そして脚力を手に入れていた。
お前はその強靭な肉体をトレーニングか何かで手に入れたと思っているだろうが、その強靭な肉体は機械細胞によるものなのだ。

そうしてジェイムス、お前はサイボーグとしての第二の人生を歩み始めた。

しかし、安息の日々は束の間だった。
私は政府が隠していた本当の狙いを知ったからだ。

政府はサイボーグの研究を、科学の発展のためではなく、軍事目的で進めていた。
お前の頭に埋め込まれていたチップは、政府のコントロールひとつで攻撃性が覚醒する、恐ろしいチップだったのだ。
それを知った私は、政府の監視の目が届かぬ場所で、お前の脳からチップを外した。
そして、チップを外したことを政府に知られぬよう、お前が日々肌身離さず使い続けていたノートPCへ埋め込むことを決めたのだ。

私が最も信頼していた天才エンジニア、ジェイクに頼んでな。

ただし、ジェイクには真実を明かしていない。
ジェイクには、私が世界の平和を揺るがすような軍事機密に関するチップを手に入れ、そのチップを守るために、ジェイムスのノートPCへ隠してくれと伝えただけだ。
そして、時期が来たと判断したとき、そのチップの中身を解析してくれとだけ伝えた。

◆

私は今、命を狙われている。
政府はプロジェクトの機密を守るため、プロジェクトに関わった人間を消し始めているらしい。

彼らは自らの手を汚さない。
おそらく、自分たちの痕跡を残さず、何らかの方法で私を消しにかかるはずだ。

ジェイムス、お前は政府にとっては貴重な実験体。
ゆえに命を狙われることはないだろう。

ただ、やつらがいつ、お前に接触するかはわからん。
私はお前に殺戮兵器になってほしくない。
やつらの研究は加速度的に進んでおり、極秘に生み出されるサイボーグの数は増え続けている。

サイボーグたちが殺戮兵器として暴走したとき、彼らを止められるのは、チップの秘密を知り、その中身を解析できるお前たちだけなのだ。

世界の平和を託したぞ。

親父・・・！！

epilogue

沈黙のその先に

このチップがそんなに恐ろしいものだったとは・・・。

・・・オレは・・・サイボーグ・・・。

ボーン・・・！

たとえ、あなたの身体が機械だったとしても、
あなたは立派な人間よ。
あなたがもっている優しい心は、
殺戮兵器なんかのものじゃないわ・・・！

今までと変わらず、あなたは私の最高のパートナー、
ボーン・片桐よ・・・！

ヴェロニカ・・・。

そうだぜ、おめーがサイボーグだからといって、
それが何なんだ？
むしろ、おめーの強さの秘密がようやくわかって
ホッとしたくらいさ。

・・・ただ、問題はここからだぜ。
政府からの監視。
もしかすると、今回のオレたちの動き、すでにやつらに
察知されていたのかもな。

・・・・。

どうする、ボーン？

答えはシンプルだ。
親父の仇をとる。

・・・・！

相手がこちらを泳がせているのなら、
こちらから相手の懐に飛び込むまでだ。
ヴェロニカ、ジェイク、お前たちは身を隠していろ。
今度の敵はこれまでとは違いすぎる。

おいおい、ひとりで闘おうってのか？
オレにも社長の仇を討たせろよ。

epilogue

沈黙のその先に

epilogue

沈黙のその先に

社長はオレを自分の息子のように可愛がってくれた。
・・・オレがはじめて心から信頼できた人だった。

オレは社長の仇を討ちたいとずっと思っていたのさ。

ジェイク・・・。

ボーン、私も行くわ。
闘いには優秀なパートナーが必要でしょ？

ヴェロニカ・・・。

・・・。

よし、行くぞ。

今夜も俺のタイピングが加速するッ・・・！！

epilogue

沈黙のその先に

to be continued !

[スタッフ]

■ カバーイラスト　　　　　　上野高史
■ 装幀・本文デザイン・DTP　齋藤いづみ
■ 編集・DTP　　　　　　　　久保靖資

■ 企画協力　　株式会社 KDDI ウェブコミュニケーションズ
　　　　　　　　　　　　　　　　（レンタルサーバー CPI）

■ 担当編集　　熊谷千春

■ 図版制作　　中山大輔（株式会社ウェブライダー）
■ 制作協力　　平野順也　池田園子　村橋由美子
　　　　　　　　伊藤雪絵　鈴木伸也　広江彩子
　　　　　　　　三嶋正人　齋藤 功　柴山智行
　　　　　　　　牧 詩織　近藤梨詠　白井久也
　　　　　　　　（以上、株式会社ウェブライダー）
　　　　　　　　吉内万貴　舘田 智
　　　　　　　　塩原温泉 湯守 田中屋

沈黙のWebライティング
─Webマーケッター ボーンの激闘─

2016年11月11日　初 版 第 1 刷発行
2020年 8 月 1 日　　第 2 版 第 15 刷発行

[著　者]　　松尾茂起（株式会社ウェブライダー）

[作　画]　　上野高史

[発行人]　　藤岡 功

[発　行]　　株式会社エムディエヌコーポレーション
　　　　　　〒101-0051　東京都千代田区神田神保町一丁目105番地
　　　　　　https://www.MdN.co.jp/

[発　売]　　株式会社インプレス
　　　　　　〒101-0051　東京都千代田区神田神保町一丁目105番地

[印刷・製本]　日経印刷株式会社

Printed in Japan
© 2016 Shigeoki Matsuo, Takashi Ueno. All rights reserved.

本書は、著作権法上の保護を受けています。著作権者および株式会社エムディエヌコーポレーションとの書面による
事前の同意なしに、本書の一部あるいは全部を無断で複写・複製、転記・転載することは禁止されています。

定価はカバーに表示してあります。

造本には万全を期しておりますが、万一、落丁・乱丁などがございましたら、送料小社負担にてお取り替えいたします。
お手数ですが、カスタマーセンターまでご返送ください。

■ 落丁・乱丁本などのご返送先
〒101-0051　東京都千代田区神田神保町一丁目105番地
株式会社エムディエヌコーポレーション カスタマーセンター
TEL：03-4334-2915

■ 書店・販売店のご注文受付
株式会社インプレス　受注センター
TEL：048-449-8040／FAX：048-449-8041

[内容に関するお問い合わせ先]

**株式会社エムディエヌコーポレーション
カスタマーセンター メール窓口**

info@MdN.co.jp

本書の内容に関するご質問は、Eメールのみの受付となります。メール
の件名は「沈黙のWebライティング　質問係」、本文にはお使いのマシン
環境（OS、バージョン、搭載メモリなど）をお書き添えください。電話や
FAX、郵便でのご質問にはお答えできません。ご質問の内容によりまし
ては、しばらくお時間をいただく場合がございます。また、本書の範囲
を超えるご質問に関しましてはお答えいたしかねますので、あらかじめ
ご了承ください。

ISBN978-4-8443-6623-2　　C3055